U0378145

"十二五"职业教育国家规划教材
经全国职业教育教材审定委员会审定

CAXA制造工程师 2013实例教程

刘　颖◎编著

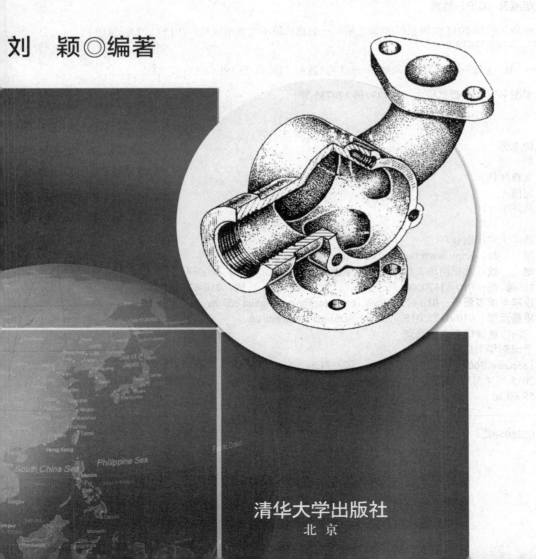

清华大学出版社
北京

内 容 简 介

本书以企业实际生产中各种典型机械零件的加工制造为例，详细讲解了 CAXA 制造工程师 2013 软件中各项功能的作用与操作方法、注意事项及应用技巧等，使读者迅速掌握使用 CAXA 制造工程师软件解决数控加工中实际问题的工作流程和具体步骤。注意将技能培训和思维开发相结合，为读者提供 CAXA 制造工程师 2013 软件应用于数控加工技术的全面训练和辅导。

本书内容包括：基本概念与基本操作，线架造型、曲面造型、几何变换和实体造型，加工基本知识及各种加工功能的应用与操作方法，综合实例，编程助手及应用。

本书可作为职业院校机械、数控、机电工程、模具、工业设计等相关专业的 CAD/CAM 技术应用课程教材，也可作为致力于学习 CAXA 制造工程师 2013 软件者的提高教程。

本书配有完整的 PPT 教学课件并赠送北京数码大方科技有限公司（CAXA）提供的 CAXA 制造工程师 2013 软件试用版，读者可到清华大学出版社网站（www.tup.com.cn）下载。

本书封面贴有清华大学出版社防伪标签，无标签者不得销售。

版权所有，侵权必究。举报：010-62782989，beiqinquan@tup.tsinghua.edu.cn。

图书在版编目（CIP）数据

CAXA 制造工程师 2013 实例教程/刘颖主编. —北京：清华大学出版社，2015（2023.8重印）
ISBN 978-7-302-37432-9

I. ①C… II. ①刘… III. ①自动绘图-软件包-教材 IV. ①TP391.72

中国版本图书馆 CIP 数据核字（2014）第 170785 号

责任编辑：钟志芳
封面设计：刘 超
版式设计：文森时代
责任校对：赵丽杰
责任印制：丛怀宇

出版发行：清华大学出版社
　　　　网　　址：http://www.tup.com.cn，http://www.wqbook.com
　　　　地　　址：北京清华大学学研大厦 A 座　　　邮　　编：100084
　　　　社 总 机：010-83470000　　　　　　　　　邮　　购：010-62786544
　　　　投稿与读者服务：010-62776969，c-service@tup.tsinghua.edu.cn
　　　　质量反馈：010-62772015，zhiliang@tup.tsinghua.edu.cn
印 装 者：三河市铭诚印务有限公司
经　　销：全国新华书店
开　　本：185mm×260mm　　　　印　张：21.5　　　字　数：514 千字
版　　次：2015 年 4 月第 1 版　　　　　　　　　印　次：2023 年 8 月第 7 次印刷
定　　价：59.80 元

产品编号：052805-02

序

北京数码大方科技股份有限公司（CAXA）是中国领先的工业软件和服务公司，主要提供数字化设计（CAD）、数字化制造（MES）、产品全生命周期管理（PLM）及工业云的产品和服务。数码大方是中国最大的 CAD 和 PLM 软件供应商，也是工业云服务的倡导者和领跑者。

数码大方始终坚持技术创新，自主研发二维、三维 CAD 和 PLM 平台，是最早从事此领域全国产化的软件公司，研发团队拥有多年专业经验积累，具有国际领先技术水平，在北京、南京和美国亚特兰大设有三个研发中心，拥有超过 150 项著作权、专利和专利申请，并参与多项国家 CAD、CAPP 等技术标准的定制工作。

数码大方拥有 8 个营销和服务中心，用户覆盖机械装备、汽车、电子电器、航空航天、教育等行业，包括徐工集团、西电集团、中国二重、东电、北汽福田、东风汽车、新飞电器、格力电器、沈飞等在内的 3 万家企业，以及包括清华大学、北京航空航天大学、北京理工大学等 3000 所知名大中专院校。

多年来公司一直坚持"一切以用户为中心"的技术和服务理念，重视用户体验，不断提升本土化服务能力，在各机构调查榜中"用户满意度"高达 74%，高于国内外其他品牌，并始终居于"工业软件品牌——品牌影响力"以及"工业软件品牌——用户关注度"第一的位置。

数码大方是首批中关村国家自主创新示范区创新型企业、中国工业软件产业发展联盟理事长单位、中关村未来制造业产业技术国际创新战略联盟的发起单位，曾先后荣获中关村最具发展潜力十佳创新企业、中国软件行业最具成长力企业、中国制造业信息化发展突出贡献奖、中国制造业信息化杰出本土供应商、中国机械行业两化融合推进贡献奖等荣誉。

中国制造业的发展从国家层面来说，是要通过两化融合实现新型工业化道路。从企业层面来说，要通过两化融合，发展成为数字化智能企业，打造精益生产、智能制造的数字化工厂，促进制造业的升级换代。要从"中国制造"走向"中国智造"，中国的制造业需要有技能、有知识的多层次、多方位的人才。

多年来，CAXA 坚持推动工程教育与职业技术教育改革、加强应用人才培训的"CAXA教育培训计划"，以师资培训和课程支持为主要方式，以遍布全国的"CAXA 教育培训中心"为基本依托，面向社会开展针对各类工程技术人才和在校学生的职业技能培训。数码大方长期积极推进和支持全国各类技能竞赛，包括教育部全国大学生工程训练综合能力竞赛、全国职业院校技能大赛、中央实训基地建设（数控）、全国计算机辅助技术认证项目（CAXC），人社部全国数控技能大赛、世界技能大赛，全国总工会全国职工职业技能大赛等，为培养现代数字化设计制造工程技术的实用人才做出了积极贡献。在各类大赛中，数码大方还积极配合组委会提供赛场建设，包括赛场考试系统、赛场监控系统、教练管理系统、焊接检测系统、赛场技术支持等服务。

CAXA 在与学校的合作过程中，利用 CAXA 服务制造业企业的 CAD/CAPP/CAM/PLM 系统和实施经验，帮助学校建立与企业运行流程相一致的 CAXA 数字化设计制造教学平台，建立相应的满足企业需求的实验实训课程，并将企业对人才的需求传递到学校。此次清华大学出版社出版的这本《CAXA 制造工程师 2013 实例教程》，结合了很多优秀教师在实践应用环节的宝贵经验，内容新颖，实例丰富，由浅入深，可读性强，综合实例部分与实际结合紧密，通过学习，能培养读者的实际动手能力与自主创新能力。

中国正在大力鼓励自主创新，建设创新型国家，中国的制造业也将会发展成为拥有自主品牌、拥有自主知识产权的创新产品的制造业。相信《CAXA 制造工程师 2013 实例教程》一书的出版，必将会为我国 CAD/CAM 应用人才的培养和我国制造业信息化的发展做出新的贡献！

CAXA 数码大方

北京数码大方科技股份有限公司（CAXA）

www.caxa.com

2014 年 9 月 15 日

前　言

装备强则国强。古往今来，国与国之争，实质是装备制造业之争。当前阶段，高端装备之争已上升为大国之间博弈的核心和不可或缺的利器。进入 21 世纪，全球产业格局正在调整，全球制造业的重点正在向亚太、向中国转移，我国正在成为全球最重要的制造业中心，制造强国渐行渐近。中国制造业的发展经历了 3 个发展阶段：一是加工阶段，二是制造中心阶段，三是创造阶段。目前正处于第三个阶段，此阶段的特点是工业化与信息化的融合。所以在这个大环境下，中国制造业从产品开发与设计到制造工艺都需要有技能、有知识、多层次、多方位的人才，需要大量掌握现代 CAD/CAM 技术的复合型人才。

目前，CAD/CAM 技术经过几十年的发展，先后走过大型机、小型机、工作站、微机时代，每个时代都有当时流行的 CAD/CAM 软件。现在，工作站和微机平台 CAD/CAM 软件已经占据主导地位，并且出现了一批比较优秀、比较流行的商业化软件。其中由北京数码大方科技股份有限公司（CAXA）开发的、具有完全自主知识产权的系列化软件，已经广泛应用在装备制造、电子电器、汽车及零部件、国防军工、工程建设、教育等行业。其主要模块有：CAXA 电子图板（全国制图员职业资格考试/全国 CAD 技能等级考试的指定考试软件）、CAXA 实体设计（国家科技部制造业信息化培训中心三维 CAD 认证培训的指定软件）和 CAXA 制造工程师（全部五届全国数控技能大赛指定 CAD/CAM 软件、全国职业院校技能大赛指定 CAD/CAM 软件）等。

作为 CAXA 系列软件之一的"CAXA 制造工程师"是具有卓越工艺性的 2～5 轴数控编程 CAM 软件，它能为数控加工提供从造型、设计到加工代码生成、加工仿真、代码校验以及实体仿真等全面数控加工解决方案，具有支持多 CPU 硬件平台、多任务轨迹计算及管理、多加工参数选择、多轴加工功能、多刀具类型支持、多轴实体仿真等六大先进综合性能。2013 年 5 月 13 日，CAXA 制造工程师 2013 版正式发布。2013 版的 CAXA 制造工程师在上一版的基础上，对原有功能做了增强和改进，特别是在 4 轴、5 轴加工技术方面由原来区区几项功能增加到了 23 项功能，真可称之为顶级的多轴加工技术，同时丰富了加工工艺，增加了多种刀具模型，更为突出的是新增了多轴仿真功能。

具有 Windows 原创风格、全中文界面的 CAXA 制造工程师 2013 软件和国外的一些 CAD/CAM 软件相比，更符合国内现代制造业工程技术人员的思维方式，易学实用，成本较低，完全能够满足对现代制造业中 CAD/CAM 从业人员职业技能培训的需求。现代制造业中 CAD/CAM 从业人员职业技能培训需要相应的培训教材。因此，开发既能适合企业对 CAD/CAM 高技能人才的岗位需求，又能结合当前各职业院校实际教学条件的 CAD/CAM 软件方面的课程教材成为当务之急。

本书的写作以现代制造业中 CAD/CAM 从业人员岗位技能需求为导向，以企业实际生产中的典型机械零件为主要实例来源，从内容的策划到实例的讲解全部由多年工作在教学一线的教师和企业的高级工程技术人员根据他们积累的教学体会和工作经验进行编写的，并结合所面向读者群的特点，详细介绍了国产 CAD/CAM 软件——CAXA 制造工程师 2013

各项功能的作用与操作方法、注意事项及技巧。为了使本书具有较强的针对性和实用性，编写中注意理论与实践的结合，本着"由难到易、由简到繁、再到综合应用"的原则，将全书分为 5 篇。第 1 篇 基本概念与基本操作，介绍软件的界面、基本概念与基本操作；第 2 篇 CAXA 三维造型，介绍线架造型、曲面造型、几何变换、实体造型方法及其实例应用；第 3 篇 数控加工，介绍数控加工基本知识及各种加工功能的应用与操作方法；第 4 篇 综合实例，通过两个实例介绍 3D 造型和数控加工功能的综合应用；第 5 篇 编程助手及应用。

　　本书由刘颖主编。辽宁机电职业技术学院王少岩、金华职业技术学院庄小龙、抚东机械厂刘军军、辽宁建筑职业学院吕众、辽宁石油化工大学职业技术学院鲁昌国、抚顺职业技术学院王俊、潍坊职业学院李海涛等也参与了本书部分内容的编写。

　　本书为北京数码大方科技有限公司（CAXA）指定教材。读者有任何技术方面的问题可与北京数码大方科技有限公司（CAXA）联系，电话：010-62490300，邮箱：support@caxa.com，或登录 CAXA 工业云/论坛咨询。

　　为方便教师的教学和学生的学习，我们特向购买本书的读者赠送北京数码大方科技股份有限公司（CAXA）提供的 CAXA 制造工程师 2013 软件试用版和完整的教学课件（PPT），读者可以从清华大学出版社网站（www.tup.com.cn）下载或通过邮箱 thjd@163.com、QQ 群 1662149404 索取。

　　北京数码大方科技股份有限公司（CAXA）市场部经理李溶冰以及邹小慧女士，CAXA 沈阳分部王素艳经理，抚顺职业技术学院机电工程系 2005 届毕业生任建红对本书的编写给予了很大的帮助，在此向他们表示诚挚的谢意！

　　由于编者水平有限，书中难免有疏漏之处，恳请广大同仁和读者批评指正。

编　者

目　录

第 1 篇　基本概念与基本操作

第 2 篇　CAXA 三维造型

第 3 篇　数控加工

第 4 篇　综合实例

第 5 篇　编程助手及应用

第 1 篇　基本概念与基本操作

本篇要点

📖 CAXA 制造工程师 2013 概述

📖 基本操作

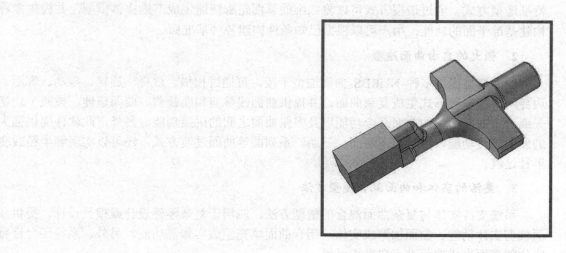

第 1 章　CAXA 制造工程师 2013 概述

1.1　概　　述

CAXA 制造工程师 2013 是在 Windows 环境下运行 CAD/CAM 一体化的、具有卓越工艺性的数控加工编程软件。此软件高效易学，为数控加工行业提供了从造型、设计到加工代码生成、加工仿真、代码校验等一体化的解决方案，是数控机床真正的"大脑"。

1.2　功　能　介　绍

1.2.1　造型——实体和曲面混合，可视化设计理念

1.　方便的特征实体造型

实体造型主要有拉伸、旋转、导动、放样、倒角、圆角、打孔、筋板、拔模、分模等特征造型方式。通过造型方式可以将二维的草图轮廓快速生成三维实体模型，并提供多种构建基准平面的功能，用户可以根据已知条件构建各种基准面。

2.　强大的自由曲面造型

曲面造型提供多种 NURBS 曲面造型手段，可通过扫描、放样、旋转、导动、等距、边界网格等多种形式生成复杂曲面，并提供曲面线裁剪和面裁剪、曲面延伸、按照平均切矢或选定曲面切矢的曲面缝合功能以及多张曲面之间的拼接功能。另外，此软件提供强大的曲面过渡功能，可以实现两面、三面、系列面等曲面过渡方式，还可以实现等半径或变半径过渡。

3.　灵活的实体和曲面混合造型方法

系统支持实体与复杂曲面混合的造型方法，应用于复杂零件设计或模具设计。提供曲面裁剪实体功能、曲面加厚成实体、闭合曲面填充生成实体等功能。另外，系统还允许将实体的表面生成曲面供用户直接引用。

曲面和实体造型方法的完美结合，是 CAXA 制造工程师在 CAD 上的一个突出特点。对于每一个操作步骤，界面的提示区都有操作提示功能，不管是初学者或是具有丰富 CAD 经验的工程师，都可以根据软件的提示迅速掌握诀窍，设计出自己想要的零件模型。

如图 1-1、图 1-2 所示为用 CAXA 制造工程师 2013 生成的实体模型。

图 1-1　ME 生成的望远镜模型　　　　　　　　图 1-2　ME 生成的叶轮模型

1.2.2　优质高效的数控加工

CAXA 制造工程师 2013 支持高速切削工艺，能提高产品精度，减少代码数量，使加工质量和效率大大提高。

CAXA 制造工程师 2013 快速高效的加工功能涵盖了从 2 轴到 3 轴的数控铣床功能。4轴和 5 轴加工的功能模块需另外单独购买，本书不介绍 4 轴和 5 轴加工的功能。

2 轴到 2.5 轴加工方式：可直接利用零件的轮廓曲线生成加工轨迹指令，而无需建立其三维模型；提供轮廓加工和区域加工功能，加工区域内允许有任意形状和数量的岛。可分别指定加工轮廓和岛的拔模斜度，自动进行分层加工。

3 轴加工方式：多样化的加工方式可以安排从粗加工、半精加工到精加工的加工工艺路线（如图 1-3 所示为等高线粗加工）。

对叶轮、叶片类零件，系统还提供专用的叶轮粗加工及叶轮精加工功能，可以实现对叶轮和叶片的整体加工（如图 1-4 所示为叶片的整体加工）。

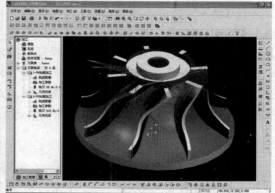

图 1-3　等高线粗加工　　　　　　　　　　图 1-4　叶片的整体加工

1．常用加工

常用加工提供两种粗加工方式，即平面区域粗加工和等高线粗加工；还提供 14 种精加工方式：平面轮廓精加工、轮廓导动精加工、曲面轮廓精加工、曲面区域精加工、参数线精加工、投影线精加工、等高线精加工、扫描线精加工、平面精加工、笔式清根加工、曲线投影加工、三维偏置加工、轮廓偏置加工、投影加工等。

2．宏加工

宏加工提供倒圆角加工，根据给定的平面轮廓曲线，生成加工圆角的轨迹和带有宏指令的加工代码。充分利用宏程序功能，使得倒圆角加工程序变得异常简单灵活。

3．雕刻加工

雕刻加工提供图像浮雕加工、影像雕刻加工、曲面图像浮雕加工。利用雕刻加工可以生成位图图像文件的浮雕加工的刀具轨迹，只要有一张原始图像，就可生成影像雕刻路径。

4．其他加工

其他加工提供工艺钻孔设置（包括 12 种孔加工方式供设置）、工艺钻孔加工、孔加工、G01 钻孔、铣螺纹加工、铣圆孔加工。

5．知识加工

CAXA 制造工程师 2013 提供了知识加工功能。其中生成模板用于记录用户已经成熟或定型的加工流程，在模板文件中记录加工流程的各个工步的加工参数；应用模板是选定之前生成的知识加工模板，应用到新的加工模型上。

6．轨迹编辑

轨迹编辑指编辑已生成的加工轨迹。包括轨迹裁剪、轨迹反向、插入刀位点、删除刀位点、两刀位点间抬刀、清除抬刀、轨迹打断、轨迹连接功能。

7．轨迹树操作

在 CAXA 制造工程师 2013 的轨迹树中可以完成参数化轨迹重置、轨迹移动、轨迹参数拷贝、刀具参数拷贝等功能。在轨迹树中选择某个轨迹后，单击鼠标右键，在弹出的快捷菜单中选择"轨迹重置"命令，修改原定义的加工参数表，即可重新生成加工轨迹。图 1-5 为自动生成的加工轨迹。

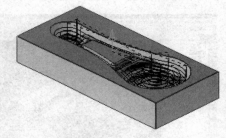

图 1-5　自动生成加工轨迹

8．实体仿真

CAXA 制造工程师 2013 提供了轨迹仿真手段以检验生成的刀具轨迹的正确性。可以通过在三维实体真实感显示状态下模拟刀具运动、切削毛坯、去除材料的过程。

9．后置处理

CAXA 制造工程师 2013 提供的后置处理功能，就是结合特定机床把系统生成的 2 轴或 3 轴刀具轨迹转化成机床能够识别的 G 代码指令。系统不仅可以提供常见的数控系统的后置格式，用户还可以通过"后置设置"定义专用数控系统的后置处理格式。

1.2.3　Windows 界面操作

CAXA 制造工程师 2013 基于微机平台，采用原创 Windows 菜单和交互平台，全中文界面，让用户一见如故，能轻松流畅地学习和操作。另外，CAXA 制造工程师 2013 全面支持英文、简体和繁体中文 Windows 环境，具备流行的 Windows 原创软件特色，支持图标菜单、工具栏、快捷键的定制，用户可自由创建符合自己习惯的操作环境。

1.2.4　丰富流行的数据接口

CAXA 制造工程师 2013 是一个开放的设计/加工工具，具有丰富的数据接口，包括直接读取流行的三维 CAD 软件如 CATIA、Pro/E 的数据接口，具有基于曲面的 DXF 和 IGES 标准图形接口，基于实体的 STEP 标准数据接口，Parasolid 几何核心的 X-T、X-B 格式文件，ACIS 几何核心的 SAT 格式文件，面向快速成型设备的 STL 以及面向 Internet 和虚拟现实的 VRML 接口。这些接口保证了与流行的 CAD 软件进行双向数据交换，使企业可以跨平台和跨地域地与合作伙伴实现虚拟产品开发和生产。

1.3　界 面 介 绍

CAXA 制造工程师 2013 的用户界面，和其他 Windows 风格的软件一样，各种应用功能通过菜单和工具栏驱动；状态栏指导用户进行操作并提示当前状态和所处位置；特征/轨迹树记录了历史操作和相互关系；绘图区显示操作的结果。其操作界面如图 1-6 所示。

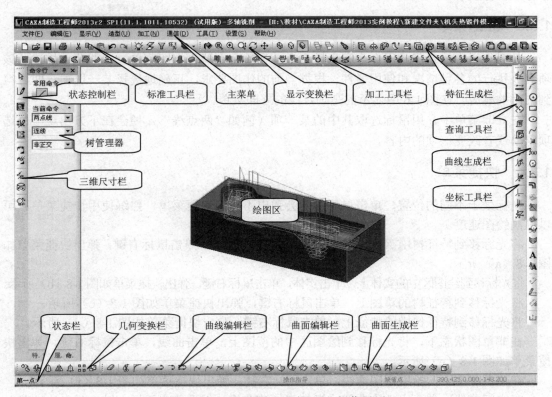

图 1-6　CAXA 制造工程师 2013 操作界面

1.3.1 绘图区

绘图区是进行绘图设计的工作区域，位于屏幕的中心，并占据了屏幕的大部分面积。绘图区为显示清晰的全图提供了空间。

在绘图区的中央设置了一个三维直角坐标系，该坐标系称为世界坐标系，其坐标原点为（0.0000，0.0000，0.0000）。在操作过程中的所有坐标均以此坐标系的原点为基准。

1.3.2 主菜单

主菜单是界面最上方的菜单栏，选择菜单栏中的任意一个菜单项，都会弹出一个下拉式菜单，指向某一个菜单项会弹出其子菜单。菜单栏与子菜单构成了下拉菜单，如图 1-7 所示。

主菜单包括文件、编辑、显示、造型、加工、工具、设置和帮助等，每个部分都含有若干个下拉菜单。

选择"造型"→"曲线生成"→"直线"命令，界面左侧会弹出一个立即菜单，并在状态栏显示相应的操作提示和执行命令状态。对于除立即菜单和点工具菜单以外的其他菜单来说，某些菜单选项要求以对话的形式予以回答。用鼠标单击这些菜单时，系统会弹出一个对话框，可根据当前操作做出响应。

图 1-7 下拉菜单

1.3.3 立即菜单

命令行栏中显示了常用命令和当前命令。当前命令即为立即菜单，立即菜单描述了该项命令执行的各种情况和使用条件。根据当前的作图要求，正确地选择某一选项，即可得到准确的响应。在图 1-6 中显示的是画直线的立即菜单。

在立即菜单中，用鼠标选取其中的某一项（例如"两点线"），便会在下方出现一个选项菜单或者改变该项的内容。

1.3.4 快捷菜单

光标处于不同的位置，单击鼠标右键会弹出不同的快捷菜单。熟练使用快捷菜单，可以提高绘图速度。

将光标移到特征树中 XY、YZ、ZX 三个基准平面上，单击鼠标右键，弹出快捷菜单如图 1-8（a）所示。

将光标移到绘图区中的实体上，单击实体，单击鼠标右键，弹出快捷菜单如图 1-8（b）所示。

将光标移到特征树的草图上，单击鼠标右键，弹出快捷菜单如图 1-8（c）所示。

将光标移到特征树中的特征上，单击鼠标右键，弹出快捷菜单如图 1-8（d）所示。

在非草图状态下，将光标移到绘图区中的草图上，单击曲线，单击鼠标右键，弹出快捷菜单如图 1-8（e）所示。

在草图状态下，拾取草图曲线，单击鼠标右键，弹出快捷菜单如图 1-8（f）所示。

在空间曲线、曲面上选中曲线或者加工轨迹曲线，然后单击鼠标右键，弹出快捷菜单如图 1-8（g）所示。

在主菜单任意空白处单击鼠标右键，弹出快捷菜单如图 1-8（h）所示。

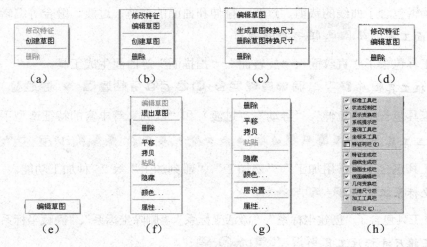

图 1-8　快捷菜单

1.3.5　对话框

图 1-9　对话框

某些菜单选项要求用户以对话的形式予以回答，单击这些菜单时，系统会弹出一个对话框，如图 1-9 所示，用户可根据当前操作做出响应。

1.3.6　工具栏

在工具栏中，可以通过鼠标左键单击相应的按钮进行操作。工具栏可以自定义，界面上的工具栏包括：标准工具栏、显示变换栏、状态控制栏、曲线生成栏、几何变换栏、线面编辑栏、曲面生成栏、特征生成栏和加工工具栏等。

1. 标准工具

标准工具包含了 "打开文件"、"打印文件" 等 Windows 按钮，也有制造工程师的"线面可见"、"层设置"、"拾取过滤设置"、"当前颜色"按钮。

2. 显示工具

显示工具包含了"缩放"、"移动"、"视向定位"等选择显示方式的按钮。

3. 状态工具

状态工具包含了"终止当前命令"、"草图状态开关"、"启动电子图板"、"数据接口"功能。

4. 曲线工具

曲线工具包含了"直线"、"圆弧"、"公式曲线"等丰富的曲线绘制工具。

5. 几何变换

几何变换包含了"平移"、"镜像"、"旋转"、"阵列"等几何变换工具。

6. 线面编辑 

线面编辑包含了曲线的裁剪、过渡、拉伸和曲面的裁剪、过渡、缝合等编辑工具。

7. 曲面工具

曲面工具包含了"直纹面"、"旋转面"、"扫描面"等曲面生成工具。

8. 特征工具

特征工具包含了"拉伸"、"导动"、"过渡"和"阵列"等丰富的特征造型手段。

9. 加工工具

加工工具包含了"常用加工"、"宏加工"、"雕刻加工"等 25 种加工功能。

10. 坐标系工具

坐标系工具包含了"创建坐标系"、"激活坐标系"、"删除坐标系"、"隐藏坐标系"等功能。

11. 三维尺寸标注工具

三维尺寸标注工具包含了"尺寸标注"、"尺寸编辑"等功能。

12. 查询工具

查询工具包含了"坐标查询"、"距离查询"、"角度查询"、"属性查询"等功能。

13. 树管理器

（1）零件特征管理树

零件特征管理树记录了零件生成的操作步骤，用户可以直接在特征树中对零件特征进行编辑，如图 1-10 所示。

（2）轨迹管理树

轨迹管理树记录了生成的刀具轨迹的刀具、几何元素、加工参数等信息，用户可以在轨迹管理树上编辑上述信息，如图 1-11 所示。

（3）属性树

属性树可以记录元素属性查询的信息，支持曲线、曲面的最大和最小曲率半径、圆弧半径等，如图 1-12 所示。

图 1-10　零件特征管理树

图 1-11　轨迹管理树

图 1-12　属性树

1.3.7　常用键

1. 鼠标键

单击鼠标左键可以用来激活菜单、确定位置点、拾取元素等；单击鼠标右键可以用来确认拾取、结束操作和终止命令。

例如，若要运行画直线功能，应先把光标移动到直线图标上，然后单击左键，激活画直线功能，这时，在命令提示区出现下一步操作的提示；把光标移动到绘图区内，单击左键，输入一个位置点，再根据提示输入第二个位置点，就生成了一条直线。

又如，在删除几何元素时，当拾取完毕要删除的元素后，单击鼠标右键就可以结束拾取，被拾取到的元素即被删除。

文中"单击"，一般是指单击鼠标左键，"右击"是指单击鼠标右键。

2．回车键和数值键

在系统要求输入点时，按回车键和数值键可以激活一个坐标输入条，在输入条中可以输入坐标值。如果坐标值以@开始，表示是相对于前一个输入点的相对坐标；在某些情况下也可以输入字符串。

3．空格键

在下列情况下，需要按空格键：

（1）当系统要求输入点时，按空格键将弹出"点工具"菜单，显示点的类型，如图 1-13（a）所示。

（2）有些操作（如：作扫描面）中需要选择方向，这时按空格键，将弹出"矢量工具"菜单，如图 1-13（b）所示。

（3）在有些操作（如：进行曲线组合等）中，要拾取元素时按空格键，可以进行拾取方式的选择，如图 1-13（c）所示。

（4）在"删除"等需要拾取多个元素时，按空格键则弹出"选择集拾取工具"菜单，如图 1-13（d）所示。

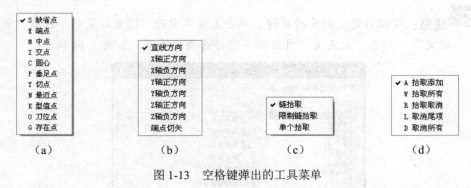

图 1-13　空格键弹出的工具菜单

> **注意：**① 当使用空格键进行类型设置时，在拾取操作完成后，建议重新按空格键，选择弹出的菜单中的第一个选项（默认选项），让其回到系统的默认状态，以便下一步的选取。
> ② 当使用窗口拾取元素时，若是由左上角向右下角开窗口，窗口要包容整个元素对象，才能被拾取到；若是从右下角向左上角拉，只要元素对象的一部分在窗口内，就可以拾取到。

4. 功能热键

系统提供了一些方便用户操作的功能热键，其介绍如下。

（1）F1 键：请求系统帮助。

（2）F2 键：草图器。用于"草图绘制"模式与"非绘制草图"模式的切换。

（3）F3 键：显示全部图形。

（4）F4 键：重画（刷新）图形。

（5）F5 键：将当前平面切换至 XOY 面。同时将显示平面设置为 XOY 面，将图形投影到 XOY 面内进行显示。即选取"XOY 平面"为视图平面和作图平面。

（6）F6 键：将当前平面切换至 YOZ 面。同时将显示平面设置为 YOZ 面，将图形投影到 YOZ 面内进行显示。即选取"YOZ 平面"为视图平面和作图平面。

（7）F7 键：将当前平面切换至 XOZ 面。同时将显示平面设置为 XOZ 面，将图形投影到 XOZ 面内进行显示。即选取"XOZ 平面"为视图平面和作图平面。

（8）F8 键：显示轴测图。即按轴测图方式显示图形。

（9）F9 键：切换作图平面（XY、XZ、YZ），重复按 F9 键，可以在 3 个平面中相互转换。

（10）方向键（←、↑、→、↓）：显示平移，可以使图形在屏幕上前、后、左、右移动。

（11）Shift＋方向键（←、↑、→、↓）：显示旋转，使图形在屏幕上旋转显示。

（12）Ctrl＋↑：显示放大。

（13）Ctrl＋↓：显示缩小。

（14）Shift＋鼠标左键：显示旋转，同 Shift＋方向键（←、↑、→、↓）功能。

（15）Shift＋鼠标右键：显示缩放。

（16）Shift＋鼠标（左键＋右键）：显示平移，同方向键（←、↑、→、↓）功能。

> **注意**：可以自定义想要的热键。单击主菜单中的"设置"菜单→选取"自定义"→弹出"自定义"对话框→进行选项的设置，如图 1-14 所示。

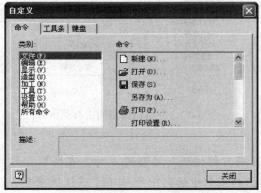

图 1-14　自定义功能热键

第 *2* 章　基本操作

2.1　文件管理

"文件"菜单下的"新建"、"打开"、"保存"、"另存为"、"打印"图形文件和"退出"命令与 Windows 类似，只是应注意在"保存"和"另存为"中的 EB97 格式只有线架显示下的实体轮廓才能够输出。

这里只介绍 CAXA 制造工程师 2013 特有的文件管理功能。

2.1.1　当前文件

当前文件是指系统当前正在使用的图形文件。文件初始没有名称，只有在对"打开"、"保存"、"另存为"等功能进行操作后才被赋予文件名。系统生成的图形文件以".mxe"作为后缀，这是 CAXA 制造工程师软件系统特定的文件格式，如图 2-1 所示。

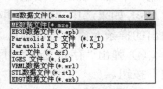

图 2-1　文件类型

2.1.2　文件格式类型

在 CAXA 制造工程师 2013 中，可以读入 ME 数据文件 mxe、零件设计数据文件 epb、Parasolid X_T 文件、Parasolid X_B 文件、dxf 文件、IGES 文件 igs、VRLM 数据文件 wrl、STL 数据文件 stl 和 EB97 数据文件 exb，如表 2-1 所示。

表 2-1　CAXA 制造工程师软件支持的文件格式类型

文件扩展名类型	文件说明	读入	输出
epb 格式文件	EB3D 默认的自身文件	有	有
X_T 和 X_B 格式文件	与其他支持 Parasolid 软件的实体交换文件，如 UG、SolidWorks、SolidEdge 等	有	有
dxf 文件	AutoCAD（不支持实体）	有	有
igs 文件	所有大中型软件的线架、曲面交换	有	有
wrl 数据文件	一种虚拟现实文本格式文件		
stl 数据文件	快速成型技术默认的一种标准文件格式		
exb 数据文件	只有线架显示下的实体轮廓能够输出	有	有

2.1.3 并入文件

【功能】并入一个实体或者线面数据文件（STL、IGES、DXF），与当前图形合并为一个图形。

【操作】具体操作和参数解释参见造型菜单下特征生成中的实体布尔运算。

> **注意**：① 采用"拾取定位的 x 轴"方式时，轴线为空间直线。
>
> ② 选择文件时，注意文件的类型，不能直接输入*.mxe、*.epb 文件，应先将零件存成*.x_t 文件，然后进行并入文件操作。
>
> ③ 进行并入文件操作时，基体尺寸应比输入的零件稍大。

2.1.4 样条输出

【功能】将样条线输出为*.dat 文件。文件中记录每个样条线型值点的个数和坐标值。

【操作】

① 选择"文件"→"样条输出"命令，弹出"样条输出"对话框，如图 2-2 所示。

② 选中"输出所有样条"或"输出拾取样条"单选按钮，单击"确定"按钮。

③ 如果选中"输入拾取样条"单选按钮，需拾取要输出的样条元素，右击确认。

④ 弹出"存储文件"对话框，输入文件名，单击"确定"按钮。

⑤ 弹出提示"DAT 文件只输出样条的型值点"（如图 2-3 所示），单击"确定"按钮，样条输出完成。

图 2-2 "样条输出"对话框

图 2-3 提示对话框

2.1.5 当前视图转存 IGES

【功能】将制造工程师的实体图形转存为*.igs 文件。

【操作】

① 选择"文件"→"当前视图转存 IGES"命令，弹出"另存为"对话框，保存类型默认为 IGES Files（*.igs），输入文件名，单击"确定"按钮。

② 弹出"剥离实体曲面"对话框，询问"是否剥离实体所有表面存为 IGES 文件"（如图 2-4 所示），单击"是"按钮，实体图形转存为*.igs 文件完成。

图 2-4 "剥离实体曲面"对话框

2.1.6 保存图片

【功能】将制造工程师的实体图形导出为 bmp 类型的图像。

【操作】

① 选择"文件"→"保存图片"命令，弹出"输出位图文件"对话框，如图 2-5 所示。

② 单击"浏览"按钮，弹出"另存为"对话框，选择路径，输入文件名，单击"保存"按钮，关闭"另存为"对话框，返回到"输出位图文件"对话框。

③ 选择是否需要固定纵横比，以及图像的宽度和高度，单击"确定"按钮，图像导出完毕。

图 2-5　"输出位图文件"对话框

2.1.7　数据接口

使用 CAXA 制造工程师 2013 软件加工时，常常需要接收客户提供的三维数据模型，CAXA 制造工程师 2013 提供了丰富的数据接口格式，可以接收和传出各种格式的数据文件。

【功能】打开数据接口功能。

【操作】选择"文件"→"数据接口"命令，如图 2-6 所示，CAXA 制造工程师的数据接口模块将自动启动。

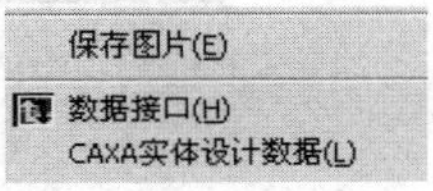

运行数据接口功能后，系统会弹出 CAXA 制造工程师——零件设计模块，如图 2-7 所示。

打开一个零件，然后单击图 2-7 中的"模型输出"按钮，输出完成后，出现如图 2-8 所示的提示，单击"否"按钮完成模型输出，出现如图 2-9 所示文件，就可以进行加工了。

图 2-6　下拉菜单中的"数据接口"命令

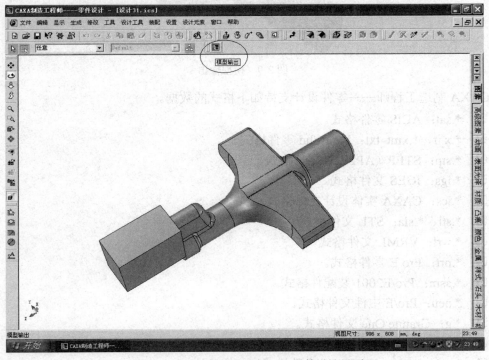

图 2-7　CAXA 制造工程师——零件设计界面

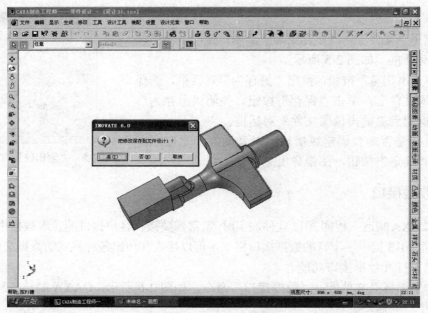

图 2-8 弹出提示对话框

图 2-9 模型输出

CAXA 制造工程师——零件设计支持如下格式的数据。

❑ *.sat：ACIS 零件格式。

❑ *.x_t、*.xmt_txt：Parasolid 零件格式。

❑ *.stp：STEP（AP202）零件格式。

❑ *.igs：IGES 文件格式。

❑ *.ics：CAXA 实体设计文件格式。

❑ *.stl、*.sla：STL 文件格式。

❑ *.wrl：VRML 文件格式。

❑ *.prt：Pro/E 零件格式。

❑ *.asm：Pro/E2001 装配件格式。

❑ *.neu：Pro/E 中性文件格式。

❑ *.g：Granite One 文件格式。

❑ *.model：CATIA model 文件格式。

❑ *.prj、*.2ds：2D Studio 文件格式。

详细使用说明请参考软件中"CAXA 制造工程师——零件设计"部分的帮助文件。

> **注意：** 在数据接口模块中，可以选择不同类型的文件，然后单击"模型转换"工具栏中的 ▦ 按钮，数据接口模块将各类数据自动转换到 CAXA 制造工程师系统中。该软件共有 3 部分：制造工程师、零件设计和编程助手，每一部分都是单独安装的，使用数据接口功能的前提是必须安装零件设计部分。

2.1.8　CAXA 实体设计数据

首先，要确定已经安装了"CAXA 实体设计"软件。"CAXA 实体设计数据"命令实现将 CAXA 实体设计数据转换到 CAXA 制造工程师系统中。

当在"CAXA 实体设计"软件中准备好数据后，单击"数据转换"按钮。然后在 CAXA 制造工程师 2013 中选择"文件"→"CAXA 实体设计数据"命令，就可以将 CAXA 实体设计数据转换到 CAXA 制造工程师环境中。

2.2　编　　辑

"编辑"菜单下的"取消上次操作"、"恢复已取消的操作"、"删除"、"剪切"、"拷贝"等命令与 Windows 的类似，这里只介绍 CAXA 制造工程师 2013 特有的编辑功能。需要注意的是"恢复已取消的操作"命令不能恢复取消的草图和实体特征。

2.2.1　隐藏

【功能】隐藏指定曲线或曲面。
【操作】
① 选择"编辑"→"隐藏"命令。
② 拾取元素，右击确认。

2.2.2　可见

【功能】使隐藏的曲线或曲面可见。
【操作】
① 选择"编辑"→"可见"命令，或者直接单击 ☼ 按钮。
② 拾取元素，右击确认。

2.2.3　层修改

【功能】修改曲线和曲面的层。
【操作】
① 使用层设置功能建立新的图层。
② 选择"编辑"→"层修改"命令。

③ 拾取元素，右击确认。

④ 弹出"图层管理"对话框，选择新建图层，单击"确定"按钮，线面层修改完成。

2.2.4 颜色修改

【功能】修改元素的颜色。

【操作】

① 选择"编辑"→"颜色修改"命令。

② 拾取元素，右击确认。

③ 弹出"颜色管理"对话框，选择颜色，单击"确定"按钮，元素修改完成。

2.2.5 编辑草图

【功能】编辑修改已有草图。

【操作】

① 单击特征树中的草图，该草图变为红色。

② 选择"编辑"→"编辑草图"命令，进入草图状态进行编辑。

③ 或者单击特征树中的草图名后，直接右击，在弹出的快捷菜单中选择编辑草图，进入草图状态进行编辑。

2.2.6 修改特征

【功能】修改特征实体的特征参数。

【操作】

① 单击特征树中的特征，该特征的线架变为红色。

② 选择"编辑"→"修改特征"命令，进入该特征对话框，修改参数，单击"确定"按钮，特征修改完成。

③ 或者单击特征树中的特征名后，直接右击，在弹出的快捷菜单中选择"修改特征"，进入该特征对话框，修改参数，单击"确定"按钮，特征修改完成。

2.2.7 终止当前命令

【功能】使当前命令终止。

【操作】选择"编辑"→"终止当前命令"命令，或者直接单击 ⬚ 按钮，当前命令终止。

2.3 显　示

2.3.1 显示变换

CAXA 制造工程师 2013 提供了绘制图形的显示命令，它们只改变图形在屏幕上显示的位置、比例、范围等，不改变原图形的实际尺寸。图形的显示控制对绘制复杂视图和大型图纸具有重要作用，在图形绘制和编辑过程中也要经常使用。

选择"显示"→"显示变换"命令，在该菜单的右侧弹
出菜单项，如图 2-10 所示。

1. 显示重画

【功能】刷新当前屏幕所有图形。经过一段时间的图形
绘制和编辑，屏幕上绘图区中难免留下一些擦除痕迹，或者
使一些有用图形上产生部分残缺，这些由于编辑后而产生的
屏幕垃圾，虽然不影响图形的输出结果，但影响屏幕的美观。
使用"重画"功能，可对屏幕进行刷新，清除屏幕垃圾，使
屏幕变得整洁美观。

图 2-10　显示下拉菜单

【操作】

① 选择"显示"→"显示变换"→"显示重画"命令，
或者直接单击![按钮]按钮。

② 屏幕上的图形发生闪烁，原有图形消失，但立即在
原位置把图形重画一遍，即实现了图形的刷新。还可以通过
F4 键使图形显示重画。

2. 显示全部

【功能】将当前绘制的所有图形全部显示在屏幕绘图区内。

用户还可以通过 F2 键使图形显示全部。

【操作】选择"显示"→"显示变换"→"显示全部"命令，或者直接单击![按钮]按钮。

3. 显示窗口

【功能】提示用户输入一个窗口的上角点和下角点，系统将两角点所包含的图形充满屏
幕绘图区加以显示。

【操作】

① 选择"显示"→"显示变换"→"显示窗口"命令，或者直接单击![按钮]按钮。

② 按提示要求在所需位置输入显示窗口的第一个角点，输入后十字光标立即消失。此
时再移动鼠标光标时，出现一个由方框表示的窗口，窗口大小可随鼠标光标的移动而改变。

③ 窗口所确定的区域就是即将被放大的部分。窗口的中心将成为新的屏幕显示中心。
在该方式下，不需要给定缩放系数，制造工程师将把给定窗口范围按尽可能大的原则，将
选中区域内的图形按充满屏幕的方式重新显示出来。

4. 显示缩放

【功能】按照固定的比例将绘制的图形进行放大或缩小。

【操作】

① 选择"显示"→"显示变换"→"显示缩放"命令，或者直接单击![按钮]按钮。

② 按住鼠标左键向左上或者右上方拖动鼠标，图形将跟着鼠标的上下拖动而放大或者
缩小。

③ 按住 Ctrl 键，同时按左、右方向键或上、下方向键，图形将随着按键的按动而放大
或者缩小。

说明：① 也可以通过 PageUp 或 PageDown 键来对图形进行放大或缩小。
② 也可使用 Shift 键配合鼠标右键，执行该项功能。
③ 还可以使用 Ctrl 键配合方向键，执行该项功能。

5. 显示旋转

【功能】将拾取到的零部件进行旋转。

【操作】

① 选择"显示"→"显示变换"→"显示旋转"命令，或者直接单击 按钮。
② 在屏幕上选取一个显示中心点，拖动鼠标左键，系统立即将该点作为新的屏幕显示中心，将图形重新显示出来。

说明：① 用户还可以使用 Shift 键配合上、下、左、右方向键使屏幕中心进行显示的旋转。
② 也可以使用 Shift 键配合鼠标左键，执行该项功能。

6. 显示平移

【功能】根据用户输入的点作为屏幕显示的中心，将显示的图形移动到所需的位置。

【操作】

① 选择"显示"→"显示变换"→"显示平移"命令，或者直接单击 按钮。
② 在屏幕上选取一个显示中心点，单击鼠标左键，系统立即将该点作为新的屏幕显示中心将图形重新显示出来。

说明：用户还可以使用上、下、左、右方向键使屏幕中心进行显示的平移。

7. 显示效果

（1）线架显示

【功能】将零部件采用线架的显示效果进行显示，如图 2-11 所示。

【操作】选择"显示"→"显示变换"→"线架显示"命令，或者直接单击 按钮。

线架显示时，可以直接拾取被曲面挡住的另一个曲面，如图 2-12 所示，可以直接拾取下面曲面的网格，这里的曲面不包括实体表面。

（2）消隐显示

【功能】将零部件采用消隐的显示效果进行显示，如图 2-13 所示。本功能只对实体的消隐显示起作用，对线架造型和曲面造型消隐显示不起作用。

【操作】选择"显示"→"显示变换"→"消隐显示"命令，或者直接单击 按钮。

（3）真实感显示

【功能】零部件采用真实感的显示效果进行显示，如图 2-14 所示。

【操作】选择"显示"→"显示变换"→"真实感显示"命令，或者直接单击 按钮。

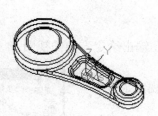

图 2-11　连杆的线架显示

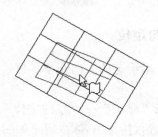

图 2-12　直接拾取下面的曲面

图 2-13　连杆的消隐显示

图 2-14　连杆的真实感显示

8．显示上一页

【功能】取消当前显示，返回显示变换前的状态。

【操作】选择"显示"→"显示变换"→"显示上一页"命令，或者直接单击 按钮。

9．显示下一页

【功能】返回下一次显示的状态（同"显示上一页"配套使用）。

【操作】选择"显示"→"显示变换"→"显示下一页"命令，或者直接单击 按钮。

2.3.2　轨迹显示

轨迹显示用于控制轨迹的显示状态。

1．动态简化显示

【功能】如果用户启动动态简化显示，那么在用户用鼠标旋转、平移、缩放模型的过程中，轨迹会以简化的形式显示，以便增加显示速度。

【操作】选择"显示"→"轨迹显示"→"动态化显示"命令，或者直接单击 按钮。

2．刀位点显示

【功能】是否显示轨迹的刀位点。图 2-15 所示为显示刀位点。

【操作】选择"显示"→"轨迹显示"→"刀位点显示"命令，或者直接单击 按钮。

3．刀心轨迹显示

【功能】是否显示刀心轨迹。

【操作】选择"显示"→"显示轨迹"→"刀心轨迹显示"命令，或者直接单击 按钮。

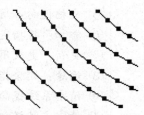

图 2-15　显示刀位点

2.3.3 视向定位

【功能】用给定的方向观察零件，并通过输出视图输出给定方向的视图。

【操作】

① 选择"显示"→"视向定位"命令，弹出"视向定位"
对话框，或者直接单击 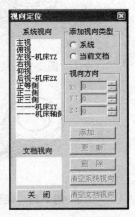 按钮，如图 2-16 所示。

② 系统视向：双击系统视向中的某视图，图形按选择的视
图来显示。系统中给定了 9 个固定的视向，即主视图、俯视图、
左视图、右视图、仰视图、后视图、正等侧视图、正二侧视图、
正三侧视图，另外还有机床 XY 视图和机床轴侧视图。

③ 选择视向类型，给定视向方向，单击"添加"按钮，弹出
"显示命名"对话框，如图 2-17 所示。

④ 给定名称，单击"确定"按钮，可见该视向已加入到系
统视向或文档视向中。如果将视向加入到文档视向中，需要保存
该文件，才能将这一视向永久地加入到该文件中。如果将视图加
入到系统视向中，系统会自动保存这一视向。

图 2-16 视向定位

⑤ 选择视向类型，给定视向方向，选择用户自己指定的
视图，单击"更新"按钮，更新完成。

⑥ 选择用户自己指定的视图，单击"删除"按钮，删除完成。

⑦ 直接单击"清空系统视向"或"清空文档视向"按钮，
清空完成。

图 2-17 视向定位显示命名

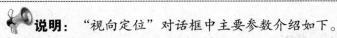

说明： "视向定位"对话框中主要参数介绍如下。

① 系统：将指定视向存入软件系统中，可供以后继续使用。

② 当前文档：将指定视向存入当前零件文档中。调用该文档时，可以继续使
用这一视向。

③ 视向方向：在当前坐标系（可以是自定义坐标系）中，从输入的坐标点向
原点看。

④ 系统视向：主视图、俯视图、左视图、右视图、仰视图、后视图以及用户
添加的系统视向。

⑤ 文档视向：用户添加的文档视向。

⑥ 添加：将指定视向添加进系统视向或文档视向中。

⑦ 更新：更改用户自己指定的视向。

⑧ 删除：删除指定视向。

⑨ 清空系统视向：删除系统视向中所有用户给定的视向。

⑩ 清空文档视向：删除文档视向中所有用户给定的视向。

注意：9 个系统预定义视向与当前坐标系相关。

例2-1 使用视向定位功能观察零部件。

操作步骤如下：

① 使用视向定位功能观察舰船的三维造型。

② 单击 按钮，弹出"视向定位"对话框，双击系统视向中的主视图，显示结果如图 2-18 所示。

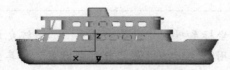

图 2-18 系统视向的主视图

③ 单击系统视向中的正三侧视图，显示结果如图 2-19 所示。

④ 选中"添加视向类型"中的"当前文档"单选按钮，在视向方向中输入 x、y、z 三个方向的数值分别为 15、5、2，显示结果如图 2-20 所示。

图 2-19 正三侧视图　　　　图 2-20 按 x、y、z 三个方向指定数值定位视图

⑤ 单击"添加"按钮，弹出"显示命名"对话框，确定系统默认的命名"视图 0"，单击"确定"按钮，文档视向中加入视图 0。

⑥ 选择"文件"→"另存为"命令，弹出"另存为"对话框，给出文件名"船 1"，单击"保存"按钮。

⑦ 单击 按钮，选择文件"船 1"。单击 按钮，弹出"视向定位"对话框，可见文档视向中有"视图 0"。双击"视图 0"，显示结果如图 2-20 所示。

2.3.4 显示工具栏

【功能】显示和关闭系统主界面的各工具栏。

【操作】

① 单击"显示"，在菜单中有 19 个选项，每一项前有一个 符号，表示相应的工具栏，当用鼠标左键单击某项时，它前面的 消失，表示关闭相应的工具栏，这时在主界面中相应的工具栏消失，用鼠标反复单击，可实现工具栏显示和关闭的切换，如图 2-10 所示。

② 在主界面的任意工具栏的空白处单击鼠标右键，也可弹出选择工具栏的快捷菜单。工具栏关闭和显示操作与步骤①相同。

2.4 工 具

2.4.1 坐标系

【功能】为了方便作图，针对坐标系的功能有创建坐标系、激活坐标系、删除坐标系、隐藏坐标系和显示所有坐标系，如图 2-21 所示。

【操作】选择"工具"→"坐标系"命令，在该菜单中的右侧弹出下一级菜单项。

> **说明：** 系统默认坐标系叫做"世界坐标系"。系统允许用户同时存在多个坐标系，其中正在使用的坐标系叫做"当前坐标系"，其坐标架为红色，其他坐标架为白色（坐标架的颜色可以在"设置"菜单下修改）。
> 在实际使用中，为作图方便，用户可以根据自己的实际需要，创建新的坐标系，在特定的坐标系中进行操作。

1. 创建坐标系

创建坐标系就是建立一个新的坐标系，有 5 种方式：单点、三点、两相交直线、圆或圆弧以及曲线切法线，如图 2-22 所示。

（1）单点法

【功能】输入一个坐标原点确定新的坐标系，坐标系名为给定名称。

【操作】

① 选择"工具"→"坐标系"→"创建坐标系"命令，在立即菜单中选择"单点"，如图 2-22 所示。

② 给出坐标原点。

③ 弹出输入条，输入坐标系名称，按回车键确定。

图 2-21　坐标系的 5 种功能

图 2-22　创建坐标系的 5 种方式

（2）三点法

【功能】给出新坐标系坐标原点、X 轴正方向上一点和 Y 轴正方向上一点生成新坐标系，坐标系名为给定名称。

【操作】

① 选择"工具"→"坐标系"→"创建坐标系"命令，在立即菜单中选择"三点"。

② 给出新坐标系坐标原点、X轴正方向上一点和确定 XOY 面及 Y 轴正方向的一点。

③ 弹出输入条，输入坐标系名称，按回车键确定。

例2-2　用三点法在长方体的A点上创建坐标系。

按上述操作步骤进行操作，其结果如图 2-23 所示。

（3）两相交直线法

【功能】拾取直线作为 X 轴，给出正方向，再拾取直线作

为 Y 轴，给出正方向，生成新坐标系，坐标系名为指定名称。

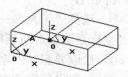

图 2-23　三点法创建坐标系

【操作】

① 选择"工具"→"坐标系"→"创建坐标系"命令，在立即菜单中选择"两相交直线"。

② 拾取第一条直线作为 X 轴，选择方向。

③ 拾取第二条直线，选择方向。

④ 弹出输入条，输入坐标系名称，按回车键确定。

（4）圆或圆弧法

【功能】指定圆或圆弧的圆心为坐标原点，以圆的端点方向或指定圆弧端点方向为 X 轴正方向，生成新坐标系，坐标系名为给定名称。

【操作】

① 选择"工具"→"坐标系"→"创建坐标系"命令，在立即菜单中选择"圆或圆弧"。

② 拾取圆或圆弧，选择 X 轴位置（圆弧起点或终点位置）。

③ 弹出输入条，输入坐标系名称，按回车键确定。

（5）曲线切法线法

【功能】指定曲线上一点为坐标原点，以该点的切线为 X 轴，该点的法线为 Y 轴，生成新坐标系，坐标系名为给定名称。

【操作】

① 选择"工具"→"坐标系"→"创建坐标系"命令，在立即菜单中选择"曲线切法线"。

② 拾取曲线。

③ 指定曲线上的一点为坐标原点，弹出输入条，输入坐标系名称，按回车键确定。

2．激活坐标系

【功能】有多个坐标系时，激活某一坐标系就是将这一坐标系设为当前坐标系。

【操作】

① 选择"工具"→"坐标系"→"激活坐标系"命令，弹出"激活坐标系"对话框，如图 2-24 所示。

② 拾取坐标系列表中的某一坐标系，单击"激活"按钮，可见该坐标系已激活，变为红色。单击"激活结束"按钮，对话框关闭。

③ 单击"手动激活"按钮，对话框关闭，拾取要激活的坐标系，该坐标系变为红色，表明已激活。

图 2-24　激活坐标系

3．删除坐标系

【功能】删除用户创建的坐标系。

【操作】

① 选择"工具"→"坐标系"→"删除坐标系"命令，弹出"坐标系编辑"对话框，如图 2-25 所示。

② 拾取要删除的坐标系，单击坐标系，删除坐标系完成。

③ 拾取坐标系列表中的某一坐标系，单击"删除"按钮，可见该坐标系消失。单击"删除完成"按钮，对话框关闭。

④ 单击"手动拾取"按钮，对话框关闭，拾取要删除的坐标系，该坐标系消失。

图 2-25　删除坐标系

4. 隐藏坐标系

【功能】使某一坐标系不可见。

【操作】

① 选择"工具"→"坐标系"→"隐藏坐标系"命令。

② 拾取工作坐标系，单击坐标系，隐藏坐标系完成。

5. 显示所有坐标系

【功能】使所有坐标系都可见。

【操作】选择"工具"→"坐标系"→"显示所有坐标系"命令，则所有坐标系都可见，如图 2-26 所示。

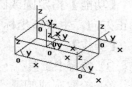

图 2-26　显示所有坐标系

2.4.2　查询

CAXA 制造工程师 2013 具有查询功能，它可以查询点的坐标、两点间的距离、角度、元素属性以及零件体积、重心、惯性矩等内容，用户不可以将查询结果存入文件。查询菜单如图 2-27 所示。

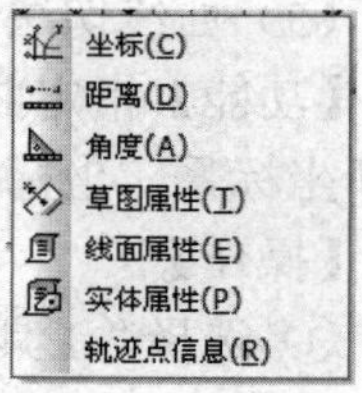

1. 坐标查询

【功能】查询各种工具点方式下的坐标。

图 2-27　查询菜单

【操作】

① 选择"工具"→"查询"→"坐标"命令，或单击 按钮。

② 用鼠标在屏幕上拾取需查询的点，系统立即弹出"查询结果"对话框，对话框内依次列出被查询点的坐标值。查询任意两点之间的距离，在点的拾取过程中可以充分利用智能点、栅格点、导航点以及各种工具点。

2. 距离查询

【功能】查询任意两点之间的距离。在点的拾取过程中可以充分利用智能点、栅格点、导航点以及各种工具点。

【操作】

① 选择"工具"→"查询"→"距离"命令，或单击 按钮。

② 拾取待查询的两点，屏幕上立即弹出"查询结果"对话框，对话框内列出被查询两点的坐标值、两点间的距离以及第一点相对于第二点 X 轴、Y 轴上的增量。

3. 角度查询

【功能】查询两直线夹角和圆心角。

【操作】

① 选择"工具"→"查询"→"角度"命令，或单击 ![btn] 按钮。

② 拾取两条相交直线或一段圆弧后，屏幕立即弹出"查询结果"对话框，对话框内列出系统查询的两直线夹角或圆弧所对应圆心角的角度及弧度。

4. 草图属性查询

【功能】查询拾取到的草图的属性。

【操作】

① 选择"工具"→"查询"→"草图属性"命令，或单击 ![btn] 按钮。

② 拾取草图，这时可以移动鼠标在特征管理树内单击要查询的草图。

③ 拾取完毕后单击鼠标右键，属性列表立即会出现查询结果，将查询到的草图元素按拾取顺序依次列出其属性，如图 2-28 所示。

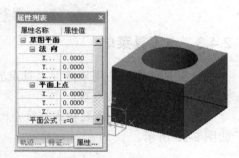

图 2-28　草图属性查询

5. 线面属性查询

【功能】查询拾取到的图形元素属性，这些元素包括点、直线、圆、圆弧、公式曲线、圆和各种曲面等。

【操作】

① 选择"工具"→"查询"→"线面属性"命令，或单击 ![btn] 按钮。

② 拾取几何元素，这时可以移动鼠标在屏幕上绘图区内单个拾取要查询的图形元素或者用矩形框拾取。

③ 拾取完毕后单击鼠标右键，属性列表立即会出现查询结果，将查询到的图形元素按拾取顺序依次列出其属性。

6. 实体属性查询

【功能】查询实体属性，包括体积、表面积、质量、重心 X 坐标、重心 Y 坐标、重心 Z 坐标、X 轴惯性矩、Y 轴惯性矩、Z 轴惯性矩。

【操作】选择"工具"→"查询"→"实体属性"命令，或单击 ![btn] 按钮，属性列表立即会出现查询结果，显示实体属性查询结果。

7. 轨迹点信息查询

【功能】查询拾取到的草图的属性。

【操作】

① 选择"工具"→"查询"→"轨迹点信息"命令。

② 按屏幕左下角提示，拾取轨迹的刀位点，用鼠标单击轨迹即可。

③ 拾取完毕后，属性列表立即会出现查询结果，如图 2-29 所示。

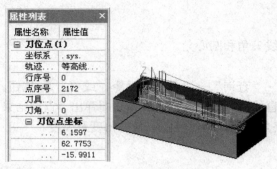

图 2-29　轨迹点信息查询

2.4.3　点工具菜单

点工具菜单就是用来捕捉工具点的菜单。工具点就是在操作过程中具有几何特征的点，如圆心点、切点、端点等。

进入操作命令，需要输入特征点时，只要按下空格键，屏幕上即弹出下列点工具菜单，如图 2-30 所示。

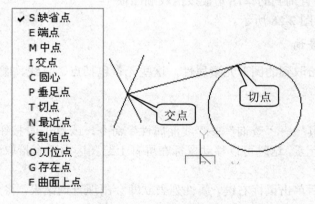

图 2-30　点工具菜单

- ❑ 缺省点（S）：屏幕上的任意位置点。
- ❑ 端点（E）：曲线的端点。
- ❑ 中点（M）：曲线的中点。
- ❑ 交点（I）：两曲线的交点。
- ❑ 圆心（C）：圆或圆弧的圆心。
- ❑ 垂足点（P）：曲线的垂足点。
- ❑ 切点（T）：曲线的切点。
- ❑ 最近点（N）：曲线上距离捕捉光标最近的点。
- ❑ 型值点（K）：样条特征点。
- ❑ 刀位点（0）：刀具轨迹上的点。
- ❑ 存在点（G）：用曲线生成中的点工具生成的点。
- ❑ 曲面上点（F）：曲面上的点。

说明：括号中的字母对应键盘上的字母。

1．缺省点

缺省点是系统默认的"点"捕捉状态。它能自动捕捉直线、圆弧、圆、样条的端点；捕捉直线、圆弧、圆的中点；捕捉实体特征的角点。在"缺省点"状态下，系统根据鼠标位置自动判断端点、中点、交点和屏幕点。进入系统时，系统的点状态为缺省点。缺省点也可以是作图平面上的任意一点。

2．交点

"交点"命令可捕捉任意两条曲线的交点。曲线可以是空间的曲线。如果是同一平面内的曲线，可以捕捉曲线延长后的虚交点，如图 2-31 所示。

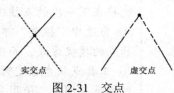

图 2-31　交点

交点的捕捉方式有两种：① 分别拾取两条曲线，系统自动计算两曲线交点；② 拾取两曲线大致交点处，让系统自动捕捉光标覆盖范围内的曲线交点。

3．最近点

"最近点"命令用于捕捉光标覆盖范围内，从光标当前位置到最近曲线上的距离最短的点，如图 2-32 所示。

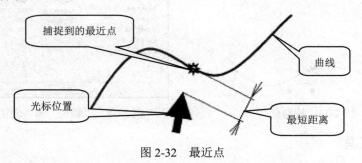

图 2-32　最近点

说明：如果光标拾取的位置附近没有曲线，系统将光标在屏幕上的当前点位作为捕捉点。

4．控制点

控制点是捕捉样条曲线的型值点。当捕捉光标移动到样条曲线附近时，其所有型值点会变亮，光标靠近哪个型值点，即捕捉哪个型值点，选中后需单击鼠标左键确认，如图 2-33 所示。

说明：图 2-33 所示的坐标原点是字母与第三轴字母的重叠，这是由二维平面观察三维坐标系的结果，后续图形与此相同。

注意: ① 当需要使用工具点时,如果不希望每次都按空格键弹出工具点菜单,可以使用简略方式。即使用热键来切换到需要的点状态。热键就是点菜单中每种点前面的字母。

② 系统设置中提供了点拾取工具的"锁定"和"恢复"功能。在主菜单中选择"设置"→"系统设置"命令,弹出"参数设置"对话框。在"参数设置"对话框中,有"点拾取工具"的"锁定"和"恢复"两个选项,如图 2-34 所示。

③ 当选中"锁定"单选按钮时,使用一次工具点(如"端点")捕捉后,系统将在下一次的点捕捉时也使用端点方式捕捉。

④ 当选中"恢复"单选按钮时,使用一次工具点后,系统将不再保留这种工具点的捕捉方式,而恢复到原来的工具点捕捉方式。

⑤ 工具点状态锁定时,工具点状态一经指定即不改变,直到重新指定为止。但增量点例外,使用完后立即恢复到非相对状态。不锁定工具点状态时,工具点使用一次之后即恢复到"缺省点"状态。

⑥ 可以通过系统底部的状态显示区了解当前的工具点状态。

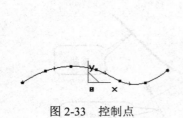

图 2-33　控制点

图 2-34　"锁定"和"恢复"

2.4.4　矢量工具

矢量工具主要用来选择方向,在曲面生成时经常要用到。图 2-35 所示为生成扫描面时用到的矢量工具。

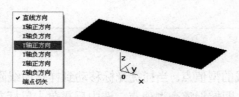

图 2-35　矢量工具

2.4.5　选择集拾取工具

拾取图形元素(点线面)的目的就是根据作图的需要在已经完成的图形中,选取作图所需的某个或某几个元素。

选择集拾取工具就是用来方便地拾取需要的元素的工具。拾取元素的操作是经常要用到的操作，应当熟练地掌握它。

已选中的元素集合，称为选择集。当交互操作处于拾取状态（工具菜单提示出现"添加状态"或"移出状态"）时可通过选择集拾取工具菜单来改变拾取的特征，如图 2-36 所示。

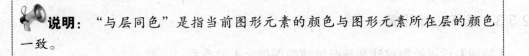

图 2-36　拾取工具

1．拾取所有

"拾取所有"就是拾取画面上所有的元素。但系统规定，在所有被拾取的元素中不应含有拾取设置中被过滤掉的元素或被关闭图层中的元素。

2．拾取添加

指定系统为"拾取添加"状态，此后拾取到的元素，将放到选择集中。（拾取操作有两种状态："添加状态"和"移出状态"）

3．取消所有

所谓"取消所有"，就是取消所有被拾取到的元素。

4．拾取取消

"拾取取消"的操作就是从拾取到的元素中取消某些元素。

5．取消尾项

执行本项操作可以取消最后拾取到的元素。

上述几种拾取元素的操作，都是通过鼠标来完成的，也就是说，通过移动鼠标对准待选择的某个元素，然后单击鼠标左键，即可完成拾取的操作。被拾取的元素呈拾取加亮颜色的显示状态（默认为红色），以示与其他元素的区别。

2.5　设　　置

2.5.1　当前颜色

【功能】设置系统当前颜色。

【操作】

① 选择"设置"→"当前颜色"命令，或者直接单击 按钮，弹出"颜色管理"对话框，如图 2-37 所示。

② 可以选择基本颜色或扩展颜色中的任意颜色，单击"确定"按钮。

> 说明：　"与层同色"是指当前图形元素的颜色与图形元素所在层的颜色一致。

2.5.2　层设置

【功能】修改（或查询）图层名、图层状态、图层颜色、图层可见性以及创建新图层。

【操作】

① 选择"设置"→"层设置"命令，或者直接单击 ✗ 按钮。

② 选定某个图层，双击"名称"、"颜色"、"状态"、"可见性"和"描述"其中任一项，可以进行修改。

③ 可以新建图层、删除指定图层或将指定图层设置为当前图层。

④ 如果想取消新建的许多图层，可单击"重置图层"按钮，回到图层初始状态。

⑤ 单击"导出设置"按钮，弹出"图层管理"对话框。输入图层组名称及其详细信息，单击"确定"按钮，可将当前图层状态保存下来，如图 2-38 所示。

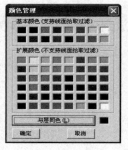

图 2-37 设置颜色

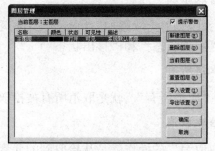

图 2-38 层设置

⑥ 单击"导入（或导出）设置"按钮，弹出"导入/导出图层"对话框。选择已存在的图层组名称，单击"确定"按钮，可将该图层组设置成为当前状态；单击"删除图层"按钮，可将其删除。

🔈 **说明：** "图层管理"对话框中主要参数介绍如下。

① 新建图层：建立一个新图层。

② 删除图层：删除选定图层。

③ 当前图层：将选定图层设置为当前层。

④ 重置图层：恢复到系统中层设置初始化状态。

⑤ 导入设置：调入导出的层状态。

⑥ 导出设置：将当前层状态存储下来。

🔔**注意：** 当部分图层上存在有效元素时，无法重置图层和导入图层。

2.5.3 拾取过滤设置

【功能】设置拾取过滤和导航过滤的图形元素的类型。

拾取过滤是指光标能够拾取到屏幕上的图形类型，拾取到的图形类型被加亮显示；导航过滤是指光标移动到要拾取的图形类型附近时，图形能够加亮显示。

【操作】

① 选择"设置"→"拾取过滤设置"命令，或单击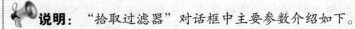按钮，弹出"拾取过滤器"对话框，如图 2-39 所示。

图 2-39　拾取过滤设置

② 如果要修改图形元素的类型、拾取时的导航加亮设置和图形元素的颜色，只要直接选中项目对应的复选框即可。

③ 要修改拾取盒的大小，只需拖动下方的滚动条即可。

> **说明：** "拾取过滤器"对话框中主要参数介绍如下。
>
> ① 图形元素的类型：包括体上的顶点、体上的边、体上的面、空间曲面、空间曲线端点、空间点、草图曲线端点、草图点、空间直线、空间圆（弧）、空间样条、三维尺寸、草图直线、草图圆（弧）、草图样条和刀具轨迹。
>
> ② 拾取时的导航加亮设置：包括加亮草图曲线、加亮空间曲线和加亮空间曲面。
>
> ③ 图形元素的颜色：图形元素的各种颜色。
>
> ④ 系统拾取盒大小：拾取元素时，系统提示导航功能。拾取盒的大小与光标拾取范围成正比。当拾取盒较大时，光标距离要拾取到的元素较远时，也可以拾取该元素。

2.5.4　系统设置

用户根据绘图的需要，对系统的一系列参数进行设置。

1. 环境设置

【功能】设置 F5-F8 快捷键定义（国标或机床）、键盘显示旋转角度、鼠标显示旋转角度、曲面 U 向网格数、曲面 V 向网格数、自动存盘操作次数、自动存盘文件名、系统层数上限和最大取消次数。

【操作】选择"设置"→"系统设置"命令，弹出"系统设置"对话框，如图 2-40 所示。选择"环境设置"选项，若要修改哪项环境参数，可以直接在参数对应框中修改。

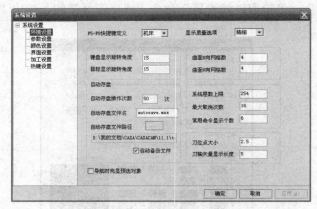

图 2-40　环境设置

2．参数设置

【功能】设置样条最大点数、最大长度、圆弧最大半径、系统精度上限、系统精度下限、显示基准面的长度、显示基准面的宽度和工具状态。

工具状态包括点拾取工具、矢量拾取工具、轮廓拾取工具、岛拾取工具和选择集拾取工具。工具状态有两种：锁定和恢复。

【操作】选择"设置"→"系统设置"命令，弹出"系统设置"对话框，选择"参数设置"选项，对话框改变，如图 2-41 所示。根据需要对参数、辅助工具的状态进行设定。

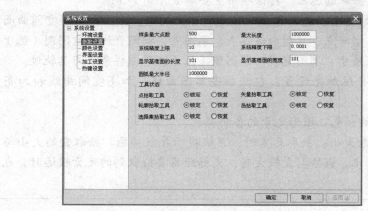

图 2-41　参数设置

3．颜色设置

【功能】修改拾取状态颜色、修改无效状态颜色、修改非当前坐标系颜色、修改当前坐标系颜色。

【操作】

① 选择"设置"→"系统设置"命令，弹出"系统设置"对话框，选择"颜色设置"选项，对话框改变，如图 2-42 所示。

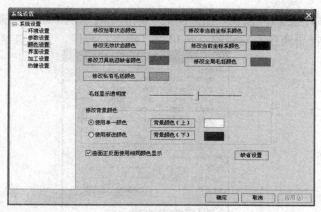

图 2-42　颜色设置

② 要修改哪项，只要单击此按钮，在弹出"颜色管理"对话框（如图 2-37 所示）中选择喜欢的颜色，单击"确定"按钮即可。

> **说明：** CAXA 制造工程师 2013 版本在背景颜色中提供了渐变色。在图 2-42 中有"使用渐进颜色"单选按钮。渐变色的颜色是可以更改的，默认的是上黑下蓝颜色。
>
> CAXA 制造工程师 2013 提供了曲面正反两面可以显示不同的颜色的功能。为了与前面的版本保持习惯一致，默认给定的设置是曲面正反面颜色相同。实际上它在"系统设置"中也可以更改。把它单独提出来的目的是为了 5 轴加工，我们知道，一张曲面画出来后，它的法矢就是固定的了，但我们想加工哪一侧，是由我们来选择的。5 轴功能不像 3 轴加工那样可以根据坐标系自动判断，必须由编程人员指出要加工哪一侧。如果事前就可以把正反面都给确认好，在生成 5 轴加工轨迹时就会方便很多。

2.5.5　光源设置

【功能】对零件的环境和自身的光线强度进行改变。

【操作】

① 选择"设置"→"光源设置"命令，弹出"光源设置"对话框。

② 可以根据需要对光线的强度进行编辑和修改。

2.5.6　材质设置

【功能】对生成实体的材质进行改变。

【操作】

① 选择"设置"→"材质设置"命令，弹出如图 2-43 所示的对话框，用户可以根据需要对实体的材质进行选择。

② 如果用户需要对材质的亮度、密度以及颜色元素等进行修改，可以选中"自定义"

单选按钮,单击"颜色更改"按钮,在弹出的"颜色"对话框中选择所需的颜色;单击"确定"按钮,回到"材质属性"对话框;再单击"确定"按钮,完成自定义设置。

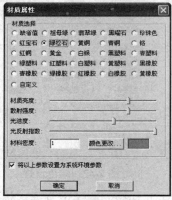

图 2-43　材质设置

2.5.7　自定义

"自定义"命令用于定义符合用户使用习惯的环境。

1.　工具条设置

【功能】根据用户使用习惯,定义自己的工具条。

【操作】

① 选择"设置"→"自定义"命令,弹出"自定义"对话框,选择"工具条"选项卡。

② 根据自己的使用特点选取工具条,如果有特殊需要,用户还可以自定义新的工具条。单击"新建"按钮,弹出"创建工具条"对话框,如图 2-44 所示。输入名称,单击"确定"按钮,出现新工具条。选择"命令"选项卡,拖动某些命令到新工具条中,成为新工具条中的命令。

图 2-44　创建工具条

③ 单击"重置所有"按钮,可以恢复系统默认的工具条内容。

例2-3　新建一个名为"我的工具"的工具条,其中有"保存"、"复制"和"粘贴"3个命令。

操作步骤如下:

① 选择"自定义"对话框中的"工具条"选项卡,单击"新建"按钮,弹出"创建工具条"对话框。

② 在"工具条名称"文本框中输入"我的工具",单击"确定"按钮,出现新工具条,名为"我的工具",如图 2-45 所示。

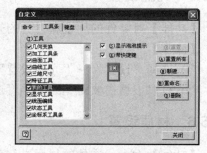

图 2-45　新建"我的工具"

③ 选择"命令"选项卡,再选择"命令"框中的"保存"选项,按住鼠标左键不放,将"保存"拖到"我的工具"中;选择"类别"中的"编辑"选项,将命令中的"拷贝"和"粘贴"拖入到"我的工具"中,如图 2-46(a)所示。

④ 若想在工具条上复制一个按钮，按住 Ctrl 键单击这个图标拖动即可，如图 2-46（b）所示。

⑤ 若希望以图标加文本的形式出现，可以在按钮上单击鼠标右键，弹出快捷菜单如图 2-47（a）所示，选择"图标和文本"命令，出现所需形式。将 4 个命令全部变为图标加文本形式，如图 2-47（b）所示。

（a）   （b）

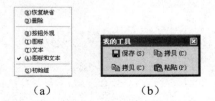

（a）   （b）

图 2-46　在我的工具中建立新的命令　　　　图 2-47　图标加文本

2. 键盘命令设置

【功能】根据用户的使用习惯定义自己的快捷键。

【操作】

① 选择"设置"→"自定义"命令，弹出"自定义"对话框，选择"键盘"选项卡，出现快捷键定义对话框，如图 2-48 所示，用户根据快捷键的类别进行选择。

② 单击"请按新快捷键"下的一栏输入条，在键盘上按下要自定义的快捷键，该栏中显示出此快捷键。

③ 单击"指定"按钮，确认新的快捷键。

④ 单击"重新设置"按钮，可以恢复系统默认的键盘命令。

例2-4　将"文件"菜单中的"保存"功能修改为Ctrl+B。

操作步骤如下：

① 选择"自定义"对话框中"键盘"选项卡，出现快捷键定义对话框如图 2-48 所示。

② 在"类别"框中选择"文件"选项，然后在"命令"框中选择"保存"选项。

③ 单击"请按新快捷键"下的一栏输入条，按 Ctrl+B 键，该栏中显示出此快捷键。若此快捷键已经被使用，下面的"已分配给"会有提示。

④ 单击"指定"按钮，确认把"保存"功能快捷键定义为 Ctrl+B，如图 2-49 所示。

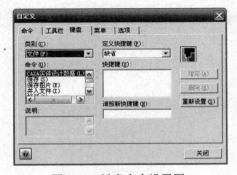

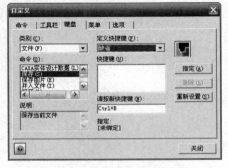

图 2-48　键盘命令设置图　　　　　图 2-49　修改保存功能快捷键为 Ctrl+B

第 **2** 篇　CAXA 三维造型

本篇要点

- 线架造型
- 曲面生成与曲面编辑
- 特征实体造型

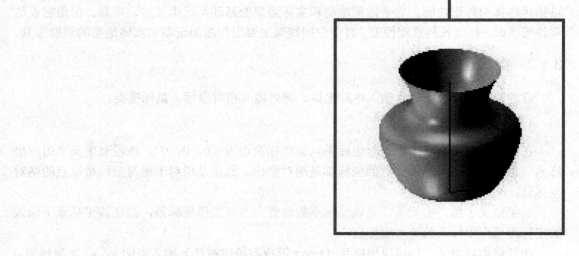

第 *3* 章 线架造型

CAXA 的造型方法分为 3 大类：一为线架造型，二为曲面造型，三为特征实体造型。这 3 种方法各有特色，可以独立造型也可以互相结合造型。

线架造型是直接使用空间点、直线、圆弧及样条线等曲线描述物体的外形轮廓的造型方法。

曲面造型是使用各种数学曲面方式表达零件形状的造型方法。

特征实体造型是通过体的交、并、差方式进行造型的方式。

3.1 空 间 线 架

3.1.1 空间线架的作用

线架造型是通过定义实体棱边来构成立体框图，是 CAD/CAM 系统中应用最早、最为简单的造型方法。这种方法生成的几何模型由一系列的点、直线、圆弧及样条线组成，用以描述物体的外形轮廓。它是曲面造型和实体造型的基础，运用灵活、可靠。但用它表达零件形状时，耗时长且直观性差。目前空间线架主要用作曲面造型和实体造型的辅助工具。

3.1.2 空间点的输入

点的输入方式有：键盘输入绝对坐标、键盘输入相对坐标、鼠标捕捉。

1. 绝对坐标的输入

在绘图区的中心有一个绝对坐标系，其坐标原点为（0，0，0）。在没有定义"用户坐标系"之前，由键盘输入的点的坐标都是绝对坐标，原点是相对于绝对坐标系原点的绝对坐标值。

如果定义了用户坐标系，且该坐标系被设置为当前工作坐标系，则在该坐标系下输入的坐标为用户坐标系的绝对坐标值。

在任何点状态下，均可以用键盘（Enter 键或数值键激活）输入点的 x、y、z 坐标值。输入坐标时坐标值用"，"分隔，而不用"（）"。

如绘制两点间直线或其他需要输入点的状态时，可按如下方法输入点坐标：

① 先按键盘上的回车键，系统在屏幕正中弹出数据输入框，此时直接输入键盘上的数

字，如"10，20，30"。

② 直接输入坐标值，系统将在屏幕正中弹出数据输入框并将所输入的数据记录在其中。

> 🔔**注意**：在直接输入坐标值时虽然省略了按回车键的操作，但是不适合所有的数据输入。例如，当输入的数据第一位使用省略方式时，"，"不出现或相对输入时"@"不出现。建议先按回车键，再输入数据。

2．相对坐标的输入

输入相对坐标时，必须在第一个数值前加上一个符号"@"，以表示相对。该符号的含义指后面的坐标值相对于当前点的坐标。

例3-1　两点直线，第一点坐标为（25，40），第二点坐标是相对于第一点的（45，20），该两点坐标的输入方法有如图3-1（a）、图3-1（b）两种表示方法。

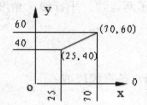 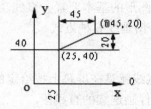

（a）用绝对坐标表示直线两点　　　（b）用相对坐标表示直线两点

图 3-1　空间点的输入

> 🔔**注意**：相对坐标是相对于当前点（前一次使用的点）的坐标，与坐标系原点无关。例如，输入"@10，20，30"表示相对于当前点来说，输入了一个 x 坐标为 10、y 坐标为 20、z 坐标为 30 的点。

3．坐标表达方式

① 完全表达：即 x、y、z 3 个坐标全部表示出来，数字间用逗号分开。如"10，20，30"代表坐标 x=20、y=30、z=0 的点。

② 不完全表达：即 x、y、z 坐标省略方式。当其中一个坐标值为 0 时，该坐标可省略不标，其间用逗号隔开即可。如坐标"10，0，30"可表示为"10，，30"；坐标"0，0，30"可表示为"，，30"。

4．输入坐标时使用函数表达式

系统在坐标点输入时提供了表达式输入。如输入坐标"100/2，30*2，140*sin30°"，它等同于输入计算后坐标"50，60，70"。

> 🔔**注意**：相对输入或不完全表达时，必须先按键盘的回车键，让系统在屏幕中弹出数字输入框。

5. 点工具菜单鼠标捕捉输入

在作图过程中，经常需要用鼠标寻找精确定位点（如切点、交点、端点等各种特殊点）。这时只要按空格键，即可弹出点工具菜单，进行项目的选取，再在拾取的点附近拾取（参见 2.4.3 节点工具菜单）。

3.2 曲线生成

要构造物体的轮廓线框，首先必须生成直线、圆弧等各种曲线。CAXA 制造工程师为曲线绘制提供了十多项功能：直线、圆弧、圆、矩形、椭圆、样条、点、公式曲线、多边形、二次曲线、等距线、曲线投影、相关线、样条→圆弧和文字等。

3.2.1 直线

直线是构成图形的基本要素。直线功能提供了两点线、平行线、角度线、切线/法线、角等分线和水平/铅垂线 6 种方式。

1. 两点线

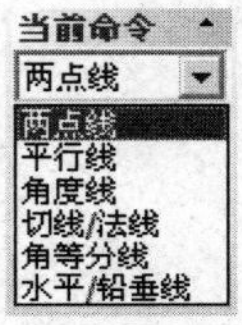

【功能】两点线就是在屏幕上按给定的两点画一条直线段或按给定的连续条件画连续的直线段。

【操作】

① 选择"造型"→"曲线生成"→"直线"命令，或单击

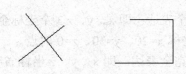

图 3-2　直线的立即菜单

📐 按钮，出现绘制直线的立即菜单，如图 3-2 所示。

② 在立即菜单中选取"两点线"方式，其立即菜单如图 3-3 所示。可根据需要选择"连续"或"单个"、"正交"或"非正交"、"点方式"或"长度方式"，并按状态栏提示完成操作。两点线示意图如图 3-4 所示。

图 3-3　绘制两点线立即菜单

图 3-4　两点线

2. 平行线

【功能】按给定距离或通过给定的已知点绘制与已知线段平行且长度相等的平行线段。

【操作】

① 选择"造型"→"曲线生成"→"直线"命令，或单击 📐 按钮，出现绘制直线的立即菜单，如图 3-2 所示。

② 在立即菜单中选取"平行线"方式，其立即菜单如图 3-5 所示。可根据需要选择"过点"或"距离"方式，并按状态栏提示完成操作。平行线示意图如图 3-6 所示。

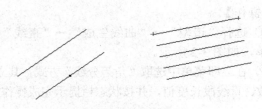

图 3-5　绘制平行线立即菜单　　　　　　　　　图 3-6　绘制平行线

3. 角度线

【功能】生成与坐标轴或已知直线成一定夹角的直线。

【操作】

① 选择"造型"→"曲线生成"→"直线"命令，或单击 ✎ 按钮，出现绘制直线的立即菜单，如图 3-2 所示。

② 在立即菜单中选取"角度线"方式，其立即菜单如图 3-7 所示。可根据需要选择"X 轴夹角"、"Y 轴夹角"和"直线夹角"方式，并按状态栏提示完成操作。如图 3-8 所示，直线 1 为以原点为起点并与 X 轴正方向成 30°夹角的直线，直线 2 为以原点为起点并与 Y 轴正方向成 30°夹角的直线，直线 3 为以给定点 A 为起点并与直线 1 成 30°夹角的直线。

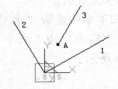

图 3-7　绘制角度线立即菜单　　　　　　　　　图 3-8　角度线示意图

4. 切线/法线

【功能】用于过给定点作已知曲线的切线或法线。

【操作】

① 选择"造型"→"曲线生成"→"直线"命令，或单击 ✎ 按钮，出现绘制直线的立即菜单，如图 3-2 所示。

② 在立即菜单中选取"切线/法线"方式，其立即菜单如图 3-9 所示。可根据需要选择"切线"或"法线"方式，并按状态栏提示完成操作。曲线的切线/法线示意图如图 3-10 所示。

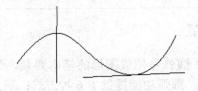

图 3-9　绘制切线/法线立即菜单　　　　　　　图 3-10　曲线的切线/法线

5. 角等分线

【功能】用于按给定的等分份数、给定长度画一条或几条直线段，并将一个角等分。其立即菜单如图 3-11 所示。

【操作】

① 选择"造型"→"曲线生成"→"直线"命令，或单击 ✐ 按钮，出现绘制直线的立即菜单，如图 3-2 所示。

② 在立即菜单中选取"角等分线"方式，其立即菜单如图 3-11 所示。可根据需要输入等分份数、直线段长度值，并按状态栏提示完成操作。角等分线示意图如图 3-12 所示。

图 3-11　绘制角等分线立即菜单　　　　　　　图 3-12　角等分线

6. 水平/铅垂线

【功能】用于生成平行于或垂直于当前平面坐标轴的给定长度的直线段。

【操作】

① 选择"造型"→"曲线生成"→"直线"命令，或单击 ✐ 按钮，出现绘制直线的立即菜单，如图 3-2 所示。

② 在立即菜单中选取"水平/铅垂线"方式，其立即菜单如图 3-13 所示。可根据需要选择"水平"、"铅垂"或"水平+铅垂"方式，并按状态栏提示完成操作。水平/铅垂线示意图如图 3-14 所示。

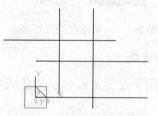

图 3-13　绘制水平/铅垂线立即菜单　　　　　图 3-14　水平/铅垂线

> **注意**：点的输入可采取两种方式：按回车键直接输入坐标值或按空格键拾取工具点。

3.2.2　圆弧

【功能】圆弧是构成图形的基本要素。为了适应多种情况下的圆弧绘制，圆弧功能提供了 6 种方式：三点圆弧、圆心_起点_圆心角、圆心_半径_起终角、两点_半径、起点_终点_圆心角和起点_半径_起终角。

【操作】

① 选择"造型"→"曲线生成"→"圆弧"命令，或直接单击 ✐ 按钮，出现绘制圆弧的立即菜单，如图 3-15 所示。

图 3-15　圆弧的立即菜单

②　在当前命令立即菜单中选取画圆弧方式，并根据状态栏提示完成操作。

例3-2　作与圆弧相切的弧。

已知圆弧 1 及圆弧 2，作圆弧 3 与圆弧 1、2 相切，作图步骤如下（圆弧 1、2 的作图步骤略）：

①　单击"圆弧"按钮 ，在立即菜单中选择"三点圆弧"方式。

②　系统提示输入第一点，按空格键弹出工具点菜单，单击切点，然后按提示拾取第一段圆弧。

③　输入圆弧第二点。根据所作圆弧的位置和方向在屏幕上输入圆弧第二点。

当提示输入第三点时，按②的方法选取第二段圆弧的切点，完成圆弧绘制，如图 3-16 所示。

图 3-16　作与圆弧相切的弧

3.2.3　圆

【功能】圆是构成图形的基本要素。为了适应多种情况下圆的绘制，圆功能提供了圆心_半径、三点和两点_半径 3 种方式。

【操作】

①　选择"造型"→"曲线生成"→"圆"命令，或直接单击 ⊕ 按钮，出现绘制圆的立即菜单，如图 3-17 所示。

图 3-17　圆的立即菜单

②　在立即菜单中选取画圆方式，并根据状态栏提示完成操作。

图 3-18 为给定圆心和半径、给出圆上三点及两点_半径方式所画的圆。

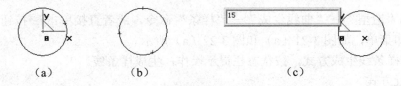

（a）　　　　　　　　（b）　　　　　　　　（c）

图 3-18　圆的绘制

> 🔔**注意**：绘制圆弧或圆时状态栏动态显示半径大小。半径的输入方式为：按回车键，屏幕上出现图 3-18（c）所示的输入框，在输入框中输入半径值按回车键即可。

3.2.4　矩形

【功能】矩形是构成图形的基本要素。矩形功能提供了两点矩形和中心_长_宽两种矩形绘制方式。

【操作】

①　选择"造型"→"曲线生成"→"矩形"命令，或直接单击 ▭ 按钮，出现绘制矩形的立即菜单，如图 3-19 所示。

图 3-19　矩形的立即菜单

② 在立即菜单中选取画矩形方式，并根据状态栏提示完成操作。

3.2.5 椭圆

【功能】用鼠标或键盘输入椭圆中心，然后按给定参数画一个任意方向的椭圆或椭圆弧。

【操作】

① 选择"造型"→"曲线生成"→"椭圆"命令，或者直接单击"椭圆"按钮 ，出现绘制椭圆的立即菜单，如图 3-20 所示。

② 输入长半轴、短半轴、旋转角、起始角和终止角等参数，输入中心，完成操作。

图 3-20　椭圆的立即菜单

注意：① 旋转角是指椭圆的长轴与默认起始基准（X 轴正方向，下同）间夹角。

② 起始角是指画椭圆弧时起始位置与默认起始基准所夹的角度。

③ 终止角是指画椭圆弧时终止位置与默认起始基准所夹的角度。

3.2.6 样条

【功能】生成过给定顶点（样条插值点）的样条曲线。点的输入可由鼠标输入或由键盘输入。

【操作】

① 选择"造型"→"曲线生成"→"样条"命令，或者直接单击 ～ 按钮，出现绘制样条线的立即菜单，如图 3-21（a）和图 3-22（a）所示。

② 选择样条线生成方式，按状态栏提示操作，生成样条线。

❑　逼近方式

顺序输入一系列点，系统根据给定的精度生成拟合这些点的光滑样条曲线。用逼近方式拟合一批点，生成的样条曲线品质比较好，适用于数据点比较多且排列不规则的情况。如图 3-21（a）所示为逼近样条的立即菜单，图 3-21（b）所示为绘制的样条线。

❑　插值方式

按顺序输入一系列点，系统将顺序通过这些点生成一条光滑的样条曲线。通过设置立即菜单，可以控制生成的样条的端点切矢，使其满足一定的相切条件，也可以生成一条封闭的样条曲线。如图 3-22（a）所示为插值样条的立即菜单，图 3-22（b）所示为开曲线样条，图 3-22（c）所示为闭曲线样条。

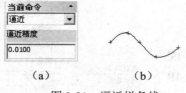

（a）　　　　　　　（b）

图 3-21　逼近样条线

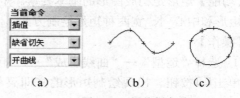

（a）　　　　（b）　　　（c）

图 3-22　插值样条线

3.2.7 点

1. 生成单个点

【功能】在屏幕指定位置处画一个孤立点。此功能可生成包括工具点、曲线投影交点、曲面上投影点和曲线曲面交点等单个点。

【操作】

① 选择"造型"→"曲线生成"→"点"命令，或者直接单击 按钮，出现绘制点的立即菜单，如图 3-23 所示。

② 选取"单个点"方式，按状态栏提示，完成操作。

图 3-23 点的立即菜单

> **注意**：在利用点工具菜单生成单个点时不能利用切点和垂足点。

2. 生成批量点

【功能】在曲线上画一批点。此功能生成的批量点包括等分点、等距点和等角度点等。

【操作】

① 选择"造型"→"曲线生成"→"点"命令，或者直接单击 按钮，出现绘制点的立即菜单，如图 3-23 所示。

② 选取"批量点"方式，按状态栏提示，完成操作。

3.2.8 公式曲线

【功能】公式曲线即是数学表达式的曲线图形，也就是根据数学公式（或参数表达式）绘制出相应的数学曲线，公式的给出既可以是直角坐标形式的，也可以是极坐标形式的。只要交互输入数学公式，给定参数，计算机便会自动绘制出该公式描述的曲线。CAXA 制造工程师 2013 提高了公式曲线的计算效率。图 3-24 所示为二维心型曲线示意图。

【操作】

① 选择"造型"→"曲线生成"→"公式曲线"命令，或者直接单击"公式曲线"按钮 f(x)，弹出"公式曲线"对话框，如图 3-25 所示。

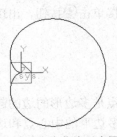

图 3-24 公式曲线示意图

图 3-25 "公式曲线"对话框

② 选择坐标系，给出参数及参数方式，单击"确定"按钮，给出公式曲线定位点，完成操作。

> 🔔 **注意：** ① "公式曲线"对话框中的主要参数介绍如下。
>
> 存储：将当前的曲线存入系统中，可以存储多个公式曲线，形成公式库备用；删除：将存入系统中的某个公式曲线删除；预显：在右上角框内显示新输入或修改参数的公式曲线。
>
> ② 公式曲线可用的数学函数。
>
> 元素定义时函数的使用格式与C语言中的用法相同，所有函数的参数须用括号括起来。公式曲线可用的数学函数有sin、cos、tan、asin、acos、atan、sinh、cosh、sqrt、exp、log、log10共12个。
>
> ❑ 三角函数：sin、cos、tan的参数单位采用角度，如sin(30)= 0.5，cos(45)= 0.707。
> ❑ 反三角函数：asin、acos、atan的返回值单位为角度，如acos(0.5)= 60，atan(1)= 45。
> ❑ 双曲函数：sinh、cosh。
> ❑ x的平方根：用sqrt(x)表示，如sqrt (36) = 6。
> ❑ e的x次方：用exp(x)表示。
> ❑ lnx（自然对数）：用log(x)表示。
> ❑ 以10为底的对数：用log10(x)表示。
> ❑ 幂：用^表示，如x^5表示x的5次方。
> ❑ 求余运算：用%表示，如18%4 = 2，2为18除以4后的余数。
>
> 表达式中乘号用"*"表示，除号用"/"表示；表达式中没有中括号和大括号，只能用小括号。
>
> 如下表达式是合法的表达式：
>
> $x(t)=6*[\cos(t)+t*\sin(t)]$
>
> $y(t)=6*[\sin(t)-t*\cos(t)]$
>
> $z(t)=0$

3.2.9 多边形

【功能】 在给定点处绘制一个给定半径、给定边数的正多边形。其定位方式由菜单及操作提示给出。

【操作】

① 选择"造型"→"曲线生成"→"多边形"命令，或者直接单击⬡按钮，出现绘制正多边形的立即菜单，如图 3-26 所示。

② 在立即菜单中选择方式和边数，按状态栏提示操作即可。

例3-3 用边、中心内接、中心外切方式绘制正六边形。

在图 3-27 中，（a）图是采用边方式绘制的正六边形，其定位点是多边形的边的起点和终点；（b）图是采用中心内接方式绘制的正六边形，其定位点是多边形的中心点和边的起点；（c）图是采用中心外切方式绘制的正六边形，其定位点是多边形的中心点和边的中点。

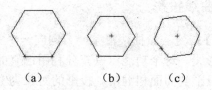

图 3-26 正多边形的立即菜单　　　　　　图 3-27 正六边形绘制

3.2.10 二次曲线

【功能】根据给定的方式绘制二次曲线。

【操作】

① 选择"造型"→"曲线生成"→"二次曲线"命令，或者直接单击 按钮，出现绘制二次曲线的立即菜单，如图 3-28 所示。

② 按状态栏提示操作，生成二次曲线。

例3-4 生成比例因子为0.5、起点坐标（0，0）、终点坐标（40，0）、方向点（20，40）的二次曲线。

图 3-28 二次曲线的立即菜单

操作步骤如下：

① 单击二次曲线按钮 ，激活二次曲线功能。

② 在立即菜单中输入比例因子 0.5000。

③ 依次给出起点坐标（0，0）、终点坐标（40，0）和方向点坐标（20，40），生成的结果如图 3-29 所示。

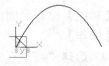

图 3-29 二次曲线

3.2.11 等距线

【功能】绘制给定曲线的等距线，用鼠标单击带方向的箭头可以确定等距线位置。

【操作】

① 选择"造型"→"曲线生成"→"等距线"命令，或者直接单击 按钮，出现绘制等距线的立即菜单，如图 3-30 所示。

② 选取画等距线方式，根据提示，完成操作。

用此命令可以生成等距线和变等距线。图 3-31 所示为使用等距与变等距方式绘制的等距线。

图 3-30 等距线的立即菜单

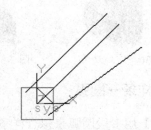

图 3-31 等距线（等距和变等距）

3.2.12　曲线投影

【功能】指定一条曲线沿某一方向向一个实体的基准平面作投影，得到曲线在该基准平面上的投影线。这个功能可以充分利用已有的曲线来作草图平面里的草图线。这一功能不可与曲线投影到曲面相混淆。投影的对象为空间曲线、实体的边和曲面的边，且只有在草图状态下，才具有投影功能。

【操作】

① 选择"造型"→"曲线生成"→"曲线投影"命令，或者直接单击 ⛆ 按钮。

② 拾取曲线，按提示完成操作。

例3-5　如图3-32所示，生成给定空间曲线1在XY平面草图0上的投影线2。

操作步骤如下：

① 依次单击XY平面和草图器按钮。

② 单击 ⛆ 按钮，按提示拾取给定空间曲线 1，右击确定。

③ 退出草图状态，可见草图上有曲线 2 生成。

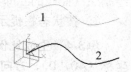

3.2.13　相关线

图 3-32　曲线投影

【功能】绘制曲面或实体的交线、边界线、参数线、法线、投影线和实体边界。

【操作】

① 选择"造型"→"曲线生成"→"相关线"命令，或者直接单击 ⛆ 按钮，出现绘制相关线的立即菜单，如图 3-33 所示。

② 选取画相关线方式，根据提示，完成操作。利用相关线功能可以生成曲面交线（如图 3-34 所示）、曲面边界线（如图 3-35 所示）、实体边界（如图 3-36 所示）、曲面参数线（如图 3-37 所示）、曲面法线（如图 3-38 所示）和曲面投影线（如图 3-38 所示）。

图 3-33　相关线的立即菜单

图 3-34　曲面交线

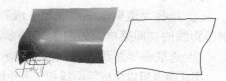

图 3-35　曲面边界线（全部）

图 3-36　实体边界

图 3-37　曲面参数线

图 3-38　曲面法线与曲面投影线

3.2.14　样条→圆弧

【功能】用多段圆弧来拟合样条曲线，以便在加工时更光滑，生成的 G 代码更简单。

【操作】

① 选择"造型"→"曲线生成"→"样条→圆弧"命令，或者直接单击 ⛆ 按钮，出

现样条→圆弧的立即菜单，如图 3-39 所示。

图 3-39 样条→圆弧的立即菜单

② 在立即菜单中选择离散方式及离散参数。

③ 拾取需要离散为圆弧的样条曲线，状态栏显示出该样条离散的圆弧段数。

注意： ① 步长离散：等步长将样条离散为点，然后将离散的点拟合为圆弧。

② 弓高离散：按照样条的弓高误差将样条离散为圆弧。

3.2.15 文字

【功能】在制造工程师中输入文字。

【操作】

① 选择"造型"→"文字"命令，或者直接单击 **A** 按钮。

② 在绘图区指定文字输入点，弹出"文字输入"对话框，如图 3-40 所示。

③ 单击"设置"按钮，弹出"字体设置"对话框，如图 3-41 所示，根据需要修改字体设置，单击"确定"按钮，回到"文字输入"对话框中，输入文字，单击"确定"按钮，文字生成。

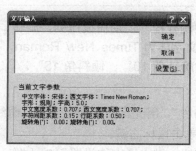

图 3-40 "文字输入"对话框

图 3-41 "字体设置"对话框

例3-6 输入文字"CAXA制造工程师2013"，中文字体为华文行楷，西文字体为Times New Roman，字形为粗斜体，字高5，字宽0.707，字符间距系0.10，旋转角10°，倾斜角15°。

操作步骤如下：

① 单击 **A** 按钮，状态行提示"请指定文字插入点"，用光标指定文字插入点。

② 弹出"文字输入"对话框，单击"设置"按钮，进入"字体设置"对话框，按要求

设置字体、字形、字宽、字符间距系、旋转角、倾斜角等，单击"确定"按钮。

③ 回到"文字输入"对话框，输入"CAXA 制造工程师 2013"，单击"确定"按钮，结果如图 3-42 所示。

图 3-42　例 3-6 的结果

3.2.16　文字排列

【功能】在制造工程师中设置文字的各种放置方式。

【操作】

① 选择"造型"→"文字排列"命令，或者直接单击按钮，出现文字排列立即菜单，如图 3-43 所示。

② 在绘图区指定文字插入点，弹出"文字输入"对话框，如图 3-40 所示。

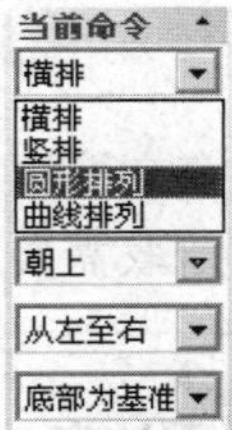

③ 单击"设置"按钮，弹出"字体设置"对话框，如图 3-41 所示，根据需要修改设置，单击"确定"按钮，回到"文字输入"对话框中，输入文字，单击"确定"按钮，文字生成。

图 3-43　文字排列菜单

> **说明：** ① 排列方式分横排、竖排、圆形排列和曲线排列。
> ② 文字顺序的默认排列方式是，横排时自左向右，竖排时自上向下；亦可选择反向排列，将文字方向反过来。
> ③ 文字方向的默认排列方式是，横排时文字上端向上，竖排时文字上端向右；亦可选择镜像排列，将文字的上端向下或向左。
> ④ 在进行圆形排列或曲线排列时，若选择"不排满"，则文字按设定的间距排列在圆弧或曲线上；若选择"排满"，则文字按等间距排满圆弧或曲线，设定的文字间距无效。

例 3-7　输入文字"CAXA 制造工程师 2013 实例教程"，沿曲线排列，旋转、朝上、大小恒定、底部为基准，中文字体为华文行楷，西文字体为 Times New Roman，字形为粗斜体，字高 10，字宽 0.707，字符间距系 0.10，旋转角 10°，倾斜角 15°。

操作步骤如下：

① 单击按钮，状态行提示"拾取文字排列路径"，用光标拾取已有曲线，曲线变红，同时曲线上出现一双向箭头，点取一个箭头方向，单击鼠标右键。

② 弹出"文字输入"对话框，单击"设置"按钮，进入"字体设置"对话框，按要求设置字体、字形、字宽、字符间距系、旋转角、倾斜角等，单击"确定"按钮。

③ 回到"文字输入"对话框，输入"CAXA 制造工程师 2013 实例教程"，单击"确定"按钮，结果如图 3-44 所示。

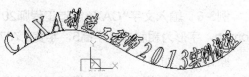

图 3-44　曲线排列的文字

3.2.17　图像矢量化

【功能】读入*.bmp 格式灰度图像，将图像用直线或圆弧拟合。

【操作】

①　选择"造型"→"曲线生成"→"图像矢量化"命令，或者直接单击 按钮，出现"位图矢量化"对话框，如图 3-45 所示。

②　按说明设置参数，单击确定即可。

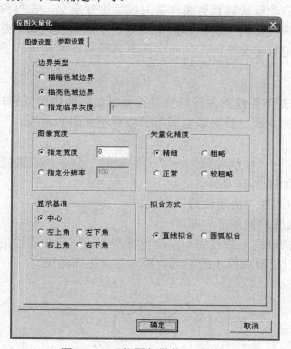

图 3-45　　"位图矢量化"对话框

> 说明：　"位图矢量化"对话框主要参数介绍如下。
>
> ①　边界类型：有描暗色域边界、描亮色域边界和指定临街灰度值 3 种边界定义方式。
>
> ②　图像宽度：有指定宽度值和指定分辨率两种方式定义图像宽度。
>
> ③　矢量化精度：有精细、正常、较粗略和粗略 4 种方式控制图像拟合时的精度。
>
> ④　显示基准：有中心、左上角、左下角、右上角和右下角 5 种图像原点定义方式。
>
> ⑤　拟合方式：有直线拟合和圆弧拟合两种图像拟合方式。

3.3　曲 线 编 辑

曲线编辑包括曲线裁剪、曲线过渡、曲线打断、曲线组合、曲线拉伸、曲线优化、样条编辑等功能。

3.3.1 曲线裁剪

利用一个或多个几何元素（曲线或点，称为剪刀）对给定曲线（称为被裁剪线）进行修整，删除不需要的部分，得到新的曲线。

曲线裁剪有快速裁剪、线裁剪、点裁剪、修剪 4 种方式。

线裁剪和点裁剪都具有延伸特性，也就是说如果剪刀线和被裁剪曲线之间没有实际交点，系统在分别依次自动延长被裁剪线和剪刀线后进行求交，在得到的交点处进行裁剪。

快速裁剪、修剪和线裁剪中的投影裁剪适用于空间曲线之间的裁剪。曲线在当前坐标平面上施行投影后，进行求交裁剪，从而实现不共面曲线的裁剪。

1．快速裁剪

【功能】快速裁剪是指系统对曲线修剪具有指哪裁哪的快速反应功能。其中正常裁剪适用于裁剪同一平面上的曲线，投影裁剪适用于裁剪不共面的曲线。

【操作】

① 选择"造型"→"曲线编辑"→"曲线裁剪"命令，或直接单击 按钮，出现曲线裁剪的立即菜单，如图 3-46 所示。

② 在立即菜单中选择"快速裁剪"方式。

③ 拾取被裁剪曲线的被裁部分即可。

在操作过程中，拾取同一曲线的不同位置将产生不同的裁剪结果。如图 3-47 所示，利用曲线 2 裁剪曲线 1，拾取曲线 1 的不同位置时得到不同结果。

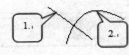

图 3-46　曲线裁剪的立即菜单　　　　　图 3-47　快速裁剪的不同结果

当系统中的复杂曲线极多的时候，建议不用快速裁剪。因为在大量复杂曲线处理过程中，系统计算速度较慢，从而将影响用户的工作效率。

2．线裁剪

【功能】以一条曲线作为剪刀，对其他曲线进行裁剪。其中正常裁剪的功能是以选取的剪刀线为参照，对其他曲线进行裁剪；投影裁剪的功能是曲线在当前坐标平面上施行投影后，进行求交裁剪。

【操作】

① 选择"造型"→"曲线编辑"→"曲线裁剪"命令，或直接单击 按钮，出现曲线裁剪的立即菜单，在立即菜单中选择"线裁剪"方式。

② 按状态栏提示，拾取剪刀线，再拾取被裁剪曲线的保留部分即可。

线裁剪具有曲线延伸功能。如果剪刀线和被裁剪曲线之间没有实际交点，系统在分别依次自动延长被裁剪线和剪刀线后进行求交，在得到的交点处进行裁剪。延伸的规则是：直线和样条线按端点切线方向延伸，圆弧按整圆处理。由于采用延伸的做法，可以利用该功能实现对曲线的延伸。

在拾取了剪刀线之后，可拾取多条被裁剪曲线。系统约定拾取的段是裁剪后保留的段，因而可实现多条曲线在剪刀线处齐边的效果。图 3-48 所示为以曲线 1 为剪刀线，裁剪曲线 2、3、4 的结果，其中曲线 2 利用了延伸功能。

在剪刀线与被裁剪线有两个以上的交点时，系统约定取离剪刀线上拾取点较近的交点进行裁剪。

3．点裁剪

【功能】利用点（通常是屏幕点）作为剪刀，对曲线进行裁剪。

【操作】

① 选择"造型"→"曲线编辑"→"曲线裁剪"命令，或直接单击 按钮，出现曲线裁剪的立即菜单，在立即菜单中选择"点裁剪"方式。

② 按状态栏提示，拾取被裁剪曲线的保留部分，再拾取剪刀点即可。

点裁剪具有曲线延伸功能，用户可以利用本功能实现曲线的延伸。在拾取了被裁剪曲线之后，利用点工具菜单输入一个剪刀点，系统对曲线在离剪刀点最近处施行裁剪。

4．修剪

【功能】需要拾取一条曲线或多条曲线作为剪刀线，对一系列被裁剪曲线进行裁剪。

【操作】

① 选择"造型"→"曲线编辑"→"曲线裁剪"命令，或直接单击 按钮，出现曲线裁剪的立即菜单，在立即菜单中选择"修剪"方式。

② 拾取要修剪掉的曲线即可。

修剪与"线裁剪"和"点裁剪"不同，本功能中系统将裁剪掉所拾取的曲线段，而保留在剪刀线另一侧的曲线段，且不采用延伸的做法，只在有实际交点处进行裁剪。在本功能中，剪刀线同时也可作为被裁剪线。图 3-49 所示为以圆 1 及直线 2 为剪刀线，对直线 3 修剪的结果。

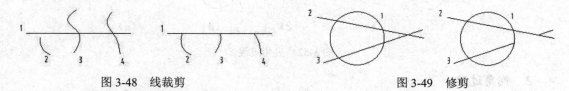

图 3-48　线裁剪　　　　　　　　　　　　　图 3-49　修剪

3.3.2　曲线过渡

曲线过渡是对指定的两条曲线进行圆弧过渡、尖角过渡或对两条直线倒角。曲线过渡共有圆弧过渡、尖角过渡和倒角过渡 3 种方式，对过渡中需裁剪的情形，拾取的段均是需保留的段。

1．圆弧过渡

【功能】用于在两根曲线之间进行给定半径的圆弧光滑过渡。

【操作】

① 选择"造型"→"曲线编辑"→"曲线过渡"命令，或直接单击 按钮，出现曲线过渡的立即菜单，如图 3-50 所示。

② 在立即菜单中选择"圆弧过渡"方式并输入过渡半径和精度，选择是否裁剪曲线。

③ 按状态行提示，拾取要过渡的曲线即可。

图 3-51 为将矩形四角进行圆弧过渡的示意图。

图 3-50 曲线过渡的立即菜单

图 3-51 圆弧过渡

2. 尖角过渡

【功能】用于在给定的两根曲线之间进行过渡，过渡后在两曲线的交点处呈尖角。

【操作】

① 单击 按钮，出现曲线过渡的立即菜单，选择"尖角过渡"方式并输入精度。

② 按状态行提示，拾取要过渡的曲线即可。

尖角过渡后，一根曲线被另一根曲线裁剪。拾取曲线的位置不同，会导致不同的过渡结果。图 3-52（a）为曲线过渡前的图形，（b）、（c）、（d）、（e）则分别为拾取曲线不同位置的过渡结果。

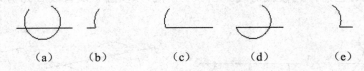

（a）　　　　（b）　　　　（c）　　　　（d）　　　　（e）

图 3-52 尖角过渡

3. 倒角过渡

【功能】倒角过渡用于在给定的两直线之间进行过渡，过渡后在两直线之间按给定的角度和长度形成一条直线。

【操作】

① 选择"造型"→"曲线编辑"→"曲线过渡"命令，或直接单击 按钮，出现曲线过渡的立即菜单，在立即菜单中选择"倒角过渡"方式，并输入角度和距离，选择是否裁剪曲线。

② 按状态行提示，拾取要过渡的曲线即可。图 3-53 为倒角过渡示意图。

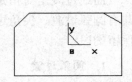

图 3-53 倒角过渡

3.3.3　曲线打断

【功能】用于把拾取到的一条曲线在指定点处打断，形成两条曲线。在拾取曲线的打断点时，可使用点工具捕捉特征点，以方便操作。

【操作】

① 选择"造型"→"曲线编辑"→"曲线打断"命令，或者直接单击 按钮。

② 拾取被打断的曲线，拾取打断点，曲线打断完成（如图 3-54 所示）。

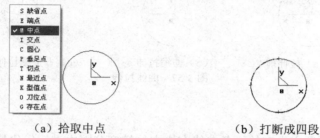

（a）拾取中点　　　　　　　　　　（b）打断成四段

图 3-54　曲线打断

注意：拾取打断点时，可用点工具菜单。圆的端点在坐标轴的正方向，中点在坐标轴的负方向。

3.3.4　曲线组合

【功能】用于把拾取到的多条相连曲线组合成一条样条曲线。曲线组合有保留原曲线和删除原曲线两种方式。把多条曲线组合成一条曲线可以得到两种结果：如果首尾相连的曲线是光滑的则把多条曲线用一个样条曲线表示；如果首尾相连的曲线有尖点，系统会自动生成一条光滑的样条曲线。

【操作】

① 选择"造型"→"曲线编辑"→"曲线组合"命令，或者直接单击 按钮，出现曲线组合的立即菜单，如图 3-55 所示。

图 3-55　曲线组合的立即菜单

② 按空格键，弹出拾取快捷菜单，选择拾取方式。

③ 按状态栏中提示拾取曲线并确定链搜索方向，右击确认，曲线组合完成。图 3-56 为曲线组合示意图。

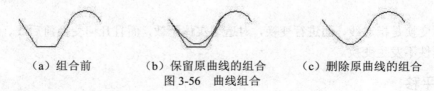

（a）组合前　　　　　（b）保留原曲线的组合　　　　（c）删除原曲线的组合

图 3-56　曲线组合

3.3.5　曲线拉伸

【功能】用于将指定曲线拉伸到指定点。拉伸有伸缩和非伸缩两种方式。伸缩方式就是沿曲线的方向进行拉伸，而非伸缩方式是以曲线的一个端点为定点，不受曲线原方向的限制进行自由拉伸。

【操作】

① 选择"造型"→"曲线编辑"→"曲线拉伸"命令，或者直接单击 按钮。

② 按状态栏中提示进行操作。图 3-57 为曲线拉伸示意图。

（a）拉伸前　　　　（b）伸缩拉伸　　　　（c）非伸缩拉伸

图 3-57　曲线拉伸

3.3.6　曲线优化

【功能】对控制顶点太密的样条曲线在给定的精度范围内进行优化处理，以减少曲线的控制顶点。

【操作】

选择"造型"→"曲线编辑"→"曲线优化"命令，或者直接单击 按钮，给定优化精度即可。

3.3.7　样条编辑

【功能】样条编辑包括对样条的型值点、控制顶点及端点切矢进行编辑，适用于高级用户对样条曲线的修改。

【操作】

① 选择"造型"→"曲线编辑"→"样条型值点"/"样条控制顶点"/"样条端点切矢"命令，或者直接单击 、 和 按钮。

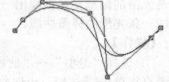

② 按状态栏中提示进行操作。图 3-58 为编辑样条控制顶点示意图。

图 3-58　编辑样条控制顶点

3.4　几 何 变 换

几何变换是指对线、面进行变换，对造型实体无效，而且几何变换前后线、面的颜色、图层等属性不发生变换。

3.4.1　平移

1. 两点方式

【功能】通过给定平移元素的基点和目标点，来实现曲线或曲面的平移或拷贝。

【操作】

① 选择"造型"→"几何变换"→"平移"命令，或者直接单击 按钮，出现平移的立即菜单，如图 3-59 所示。

② 在立即菜单中选择"两点"方式，根据需要选取"拷贝"或"平移"、"正交"或"非正交"，按状态栏提示操作完成。

2. 偏移量方式

【功能】偏移量方式就是给出在 X、Y、Z 三轴上的偏移量，来实现曲线或曲面的平移或拷贝。

图 3-59　曲线平移的立即菜单

【操作】

① 选择"造型"→"几何变换"→"平移"命令，或者直接单击 按钮，出现平移的立即菜单，如图 3-59 所示。

② 在立即菜单中选择"偏移量"方式，根据需要选取"拷贝"或"平移"，输入 X、Y、Z 三轴上的偏移量，按状态栏提示操作完成。图 3-60、图 3-61 所示为两种方式拷贝平移的过程。

图 3-60　偏移量方式平移拷贝　　　　图 3-61　两点方式平移拷贝

3.4.2　平面旋转

1. 固定角度方式

【功能】对拾取到的曲线或曲面在同一平面上按固定角度旋转或旋转拷贝。

【操作】

① 选择"造型"→"几何变换"→"平面旋转"命令，或者直接单击 按钮，出现平面旋转的立即菜单，如图 3-62 所示。

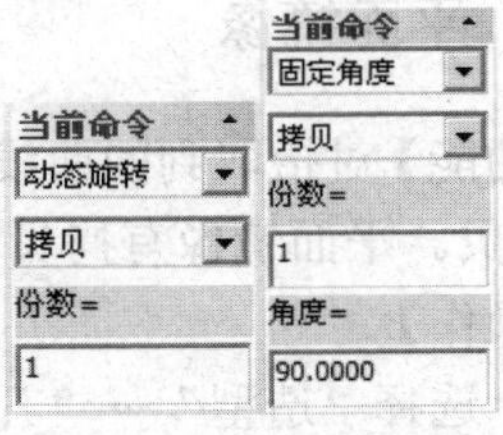

图 3-62　平面旋转的立即菜单

② 在立即菜单中选择"固定角度"方式，选取"移动"或"拷贝"，输入角度值和拷贝份数，指定旋转中心，右击确认，平面旋转完成。图 3-63 所示为平面图形及其固定角度方式旋转结果。

图 3-63　固定角度方式平面旋转

2. 动态旋转方式

【功能】对拾取到的曲线或曲面在同一平面上随意按旋转中心点旋转或旋转拷贝。

【操作】

① 选择"造型"→"几何变换"→"平面旋转"命令，或者直接单击 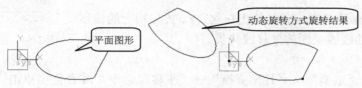 按钮，出现平面旋转的立即菜单，如图 3-62 所示。

② 在立即菜单中选择"动态旋转"方式，选取"移动"或"拷贝"，若是拷贝，可以输入拷贝份数，指定旋转中心，拾取元素，右击确认，拾取基准点，鼠标拖动图形到所需位置，平面旋转完成。图 3-64 所示为平面图形及其动态旋转方式旋转结果。

图 3-64　固定角度方式平面旋转

3.4.3　旋转

【功能】对拾取到的曲线或曲面进行空间的旋转或旋转拷贝。

【操作】

① 选择"造型"→"几何变换"→"旋转"命令，或直接单击 按钮。

② 在立即菜单中选取"移动"或"拷贝"，输入角度值。如选择拷贝，还需输入拷贝份数。

③ 给出旋转轴起点、旋转轴末点，拾取旋转元素，右击确认，旋转完成。图 3-65 所示为空间曲面及其旋转拷贝 30°后的结果。

图 3-65　空间曲面及其旋转拷贝

3.4.4　平面镜像

【功能】对拾取到的曲线或曲面以某一条直线为对称轴，进行同一平面上的对称镜像或对称拷贝。平面镜像有拷贝和平移两种方式。

【操作】

① 选择"造型"→"几何变换"→"平面镜像"命令，或者直接单击 按钮。

② 在立即菜单中选取"移动"或"拷贝"。

③ 拾取镜像轴首点、镜像轴末点，拾取镜像元素，右击确认，平面镜像完成。图 3-66 为平面镜像示意图。

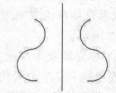

图 3-66　平面镜像示意图

3.4.5　镜像

【功能】镜像与平面镜像类似，但对曲线或曲面进行空间上的对称镜像或对称拷贝。

【操作】

① 选择"造型"→"几何变换"→"镜像"命令，或者直接单击 按钮。

② 在立即菜单中选取"移动"或"拷贝"。

③ 拾取镜像元素，右击确认，镜像完成。图 3-67
所示为以 YOZ 平面为镜像平面对空间曲面进行对称拷
贝后的结果。

图 3-67　空间曲面的镜像

3.4.6　阵列

1. 圆形阵列

【功能】对拾取到的曲线或曲面，按圆形方式进行阵列拷贝。

【操作】

① 选择"造型"→"几何变换"→"阵列"命令，或者直接单击 ⊞ 按钮。

② 在立即菜单中选取"圆形"阵列方式，并根据需要选择"夹角"或"均布"。若选择"夹角"，给出邻角（阵列拷贝后相邻两元素的夹角）和填角（阵列拷贝后全部元素所在的夹角）值；若选择"均布"，给出份数。

③ 拾取阵列元素，右击确认，按状态栏提示输入阵列中心点，阵列完成。

2. 矩形阵列

【功能】对拾取到的曲线或曲面，按矩形方式进行阵列拷贝。

【操作】

① 选择"造型"→"几何变换"→"阵列"命令，或者直接单击 ⊞ 按钮。

② 在立即菜单中选取"矩形"阵列方式，并根据需要输入行数、行距、列数、列距 4 个值。

③ 拾取阵列元素，右击确认，并输入阵列中心点，阵列完成。图 3-68 所示为对 XOY 平面中心的小圆进行圆形和矩形阵列的结果。

3.4.7　缩放

【功能】对拾取到的曲线或曲面进行按比例放大或缩小。缩放有拷贝和移动两种方式。

【操作】

① 选择"造型"→"几何变换"→"缩放"命令，或者直接单击 ⊡ 按钮。

② 在立即菜单中选取"拷贝"或"移动"，输入 X、Y、Z 三轴的比例。若选择拷贝，需输入份数。

③ 输入基点，拾取需缩放的元素，右击确认，缩放完成。图 3-69 为拷贝缩放示意图。

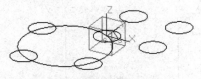

图 3-68　圆形阵列和矩形阵列

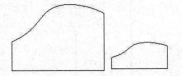

图 3-69　拷贝缩放示意图

例3-8　综合应用线架造型的各种功能对图3-70所示某上模座外形轮廓进行造型设计。

操作步骤如下：

① 新建文件，取名为"上模座"，进入绘图状态（XY 平面）。

② 单击"直线"按钮（下同，故略去"按钮"）→选择两点线，单个，正交→拾取原点，输入 85↙（按回车键，下同）→拾取原点，输入（0，175）↙。

③ 单击"整圆"→"圆心_半径"→输入圆心坐标（80，150）↙→输入圆的半径 38↙，结果如图 3-71 所示。

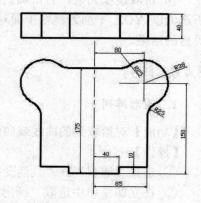

图 3-70　某上模座零件图

④ 单击"等距线"→立即菜单选择单根曲线，等距，输入距离值 10，右击→拾取水平直线，选择向上方向，右击→重新输入距离值175，右击→拾取水平直线，选择向上方向，右击→重新输入距离值 40，右击→拾取竖直直线，选择向右方向，右击→重新输入距离值85，右击→拾取竖直直线，选择向右方向，右击，结果如图 3-72 所示。

⑤ 单击"曲线裁剪"→快速裁剪→正常裁剪，剪去直线、圆的多余部分，如图 3-73 所示。

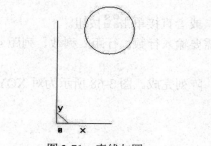

图 3-71　直线与圆

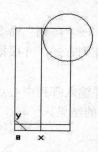

图 3-72　等距直线

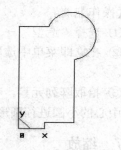

图 3-73　裁剪结果

⑥ 单击"曲线过渡"→圆弧过渡，裁剪曲线 1，裁剪曲线 2，输入半径 25，右击→拾取圆弧及直线，结果如图 3-74 所示。

⑦ 单击"平面镜像"→拷贝→拾取镜像轴首点（原点）、末点（竖直直线另一端点），拾取镜像元素，右击→删除竖直直线，结果如图 3-75 所示。

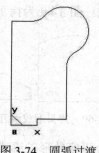

图 3-74　圆弧过渡

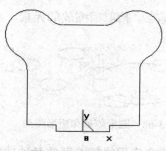

图 3-75　镜像轮廓

⑧ 单击"移动"→偏移量，拷贝，输入 DX=0、DY=0、DZ=40，右击→拾取移动元

素，右击→按 F8 键，轴测显示，结果如图 3-76 所示。

⑨ 将上下两层各交点处用直线连接起来，构成三维线架造型，如图 3-77 所示（圆弧与直线、圆弧与圆弧之间的连接是光滑的，图中该处上下层用直线连接较为直观）。

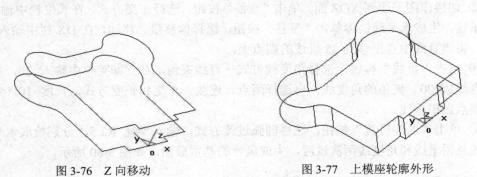

图 3-76　Z 向移动　　　　　　　　图 3-77　上模座轮廓外形

例3-9　综合应用线架造型的各种功能对图3-78所示某风扇外形轮廓进行造型设计。

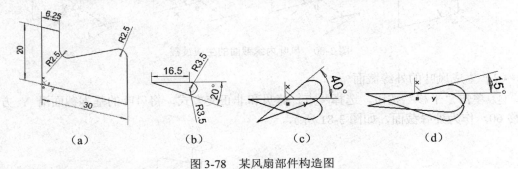

图 3-78　某风扇部件构造图

操作步骤如下：

（1）风扇基体截面的生成

按图 3-78（a）所示尺寸做基体截面，步骤如下：

① 用键盘上的 F9 键选择作图平面为 XOZ 面。单击"直线"按钮，选择正交→长度，分别填入 20 和 30，生成两条正交直线。

② 用键盘上的 F9 键将作图平面切换为 XOY 面，单击"圆"按钮，选择圆心→半径，以长度为 20 铅垂线的上端点为圆心，作半径为 6.25 的圆。

③ 用键盘上的 F9 键将作图平面切换回为 XOZ 面，单击"直线"按钮，选择正　　　交→点方式，从长度为 30 的直线右端点向上作出长度为 20 的正交直线；同时作 R6.25 圆在 X 轴向端点的正交直线，长度为 10。

④ 单击"直线"按钮，选择非正交→点方式，作出上述两正交直线的连线。

⑤ 单击"曲线过渡"按钮，输入半径 2.5，过渡两处，即生成基体截面，如图 3-79 所示。

图 3-79　风扇基本截面的生成过程

（2）生成风叶的内缘截面

① 先在 XOY 平面上作出一条沿 Y 轴负方向的直线，长度为 25，在其前方端点上生成风叶的内缘截面。

② 切换作图平面到 XOZ 面，单击"直线"按钮，选择正交方式，在长度栏中输入 20，按回车键，生成水平线；再单击"平移"按钮，选择偏移量、移动，在 DX 栏中输入－10，回车，将该直线中点平移到 25 直线的端点上。

③ 单击"直线"按钮，选择角度线方式→直线夹角，在立即菜单中输入 20，生成与已知直线成 20°夹角的角度线；再选择两点、连续、正交和长度方式，长度=10，过水平线右端点做铅垂线。

④ 单击"曲线过渡"按钮，选择圆弧过渡方式，输入半径 R3.5，分别拾取水平线和铅垂线及铅垂线和角度线两次过渡，生成风叶的基本截面，如图 3-80 所示。

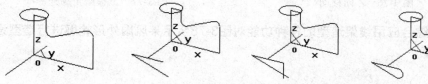

图 3-80　风叶内缘截面的生成过程

（3）生成风叶的外缘截面

① 单击"平移"按钮，选择两点、拷贝和非正交方式，将风叶的基本截面沿 Y 方向平移 60，作为外缘截面，如图 3-81 所示。

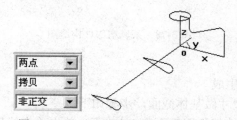

图 3-81　风叶内外缘基本截面生成过程

② 将作图平面切换到 XOZ 面，单击"平面旋转"按钮，选择拷贝方式，份数输入 1，角度分别填 15 和 40，以直线段的中点作为旋转基点，分别选择内外缘基本截面，右击，生成风叶内外缘截面，删除内外缘基本截面，结果如图 3-82、图 3-83 所示。

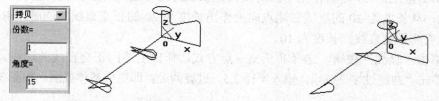

图 3-82　风叶内外缘基本截面生成过程　　　　图 3-83　风叶内外缘基本截面生成结果

③ 将作图平面切换到 XOZ 面，沿－Z 方向做一长度为 10 的正交线；单击"平移"按钮，选择两点、拷贝和非正交方式，以坐标原点为基点，以长度为 10 的正交线下端为目标

点，使整个基体截面下移；再作出风叶相应连线，如图 3-84 所示。

④ 将作图平面切换到 XOY 面，作出两个基体整圆，如图 3-85 所示。

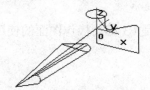

图 3-84 风叶的基本造型

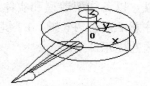

图 3-85 基体的基本造型

⑤ 单击"旋转"按钮，选择拷贝方式，份数＝12，角度＝30，以 Z 坐标轴为旋转轴，生成基体的线框造型，如图 3-86 所示。

⑥ 单击"阵列"按钮，选择圆形阵列和均布方式，份数＝6，生成风叶的线架造型，如图 3-87 所示。

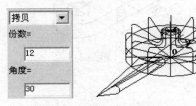

图 3-86 基体的线架造型

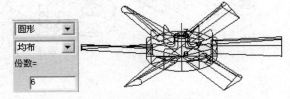

图 3-87 风扇的线架造型

课 后 练 习

利用线架造型画出题图 3-1、题图 3-2、题图 3-3、题图 3-4 和题图 3-5 所示零件的三维图形。

目的：通过练习，掌握点、线的作图方法和"曲线编辑"及"几何变换"功能的使用。了解"线面层修改"、"图素可见"、"图素不可见"、"元素颜色修改"、"层设置"、"当前颜色"和"当前层"等功能，并尝试进行设置和使用。

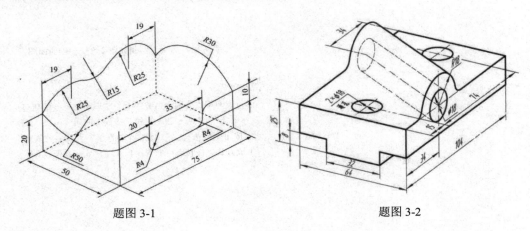

题图 3-1   题图 3-2

要求： 至少用两种方法作出每一个图形（如从 XOY 平面为主向上作图、从 YOZ 平面为主向右作图、XOZ 平面为主向后作图，或直接计算出点的坐标，进行点、线的输入），并将图形存盘，以备线架造型和实体造型使用。

提示： 注意 F5 键、F6 键、F7 键、F8 键，尤其是 F3 键切换作图面的使用。操作时注意系统提示区的提示。

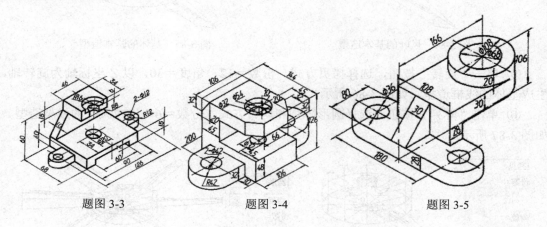

题图 3-3   题图 3-4   题图 3-5

第4章 曲面造型

4.1 曲面生成

CAXA 制造工程师 2013 提供了丰富的曲面造型手段, 构造完决定曲面形状的关键线框后, 就可以在线框基础上, 选用各种曲面的生成和编辑方法, 在线框上构造所需定义的曲面来描述零件的外表面。

根据曲面特征线的不同组合方式, 可以组织不同的曲面生成方式。曲面生成方式共有 10 种: 直纹面、旋转面、扫描面、边界面、放样面、网格面、导动面、等距面、平面和实体表面。图 4-1 所示为曲面生成菜单。

图 4-1 曲面生成菜单

4.1.1 直纹面

【功能】直纹面是由一根直线的两端分别在两曲线上匀速运动而形成的轨迹曲面。

【操作】

① 选择"造型"→"曲面生成"→"直纹面"命令, 或单击"直纹面"按钮 , 出现直纹面立即菜单, 如图 4-2 所示。

② 在立即菜单中选择直纹面生成方式。

③ 按状态栏的提示操作, 生成直纹面。

图 4-2 直纹面立即菜单

图 4-3 为曲线+曲线生成的直纹面, 图 4-4 为点+曲线生成的直纹面, 图 4-5 (a) ~图 4-5 (h) 为曲线+曲面生成直纹面的过程。

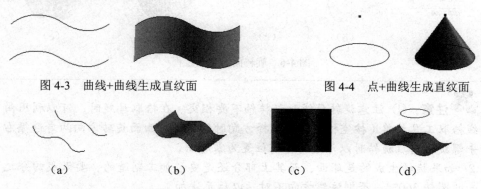

图 4-3 曲线+曲线生成直纹面 　　　　　图 4-4 点+曲线生成直纹面

（a）　　　　　　（b）　　　　　　（c）　　　　　　（d）

图 4-5 曲线+曲面生成直纹面的过程

(e)   (f)   (g)   (h)

图 4-5   曲线+曲面生成直纹面的过程（续）

> **注意**：① 生成方式为"曲线+曲线"时，在拾取曲线时应注意拾取点的位置，要拾取曲线同侧的对应位置；否则将使两曲线的方向相反，生成的直纹面发生扭曲。
> ② 生成方式为"曲线+曲线"时，如系统提示"拾取失败"，可能是由于拾取设置中没有这种类型的曲线。解决方法是选择"设置"菜单中的"拾取过滤设置"，在"拾取过滤设置"对话框的"图形元素的类型"中选择"选中所有类型"。
> ③ 生成方式为"曲线+曲面"时，输入方向时可利用矢量工具菜单。在需要这些工具菜单时，按空格键即可弹出工具菜单。
> ④ 生成方式为"曲线+曲面"时，当曲线沿指定方向，以一定的锥度向曲面投影作直纹面时，如曲线的投影不能全部落在曲面内，将无法作出直纹面。

4.1.2 旋转面

【功能】按给定的起始角度、终止角度将曲线绕旋转轴旋转而生成的轨迹曲面。

【操作】

① 选择"造型"→"曲面生成"→"旋转面"命令，或单击"旋转面"按钮🔔，出现旋转面立即菜单，如图 4-6（a）所示。

② 输入起始角和终止角角度值。

③ 拾取如图 4-6（b）所示空间轴线为旋转轴，并选择方向，如图 4-6（c）所示。

④ 拾取空间曲线为母线，生成旋转面，如图 4-6（d）所示为起始角 0°、终止角 360°的情况，图 4-6（e）所示为起始角 0°、终止角 270°的情况。

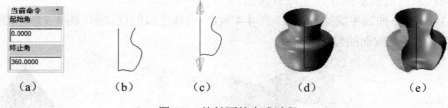

（a）   （b）   （c）   （d）   （e）

图 4-6   旋转面的生成过程

> **注意**：① 注意旋转母线和旋转轴不要相交。在拾取母线时，可以利用曲线拾取工具菜单（按空格键）。选择方向时的箭头与曲面旋转方向两者遵循右手螺旋法则。旋转时以母线的当前位置为零起始。
> ② 如果旋转生成的是球面，而其上部分还是要被加工制造的，要做成四分之一的圆转 360°，否则法线方向不对，以后无法加工。

4.1.3　扫描面

【功能】按照给定的起始位置和扫描距离将曲线沿指定方向以一定的锥度扫描生成曲面，也是直纹面的一种。

【操作】

① 选择"造型"→"曲面生成"→"扫描面"命令，或单击"扫描面"按钮，出现扫描面立即菜单。

② 输入起始距离、扫描距离、扫描角度和精度等参数。

③ 单击空格键弹出矢量工具，选择扫描方向。

④ 拾取空间曲线如图 4-7（a）和图 4-7（d）所示。

⑤ 若扫描角度不为零，选择扫描夹角方向，如图 4-7（b）和图 4-7（e）所示；生成扫描面，如图 4-7（c）和图 4-7（f）所示。

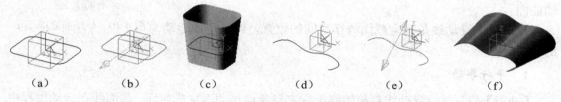

（a）　　　　（b）　　　　（c）　　　　（d）　　　　（e）　　　　（f）

图 4-7　扫描面的生成过程

注意： ① 在拾取曲线时可以利用曲线拾取工具菜单（按空格键），输入方向时可利用矢量工具菜单（按空格键或鼠标中键）。

② 选择不同的扫描方向会产生不同的效果。扫描距离可以不为零，图 4-7（d）为扫描初始距离不为零的情况。

③ 扫描角度不为零时，需要选择扫描夹角的方向。扫描夹角的方向按"右手定则"。

4.1.4　等距面

【功能】按给定距离与等距方向生成与已知曲面等距的曲面。

【操作】

① 选择"造型"→"曲面生成"→"等距面"命令，或单击"等距面"按钮，出现等距面立即菜单，如图 4-8 所示。

图 4-8　等距面立即菜单

② 输入等距距离。

③ 拾取如图 4-9（a）所示的曲面，选择等距方向，如图 4-9（a）、图 4-9（b）所示，生成等距面，如图 4-9（c）、图 4-9（d）所示。

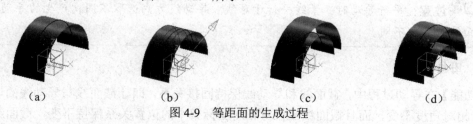

（a）　　　　　（b）　　　　　（c）　　　　　（d）

图 4-9　等距面的生成过程

注意： ① 如果曲面的曲率变化太大，等距的距离应小于最小曲率半径。
② 等距面生成后，会扩大或缩小。

4.1.5　导动面

导动面是让特征截面线沿着特征轨迹线的某一方向扫动生成的曲面。即选取截面曲线或轮廓线，沿着另一条轨迹线扫动而生成的曲面。导动面生成有 6 种方式：平行导动、固接导动、导动线&平面、导动线&边界线、双导动线和管道曲面。通过立即菜单（如图 4-10 所示）进行切换。

截面线：截面线可以是曲面的边界线或曲面与平面的交线，截面线用来控制曲面一个方向上的形状，截面线的运动形成了导动曲面。

导动线：导动线是确定截面线在空间的位置，约束截面运动的曲线。

图 4-10　导动面立即菜单

1. 平行导动

【功能】截面线沿导动线趋势始终平行它自身地移动而生成曲面，截面线在运动过程中没有任何旋转。

【操作】

① 选择"造型"→"曲面生成"→"导动面"命令，或单击"导动面"按钮，出现导动面立即菜单，如图 4-10 所示。

② 选择"平行导动"方式。

③ 拾取导动线，并选择方向，如图 4-11（a）、图 4-11（b）所示。

④ 拾取截面曲线，生成导动面，如图 4-11（c）所示。

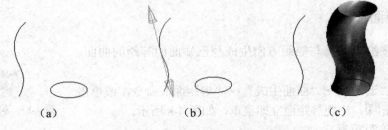

（a）　　　　　　　　　　（b）　　　　　　　　　　（c）

图 4-11　平行导动面的生成过程

注意： 平行导动时，素线平行于母线。导动线方向选取不同，产生的导动面的效果也不同。

2. 固接导动

【功能】在导动过程中，截面线和导动线保持固接关系，即让截面线与导动线的切矢方向保持相对角度不变，而且截面线在自身相对坐标架中的位置关系保持不变，截面线沿导动线变化的趋势导动生成曲面。固接导动有单截面线和双截面线两种。

【操作】

① 选择"造型"→"曲面生成"→"导动面"命令，或单击"导动面"按钮，出现导动面立即菜单，如图 4-10 所示。

② 选择"固接导动"方式。

③ 选择单截面线或双截面线。

④ 拾取导动线，如图 4-12（a）和图 4-13（a）所示，并选择方向，如图 4-12（b）和图 4-13（b）所示。

⑤ 拾取截面曲线（若是双截面，应拾取两条截面线），生成导动面，如图 4-12（c）和图 4-13（c）所示。

注意： ① 导动曲线、截面曲线应当是光滑曲线。在两根截面线之间进行导动时，拾取两根截面线时应使得其方向一致。

② 固接导动时保持初始角不变。素线和导动线的夹角等于母线和导动线的夹角。固接导动中"双截面线"导动时，箭头所指方向的截面线应选取（作为第二条截面曲线）。另外注意平行导动与固接导动的区别。

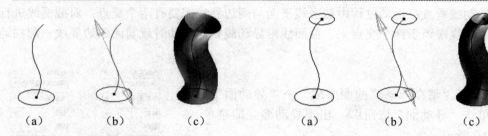

| (a) | (b) | (c) | (a) | (b) | (c) |

图 4-12　单截面线固接导动面　　　　　　图 4-13　双截面线固接导动面

3. 导动线&平面

【功能】截面线按一定规则，沿一个平面或空间导动线（脊线）扫动生成的曲面。保证截面线沿某个平面的法向导动。这种导动方式尤其适用于导动线是空间曲线的情形，截面线可以是一条或两条。

【操作】

① 选择"造型"→"曲面生成"→"导动面"命令，或单击"导动面"按钮，出现导动面立即菜单，如图 4-10 所示。

② 选择"导动线&平面"方式。

③ 选择单截面线或双截面线。

④ 输入平面法矢方向。按空格键，弹出矢量工具，如图 4-14（a）所示，选择方向。

⑤ 拾取导动线，如图 4-14（b）和图 4-15（a）所示，并选择导动方向，如图 4-14（c）和图 4-15（b）所示。

⑥ 拾取截面线（若是双截面线导动，应拾取两条截面线），生成导动面如图 4-14（d）

和图 4-15（c）所示。

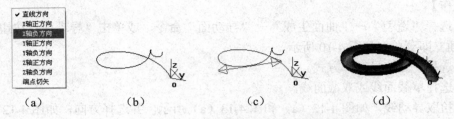

（a）　　　　（b）　　　　（c）　　　　（d）

图 4-14　导动线&平面——单截面线导动面的生成过程

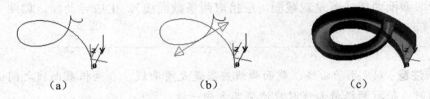

（a）　　　　　　（b）　　　　　　（c）

图 4-15　导动线&平面——双截面线导动面的生成过程

4. 导动线&边界线

【功能】截面线按以下规则沿一条导动线扫动生成曲面。规则：运动过程中截面线平面始终与导动线垂直；运动过程中截面线平面与两边界线需要有两个交点；对截面线进行缩放，将截面线横跨于两个交点上。截面线沿导动线如此运动时就与两条边界线一起扫动生成曲面。

【操作】

① 选择"造型"→"曲面生成"→"导动面"命令，或单击"导动面"按钮 ，出现导动面立即菜单，如图 4-10 所示。

② 选择"导动线&边界线"方式，如图 4-16 所示。

③ 选择等高或变高。

图 4-16　导动线&边界线立即菜单

④ 拾取导动线，如图 4-17（a）和 4-18（a）所示，并选择导动方向，如图 4-17（b）和图 4-18（b）所示。

⑤ 拾取第一条边界曲线。

⑥ 拾取第二条边界曲线。

⑦ 拾取截面线，若是双截面线导动，应拾取两条截面线，生成导动面，如图 4-17（c）和图 4-18（c）所示。

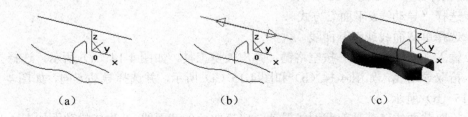

（a）　　　　　　（b）　　　　　　（c）

图 4-17　导动线&边界线——单截面线、等高导动面的生成过程

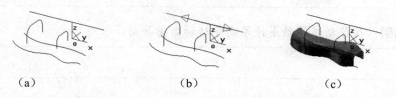

(a)　　　　　　　　(b)　　　　　　　　(c)

图 4-18　导动线&边界线——双截面线、变高导动面的生成过程

> **说明：** ① 导动过程中在垂直于导动线的平面内摆动，并求得截面线平面与边界线的两个交点。在截面线之间进行混合变形，并对混合截面进行缩放变换，使截面线正好横跨在两个边界线的交点上。
> ② 对截面线进行放缩变换时，仅变化截面线的长度，而保持截面线的高度不变，称为等高导动，如图 4-17 所示。
> ③ 若对截面线不仅变化截面线的长度，同时等比例地变化截面线的高度，称为变高导动，如图 4-18 所示。该方式尤其适用于导动线是空间曲线的情形，截面线可以是一条或两条。

5. 双导动线

【功能】将一条或两条截面线沿着两条导动线匀速地扫动生成曲面，如图 4-20（a）和图 4-21（a）所示。

【操作】

① 选择“造型”→“曲面生成”→“导动面”命令，或单击“导动面”按钮 ，出现导动面立即菜单，如图 4-10 所示。

② 选择“双导动线”方式，如图 4-19 所示。

③ 选择单截面线或者双截面线。

④ 选择等高或变高。

⑤ 拾取第一条导动线，并选择导动方向，如图 4-21（b）所示。

⑥ 拾取第二条导动线，并选择导动方向。

⑦ 拾取截面曲线（在第一条导动线附近）。若是双截面线导动，应拾取两条截面线（在第一条导动线附近），生成导动面，如图 4-20（b）和图 4-21（c）所示。

图 4-19　双导动线立即菜单　　　图 4-20　双导动线——单截面线、等高导动面的生成过程

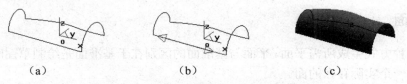

(a)　　　　　　　　(b)　　　　　　　　(c)

图 4-21　双导动线——双截面线、变高导动面的生成过程

说明： 双导动线导动支持等高导动和变高导动。

注意： 拾取截面线时，拾取点应在第一条导动线附近。"变高"导动出来的参数线仍然维持原状，以保持曲率半径的一致性；而"等高"导动出来的参数线不是原状，不保证曲率半径的一致性。可以将多条曲线组合成一条曲线后，作为一条导动线或截面线。

---

6. 管道曲面

【功能】给定起始半径和终止半径的圆形截面沿指定的中心线扫动生成曲面。

【操作】

① 选择"造型"→"曲面生成"→"导动面"命令，或单击"导动面"按钮。

② 选择"管道曲面"方式，如图 4-22 所示。

③ 填入起始半径、终止半径和精度。

④ 拾取导动线，如图 4-23（a）所示，并选择导动方向，如图 4-23（b）所示。生成导动面，如图 4-23（c）、图 4-23（d）所示。

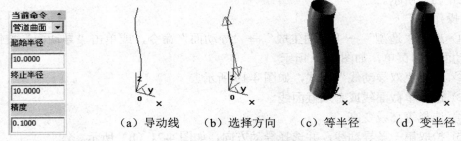

（a）导动线　　（b）选择方向　　（c）等半径　　（d）变半径

图 4-22　管道曲面立即菜单　　　　　　　　图 4-23　管道曲面的生成过程

说明： ① 导动曲线应当是光滑曲线。管道曲面是截面线为圆的固接导动面。截面线为一整圆，截面线在导动过程中，其圆心总是位于导动线上，且圆所在平面总是与导动线垂直。

② 圆形截面可以是两个，由起始半径和终止半径分别决定，生成变半径的管道面。选择方向时，所选的箭头指向管道终止方向。

4.1.6　平面

利用多种方式生成所需平面。平面与基准面的区别在于基准面是绘制草图时的参考面，而平面则是一个实际存在的面。

1. 裁剪平面

【功能】由封闭内轮廓进行裁剪形成的有一个或多个边界的平面。

【操作】

① 选择"造型"→"曲面生成"→"平面"命令，或单击"平面"按钮 ◢ 。

② 选择"裁剪平面"方式。

③ 按状态栏提示拾取平面外轮廓线，并确定链搜索方向，如图 4-24（a）所示。

④ 拾取内轮廓线，并确定链搜索方向，如图 4-24（b）所示，每拾取一个内轮廓线确定一次链搜索方向。

⑤ 拾取完毕，单击鼠标右键，完成操作。如有需要可删除已裁剪的内轮廓面，如图 4-24（c）所示。

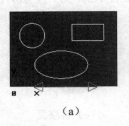 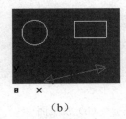 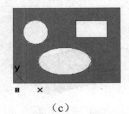

（a）　　　　　　　　　（b）　　　　　　　　　（c）

图 4-24　裁剪平面的生成过程

> **注意：**① 轮廓线必须封闭。内轮廓线允许交叉。当提示拾取内轮廓线时，如果有内轮廓线，则继续选；如果没有可选的内轮廓线，则右击结束。拾取轮廓线时，可以按空格键选取"链拾取"、"限制链拾取"或"单个拾取"，如图 4-25 所示。
>
> ✔ 链拾取
> 　限制链拾取
> 　单个拾取
>
> 图 4-25　拾取方式
>
> ② 对于无内轮廓的封闭外轮廓，均可直接生成平面，此时只需在拾取外轮廓线后，直接内接结束即可。

2. 工具平面

【功能】生成与 XOY 平面、YOZ 平面、ZOX 平面平行或成一定角度的平面。共有 7 种方式：XOY 平面、YOZ 平面、ZOX 平面、三点平面、矢量平面、曲线平面、平行平面。

- ❑ XOY 平面：绕 X 或 Y 轴旋转一定角度生成一个指定长度和宽度的平面，如图 4-26（a）所示。
- ❑ YOZ 平面：绕 Y 或 Z 轴旋转一定角度生成一个指定长度和宽度的平面，如图 4-26（b）所示。
- ❑ ZOX 平面：绕 Z 或 X 轴旋转一定角度生成一个指定长度和宽度的平面，如图 4-26（c）所示。

（a）XOY 平面 　　　　（b）YOZ 平面 　　　　（c）ZOX 平面

图 4-26 　工具平面（1）

❑ 三点平面：按给定三点生成一指定长度和宽度的平面，其中第一点为平面中点，如图4-27（a）所示。

❑ 曲线平面：在给定曲线的指定点上，生成一个指定长度和宽度的法平面或切平面。有法平面（如图4-27（b）所示）和包络面（如图4-27（c）所示）两种方式。

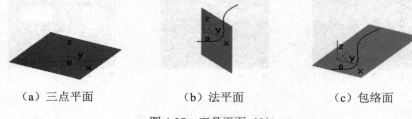

（a）三点平面 　　　　（b）法平面 　　　　（c）包络面

图 4-27 　工具平面（2）

❑ 矢量平面：生成一个指定长度和宽度的平面，其法线的端点为给定的起点和终点，如图4-28（a）所示。

❑ 平行平面：按指定距离，移动给定平面（曲线）或生成拷贝平面（曲线），如图4-28（b）所示。

（a）矢量平面 　　　　　　　　　（b）平行平面

图 4-28 　工具平面（3）

【操作】

① 选择"造型"→"曲面生成"→"平面"命令，或单击"平面"按钮 ▱ 。

② 选择"工具平面"方式，出现工具平面立即菜单。

③ 根据需要选择工具平面的不同方式。

④ 选择旋转轴，输入角度（指生成平面绕旋转轴旋转时与参考平面所夹的锐角）、长度和宽度。

⑤ 按状态栏提示完成操作。

> **注意**：① 所生成的"平面"为实际存在的面，其大小由给定的长和宽所决定，可以通过"线架显示"观察已生成的平面。"角度"按右手螺旋定则。
> ② 三点决定一个平面。三点可以为任意面上的点。
> ③ 对于矢量平面，包络面的曲线必须为平面曲线。平面作在起点上，起点与终点的连线为平面的法线。
> ④ 对于曲线平面，包络线是指生成的面正好包络给定的曲面。
> ⑤ 平行平面是实际存在的面，它不能用构造基准面的方法进行移动或拷贝。注意"平行平面"与"等距面"的区别。

4.1.7 边界面

【功能】在由已知曲线围成的边界区域上生成曲面。有两种形式：三边面和四边面。
【操作】
① 选择"造型"→"曲面生成"→"边界面"命令，或单击"边界面"按钮 ◇。
② 选择三边面或四边面。
③ 按提示拾取空间曲线，完成操作，如图 4-29 所示。

（a）三边面　　　　　　（b）四边面

图 4-29 边界面

> **注意**：拾取的三条（或四条）曲线必须首尾相连，形成封闭环，才能作出三边面（或四边面）。如果不封闭，可以用曲线过渡的方法将它们连起来。曲线应当是光滑的曲线。如果一条边由多条线构成，可以用曲线组合的方法将其组合成一条光滑的曲线。

4.1.8 放样面

以一组互不相交、方向相同、形状相似的特征线或截面线为骨架进行形状控制，过这些曲线生成的曲面称为放样面。

两种形式：截面曲线和曲面边界。

1. 截面曲线方式

【功能】以一组空间曲线为截面来生成封闭或不封闭的曲面。

【操作】

① 选择"造型"→"曲面生成"→"放样面"命令，或单击"放样面"按钮，其立即菜单如图 4-30 所示。

② 选择截面曲线方式。

③ 选择"封闭"或"不封闭"曲面。

图 4-30　放样面立即菜单

④ 按提示拾取空间曲线为截面曲线，右击，完成操作，如图 4-31 所示。

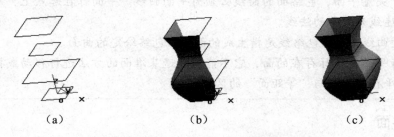

（a）　　　　　　　　　（b）　　　　　　　　　（c）

图 4-31　放样面——截面曲线方式生成过程

2. 曲面边界方式

【功能】以曲面的边界和截面曲线并与曲面相切来生成曲面。

【操作】

① 选择"造型"→"曲面生成"→"放样面"命令，或单击"放样面"按钮。

图 4-32　曲面边界方式

② 选择曲面边界方式，如图 4-32 所示。

③ 在第一条曲线边界上拾取其所在曲面，如图 4-33（a）所示。

④ 按提示拾取空间曲线为截面曲线，右击，如图 4-33（b）所示。

⑤ 在第二条曲面边界线上拾取其所在曲面，右击，完成操作，生成曲面边界方式的放样面，如图 4-33（c）所示。

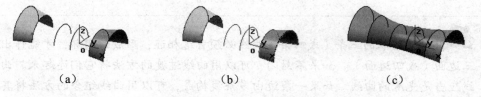

（a）　　　　　　　　　（b）　　　　　　　　　（c）

图 4-33　放样面——曲面边界方式生成过程

注意：① 拾取的一组特征曲线互不相交，方向一致，形状相似，否则生成结果将发生扭曲，形状不可预料。

② 截面线需保证光滑性。

③ 需按截面线摆放的方位顺序拾取曲线。拾取后曲线变红，全部拾取完后单击鼠标右键确定。

④ 拾取曲线时需保证截面线方向的一致性。

⑤ "曲面边界"的选取要选靠近边界的那条边界线。

4.1.9 网格面

【功能】以网格曲线为骨架，蒙上自由曲面称为网格面。网格曲线是由特征线组成的横竖相交线，如图 4-34（a）所示。

【操作】

① 选择"造型"→"曲面生成"→"网格面"命令，或单击"网格面"按钮 ◈。

② 拾取空间曲线为 U 向截面线，如图 4-34（b）所示，单击鼠标右键结束。

③ 拾取空间曲线为 V 向截面线，如图 4-34（c）所示，单击鼠标右键结束，完成操作，结果如图 4-34（d）所示。

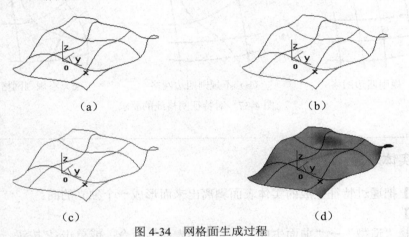

（a）　　　　　　　　　　　　　　　　　（b）

（c）　　　　　　　　　　　　　　　　　（d）

图 4-34　网格面生成过程

> 📢 **说明**：① 网格面的生成思路：首先构造曲面的特征网格线，确定曲面的初始骨架形状；然后用自由曲面插值特征网格线生成曲面。
>
> ② 特征网格线可以是曲面边界线或曲面截面线等。由于一组截面线只能反映一个方向的变化趋势，还可以引入另一组截面线来限定另一个方向的变化，这形成一个网格骨架，控制住两个方向（U 和 V 两个方向）的变化趋势，如图 4-35 所示。
>
> ③ 可以生成封闭的网格面。注意，此时拾取 U 向、V 向的曲线必须从靠近曲线端点的位置拾取，如图 4-36 所示，否则封闭网格面失败。
>
> 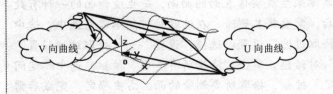　　　
>
> 图 4-35　U 和 V 两个方向　　　　　图 4-36　封闭网格面

注意: ① 每一组曲线都必须按其方位顺序拾取,而且曲线的方向必须保持一致。曲线的方向与放样面功能中一样,由拾取点的位置来确定曲线的起点。
② 拾取的每条 U 向曲线与所有 V 向曲线都必须有交点。
③ 拾取的曲线应当是光滑曲线。
④ 对特征网格线有以下要求:网格曲线组成网状四边形网格,规则四边网格与不规则四边网格均可。插值区域是四条边界曲线围成的(如图 4-37(a)、图 4-37(b)所示),不允许有三边域、五边域和多边域(如图 4-37(c)所示)。

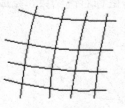 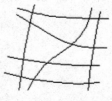 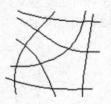

(a) 规则四边网格   (b) 不规则四边网格   (c) 不规则网格

图 4-37　对特征网格线的要求

4.1.10　实体表面

【功能】把通过特征生成的实体表面剥离出来而形成一个独立的面。

【操作】

① 选择"造型"→"曲面生成"→"实体表面"命令;或单击 按钮。
② 按提示拾取实体表面,完成操作,结果如图 4-38 和图 4-39 所示。

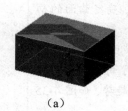 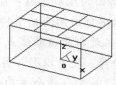 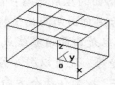 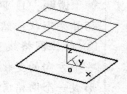

　(a)　　　　　　(b)

图 4-38　实体表面——真实感显示　　　　图 4-39　实体表面——线架显示

注意: 利用已生成的实体来生成实体表面的曲面,是生成曲面的一种有效方法。有时该曲面使用完后,需要将其删除。在选取时可能不容易选中,选中的往往是体,这就需要"拾取过滤"设置:选择"设置"→"拾取过滤设置"命令,弹出"拾取过滤器"对话框。单击"清除所有类型"按钮,选中"空间曲面"复选框;单击"确定"按钮,拾取所要删除的面,右击确定。完成后需要将其重新设置还原,以便后面的操作。

4.2 曲 面 编 辑

曲面编辑主要功能有关曲面的常用编辑命令及操作方法，它是制造工程师的重要功能。

曲面编辑包括曲面裁剪、曲面过渡、曲面缝合、曲面拼接和曲面延伸 5 种主要功能，另外还有曲面优化、曲面重拟合、曲面正反面修改和查找异常曲面功能。

4.2.1 曲面裁剪

曲面裁剪功能对生成的曲面进行修剪，去掉不需要的部分。

在曲面裁剪功能中，可以选用各种元素修理和裁剪曲面，以得到所需要的曲面形状。也可以通过"裁剪恢复"将被裁剪了的曲面恢复到原样。

曲面裁剪有 5 种方式：投影线裁剪、等参线裁剪、线裁剪、面裁剪和裁剪恢复。其立即菜单如图 4-40 所示。

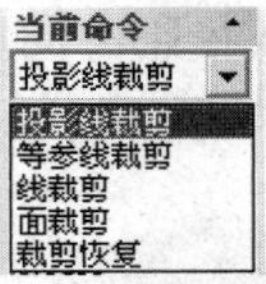

图 4-40 曲面裁剪立即菜单

在各种曲面裁剪方式中，都可以采用裁剪或分裂的方式。在分裂的方式中，系统用剪刀线将曲面分成多个部分，并保留裁剪生成的所有曲面部分。在裁剪方式中，系统只保留所需要的曲面部分，其他部分都将被裁剪掉。系统根据拾取曲面时鼠标的位置来确定所需要的部分，即剪刀线将曲面分成多个部分，在拾取曲面时在哪一个曲面部分上单击，就保留哪一部分。

1．投影线裁剪

【功能】将空间曲线沿给定的固定方向投影到曲面上，形成剪刀线来裁剪曲面。

【操作】

① 选择"造型"→"曲面编辑"→"曲面裁剪"命令，或者直接单击 🔧 按钮，出现立即菜单，选择"投影线裁剪"和"裁剪"方式。

② 拾取被裁剪的曲面（选取需保留的部分），如图 4-41（a）所示。

③ 输入投影方向。按空格键，弹出矢量工具菜单，选择投影方向，如图 4-41（b）所示。

④ 拾取剪刀线。拾取曲线，曲线变红，如图 4-41（c）所示。裁剪完成，如图 4-41（d）所示。

> 🔔 **注意**：① 剪刀线与曲面边界线重合或部分重合以及相切时，可能得不到正确的裁剪结果。
>
> ② 在输入投影方向时，可以利用"矢量工具"菜单。裁剪时保留拾取点所在部分的曲面。拾取的裁剪曲线沿指定的投影方向，向被裁剪曲面投影时必须有投影线，否则无法裁剪。

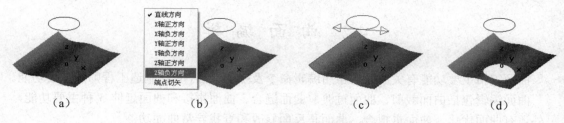

（a）　　　　　　　（b）　　　　　　　（c）　　　　　　　（d）

图 4-41　投影线裁剪过程

例4-1　用投影线裁剪分割如图4-42（a）所示的一张完整曲面。

操作步骤如下：

① 在曲面的中部上、下曲线中点间作一条斜线，如图 4-42（b）所示。

② 单击 按钮，选取"投影线裁剪"，选择"分裂"，输入精度（0.01），拾取被裁剪曲面，输入投影方向（按空格键选择 Z 轴正向），拾取剪刀线（斜线），曲面被分成两部分，如图 4-42（c）所示，图 4-24（d）所示为隐藏左半部分以后的结果。

（a）一张曲面　　　　（b）画一条斜线　　　　（c）投影线裁剪　　　　（d）隐藏一部分

图 4-42　投影线裁剪（分裂方式）过程

2. 线裁剪

【功能】曲面上的曲线沿曲面法矢方向投影到曲面上，形成剪刀线来裁剪曲面。

【操作】

① 选择"造型"→"曲面编辑"→"曲面裁剪"命令，或者直接单击 按钮，出现立即菜单，选择"线裁剪"和"裁剪"方式。

② 拾取被裁剪的曲面（选取需保留的部分），如图 4-43（a）所示。

③ 拾取剪刀线。拾取曲线，曲线变红，如图 4-43（b）所示。裁剪完成，如图 4-43（c）所示。

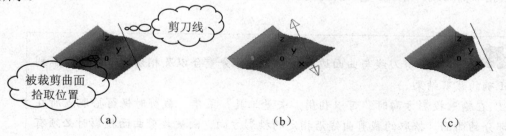

（a）　　　　　　　　　（b）　　　　　　　　　（c）

图 4-43　线裁剪过程

注意：① 若裁剪曲线不在曲面上，则系统将曲线按距离最近的方式投影到曲面上获得投影曲线，然后利用投影曲线对曲面进行裁剪，此投影曲线不存在时，裁剪失败。一般情况下，应尽量避免此种情形。

② 若裁剪曲线与曲面边界无交点，且不在曲面内部封闭，则系统将其延长到曲面边界后实行裁剪。

③ 与曲面边界线重合或部分重合以及相切的曲线对曲面进行裁剪时，可能得不到正确的结果，建议尽量避免这种情况。

3. 面裁剪

【功能】剪刀曲面和被裁剪曲面求交如图 4-44（a）所示，用求得的交线作为剪刀线来裁剪曲面。

【操作】

① 选择"造型"→"曲面编辑"→"曲面裁剪"命令，或者直接单击 按钮，出现立即菜单，选择"面裁剪"、"裁剪"或"分裂"、"相互裁剪"或"裁剪曲面1"。

② 拾取被裁剪的曲面（选取需保留的部分），如图 4-44（b）所示。

③ 拾取剪刀曲面，裁剪完成，如图 4-44（c）所示。

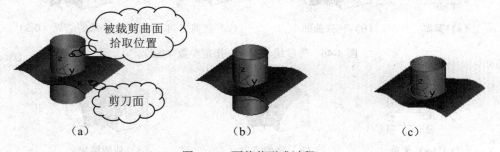

（a） （b） （c）

图 4-44 面裁剪形成过程

注意：裁剪时保留拾取点所在部分的曲面。两曲面必须有交线，否则无法裁剪曲面。两曲面在边界线处相交或相切，可能得不到正确的结果，建议尽量避免。曲面交线与被裁剪曲面边界无交点、且不存在曲面内部封闭，则系统将交线延长到被裁剪曲面边界后实行裁剪，有时得不到正确结果，一般应尽量避免这种情况。

4. 等参线裁剪

【功能】以曲面上给定的等参数线为剪刀线来裁剪曲面，有裁剪和分裂两种方式。参数线的给定可以通过立即菜单选择过点或者指定参数来确定。

【操作】

① 选择"造型"→"曲面编辑"→"曲面裁剪"命令，或者直接单击 按钮，出现立即菜单，选择"等参线裁剪"方式。

② 选择"裁剪"或"分裂"、"过点"或"指定参数"。

③ 拾取曲面,如图 4-45(a)所示,选择方向,如图 4-45(b)所示。裁剪完成,如图 4-45(c)所示。

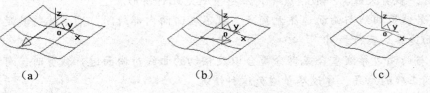

| （a） | （b） | （c） |

图 4-45　等参线裁剪过程

> 🔔**注意**：裁剪时保留拾取点所在的那部分曲面。箭头方向即是裁剪方向。

例4-2　空间曲面的等参线裁剪。

裁剪过程如图 4-46 和图 4-47 所示。

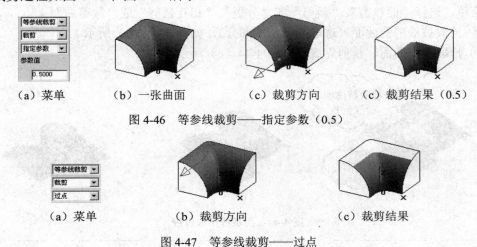

（a）菜单　　　　（b）一张曲面　　　　（c）裁剪方向　　　　（c）裁剪结果（0.5）

图 4-46　等参线裁剪——指定参数（0.5）

（a）菜单　　　　　　（b）裁剪方向　　　　　（c）裁剪结果

图 4-47　等参线裁剪——过点

5. 裁剪恢复

【功能】将拾取到的曲面裁剪部分恢复到没有裁剪的状态。如拾取的裁剪边界是内边界,系统将取消对该边界施加的裁剪;如拾取的是外边界,系统将把外边界恢复到原始边界状态。

4.2.2　曲面过渡

在给定的曲面之间以一定的方式作给定半径或半径规律的圆弧过渡面,以实现曲面之间的光滑过渡。曲面过渡就是用截面是圆弧的曲面将两张曲面光滑连接起来,过渡面不一定过原曲面的边界。

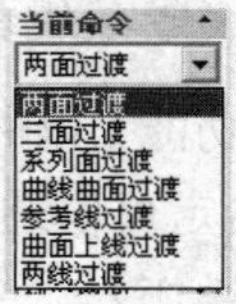

曲面过渡共有 7 种方式:两面过渡、三面过渡、系列面过渡、曲线曲面过渡、参考线过渡、曲面上线过渡和两线过渡,如图 4-48 所示。

图 4-48　曲面过渡立即菜单

曲面过渡支持等半径过渡和变半径过渡。变半径过渡是指沿着过渡面半径是变化的过渡方式。不管是线性变化半径还是非线性变化半径，系统都能提供有力的支持。用户可以通过给定导引边界线或给定半径变化规律的方式来实现变半径过渡。

1. 两面过渡

【功能】在两个曲面之间进行给定半径或给定半径变化规律的过渡，生成的过渡面的截面将沿两曲面的法矢方向摆放。两面过渡有两种方式，即等半径过渡和变半径过渡。

等半径两面过渡有裁剪曲面、不裁剪曲面和裁剪指定曲面 3 种方式。

变半径两面过渡可以拾取参考线，定义半径变化规律，过渡面将从头到尾按此半径变化规律来生成。在这种情况下，依靠拾取的参考线和过渡面中心线之间弧长的相对比例关系来映射半径变化规律。因此，参考曲线越接近过渡面的中心线，就越能在需要的位置上获得给定的精确半径。同样，变半径两面过渡也分为裁剪曲面、不裁剪曲面和裁剪指定曲面 3 种方式。

【操作】等半径过渡与变半径过渡操作步骤不同，下面分别介绍。

（1）等半径过渡

① 选择"造型"→"曲面编辑"→"曲面过渡"命令，或者直接单击 按钮，出现立即菜单，选择"两面过渡"、"等半径"和是否裁剪曲面，输入半径值。

② 拾取第一张曲面，并选择方向，如图 4-49（b）所示。

③ 拾取第二张曲面，并选择方向，指定方向，曲面过渡完成，如图 4-49（c）和图 4-49（d）所示。

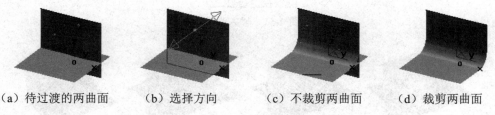

（a）待过渡的两曲面　　（b）选择方向　　（c）不裁剪两曲面　　（d）裁剪两曲面

图 4-49　等半径两面过渡

（2）变半径过渡

① 选择"造型"→"曲面编辑"→"曲面过渡"命令，或者直接单击 按钮，出现立即菜单，选择"两面过渡"、"变半径"和是否裁剪曲面。

② 拾取第一张曲面，并选择方向，如图 4-50 所示。

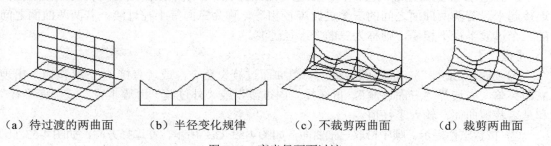

（a）待过渡的两曲面　　（b）半径变化规律　　（c）不裁剪两曲面　　（d）裁剪两曲面

图 4-50　变半径两面过渡

③ 拾取第二张曲面，并选择方向。

④ 拾取参考曲线，指定曲线。

⑤ 指定参考曲线上点并定义半径，指定点后，弹出立即菜单，在立即菜单中输入半径值。

⑥ 可以指定多点及其半径，所有点都指定完后，右击确认，曲面过渡完成。

> 🔔 **注意**：① 需正确地指定曲面的方向，方向不同会导致完全不同的结果。
>
> ② 进行过渡的两曲面在指定方向上与距离等于半径的等距面必须相交，否则曲面过渡失败。
>
> ③ 若曲面形状复杂，变化过于剧烈，使得曲面的局部曲率小于过渡半径时，过渡面将发生自交，形状难以预料，应尽量避免这种情形。

例4-3 简单的变半径两面过渡。

用直纹面作两相交平面，如图 4-52（a）所示；单击 按钮，选择"两面过渡"、"变半径"和是否裁剪曲面；拾取第一张曲面，选择方向；拾取第二张曲面，选择方向；拾取参考曲线（两直纹面的交线）；指定参考曲线上点（两端点）并定义半径，指定点后，弹出对话框，在立即菜单中输入半径值（18 和 8），如图 4-51 所示，过渡过程如图 4-52 所示。

图 4-51 输入半径

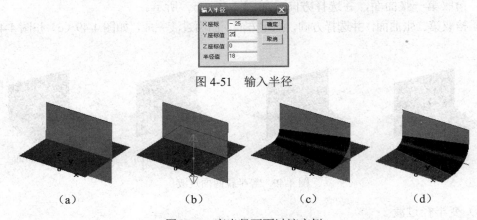

（a）　　　　　　（b）　　　　　　（c）　　　　　　（d）

图 4-52 变半径两面过渡实例

2. 三面过渡

【功能】在三张曲面之间对两两曲面进行过渡处理，并用一张角面将所得的三张过渡面连接起来。若两两曲面之间的三个过渡半径相等，称为三面等半径过渡；若两两曲面之间的三个过渡半径不相等，则称为三面变半径过渡。

【操作】

① 选择"造型"→"曲面编辑"→"曲面过渡"命令，或者直接单击 按钮，出现立即菜单，先选择"三面过渡"，再选择"内过渡"或"外过渡"、"等半径"或"变半径"和是否裁剪曲面，输入半径值。

② 按状态栏提示，顺序拾取三张曲面，如图 4-53（a）所示，并选择方向，如图 4-53（b）和图 4-54（a）所示。

③ 三面过渡完成，如图 4-53（c）、（d）、（e）和图 4-54（b）、（c）所示。

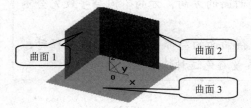

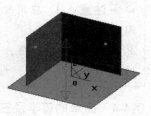

（a）待过渡的三曲面 　　　　　　　　　　　（b）拾取曲面选择方向

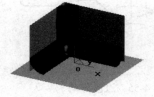

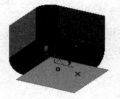

（c）不裁剪内过渡 　　　　　（d）裁剪内过渡 　　　　　（e）裁剪外过渡

图 4-53　等半径三面内（外）过渡

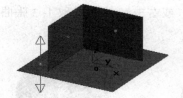

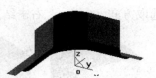

（a）拾取曲面选择方向 　　　　（b）不裁剪内过渡 　　　　（c）裁剪外过渡

图 4-54　变半径内（外）三面过渡

说明： ① 三面过渡的处理过程如图 4-54 所示，拾取三个曲面——曲面 1、曲面 2 和曲面 3，并选取每个曲面的过渡方向，给定两两曲面之间的三个过渡半径，如曲面 1 和曲面 2 之间过渡半径为 $R12$，曲面 2 和曲面 3 之间过渡半径为 $R23$，曲面 3 和曲面 1 之间过渡半径为 $R31$。系统首先选取 $R12$、$R23$ 和 $R31$ 中的最大半径和它对应的两张曲面，假设是曲面 1 和曲面 2 之间的 $R12$ 最大，对这两曲面进行两面过渡并自动进行裁剪，形成一个系列面；再用此系列曲面与曲面 3 进行过渡处理，生成三面过渡面。

② 如图 4-55 所示，对于上述第一步骤中形成的系列面，其方向有以下规定：与原曲面 1、曲面 2 过渡方向相同的方向，如方向 1，称为系列面的内部方向，系列面沿此方向与曲面 3 进行过渡，生成三面过渡的方式称为三面内过渡，如图 4-52（c）、（d）和图 4-53（b）所示；与原曲面 1、曲面 2 过渡方向相反的方向，如方向 2，称为系列面的外部方向，系列面沿此方向与曲面 3 进行过渡，生成三面过渡的方式称为三面外过渡，如图 4-53（e）和图 4-54（c）所示。

注意：① 应用此功能需正确地指定曲面的方向，方向不同会导致完全不同的结果。

② 当曲面形状复杂，变化过于剧烈，使得曲面的局部曲率小于过渡半径时，过渡面将发生自交，形状难以预料，应尽量避免这种情形。

例4-4 简单的等半径三面过渡。

单击 ![button] 按钮，出现立即菜单，如图 4-51 所示，先选择"三面过渡"，再选择"内过渡"、"等半径"和裁剪曲面；输入半径值（15），按回车键（或右击）；顺序拾取 1~3 张曲面，均选取方向（向内）；右击结束，如图 4-56 所示。

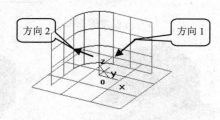

图 4-55 过渡方向

例4-5 简单的变半径三面过渡。

单击 ![button] 按钮，出现立即菜单，如图 4-51 所示，先选择"三面过渡"，再选择"内过渡"、"变半径"和裁剪曲面；"半径 12"输入值（5），按回车键（或右击）；"半径 23"输入值（4），按回车键（或右击）；"半径 31"输入值（15），按回车键（或右击）；顺序拾取 1~3 张曲面，均选取方向（向内）；右击结束，如图 4-57 所示。

 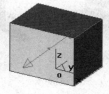  

图 4-56 简单的等半径三面过渡　　　　　　图 4-57 变半径三面过渡

3. 系列面过渡

【功能】系列面是指首尾相接、边界重合，并在重合边界处保持光滑连接的多张曲面的集合。系列面过渡就是在两个系列面之间进行过渡处理。

【操作】等半径过渡与变半径过渡操作步骤不同，下面分别介绍。

（1）等半径系列面过渡

① 选择"造型"→"曲面编辑"→"曲面过渡"命令，或者直接单击 ![button] 按钮，出现立即菜单，选择"系列面过渡"、"等半径"和是否裁剪曲面，输入半径值。

② 拾取第一系列曲面，依次拾取每一系列所有曲面，拾取完后右击确认。

③ 改变曲线方向（在选定曲面上选取），当显示的曲面方向与所需的不同时，选取该曲面，曲面方向改变，改变完所有需改变曲面方向后，右击确认。

④ 拾取第二系列曲面，依次拾取第二系列所有曲面，拾取完后右击确认。

⑤ 改变曲线方向（在选定曲面上选取），改变曲面方向后，右击确认，系列面过渡完成，如图 4-58 所示。

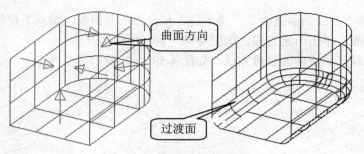

图 4-58　等半径系列面过渡

（2）变半径系列面过渡

① 选择"造型"→"曲面编辑"→"曲面过渡"命令，或者直接单击![按钮]按钮，出现立即菜单，选择"系列面过渡"、"变半径"和是否裁剪曲面。

② 拾取第一系列曲面，拾取每一系列所有曲面，右击确认。

③ 改变曲线方向（在选定曲面上选取），改变曲面方向后，右击确认。

④ 拾取第二系列曲面，依次拾取第二系列所有曲面，拾取完后右击确认。

⑤ 改变曲线方向（在选定曲面上选取），改变曲面方向后，右击确认。

⑥ 拾取参考曲线。

⑦ 指定参考曲线上点并定义半径，指定点，弹出"输入半径"对话框，输入半径值，单击"确定"按钮。指定完要定义的所有点后，右击确定，系列面过渡完成。

> **说明：** ① 系列面过渡中支持给定半径的等半径过渡和给定半径变化规律的变半径过渡两种方式。在变半径过渡中可以拾取参考线，定义半径变化规律，生成的一串过渡面将从头到尾按此半径变化规律来生成。
>
> ② 在一个系列面中，曲面和曲面之间应当尽量保证首尾相连、光滑相接。
>
> ③ 需正确地指定曲面的方向，方向不同会导致完全不同的结果。
>
> ④ 当曲面形状复杂，变化过于剧烈，使得曲面的局部曲率小于过渡半径时，过渡面将发生自交，形状难以预料，应尽量避免这种情形。

> **注意：** 在变半径系列面过渡中，参考曲线只能指定一条曲线。因此，可将系列曲面上的多条相边的曲线组合成一条曲线，作为参考曲线；或者也可以指定不在曲面上的曲线。

4．曲线曲面过渡

【功能】过曲面外一条曲线，作曲线和曲面之间的等半径或变半径过渡面。

【操作】等半径过渡与变半径过渡操作步骤不同，下面分别介绍。

（1）等半径曲线曲面过渡

① 选择"造型"→"曲面编辑"→"曲面过渡"命令，或者直接单击![按钮]按钮，出现

立即菜单，选择"曲线曲面过渡"、"等半径"和是否裁剪曲面，输入半径值。

② 拾取曲面，单击所选方向，如图 4-59（b）所示。

③ 拾取曲线，曲线曲面过渡完成，如图 4-59（c）所示。

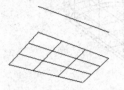

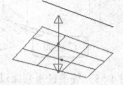

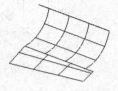

（a）待过渡的曲线、曲面　　　（b）拾取曲面选择方向　　　（c）完成过渡

图 4-59　等半径曲面曲线过渡

（2）变半径曲线曲面过渡

① 选择"造型"→"曲面编辑"→"曲面过渡"命令，或者直接单击 按钮，出现立即菜单，选择"曲线曲面过渡"、"变半径"和是否裁剪曲面。

② 拾取曲面。

③ 单击所选方向。

④ 拾取曲线。

⑤ 指定参考曲线上点，输入半径值，单击"确定"按钮。指定完要定义的所有点后，右击确定，系列面过渡完成，如图 4-60 所示。

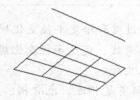

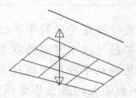

图 4-60　变半径曲面曲线过渡

> **注意**：指定参考曲线上的点并定义半径时，应至少给定两个参考点上的半径。修改某一点坐标并输入半径时，一个参数修改后不要按回车键，而要用鼠标单击另一参数进行修改。
> 变半径过渡时，可以在该曲线上选定一些位置点，在每一个位置点上定义一个过渡半径，生成的过渡曲面在这些给定位置上的半径就是所精确定义的半径值。指定参考曲线上的点后会出现"输入半径"对话框，如图 4-51 所示。
> 曲线曲面过渡时，曲线必须在曲面外。即曲线不是曲面上的线。

5. 参考线过渡

【功能】给定一条参考线，在两曲面之间作等半径或变半径过渡，生成的相切过渡面的截面将位于垂直于参考线的平面内。

这种过渡方式尤其适用于各种复杂多拐的曲面，其曲率半径较小而需要作大半径过渡的情形。这种情况下，一般的两面过渡生成的过渡曲面将发生自交，生成不出满意、完整的过渡曲面，但在参考线过渡方式中，只要选用合适简单的参考曲线，就能获得满意的结果。

【操作】等半径过渡与变半径过渡操作步骤不同，下面分别介绍。

（1）等半径参考线过渡

① 选择"造型"→"曲面编辑"→"曲面过渡"命令，或者直接单击 按钮，出现立即菜单，在立即菜单中选择"参考线过渡"、"等半径"和是否裁剪曲面，输入半径值。

② 拾取第一张曲面，单击所选方向。拾取第二张曲面，如图 4-61（b）所示。

③ 拾取参考曲线，参考线过渡完成，如图 4-61（c）所示。

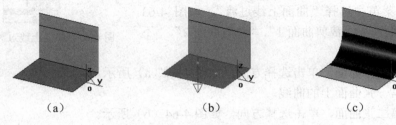

（a）　　　　　　　　（b）　　　　　　　　（c）

图 4-61　等半径参考线过渡

（2）变半径参考线过渡

① 选择"造型"→"曲面编辑"→"曲面过渡"命令，或者直接单击 按钮，出现立即菜单，在立即菜单中选择"参考线过渡"、"变半径"和是否裁剪曲面。

② 拾取第一张曲面，单击选择方向，如图 4-62（a）所示。

③ 拾取第二张曲面，单击选择方向，如图 4-62（b）所示。

④ 拾取参考曲线。

⑤ 指定参考曲线上的点，弹出"输入半径"对话框，如图 4-62（c）所示，输入半径值（15 和 7），单击"确定"按钮。指定完要定义的所有点后，右击确定，参考线过渡完成，如图 4-62（d）所示。

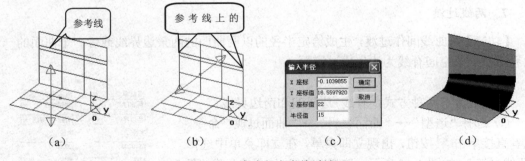

（a）　　　　　　　（b）　　　　　　　（c）　　　　　　　（d）

图 4-62　变半径参考线过渡

> 🔔 **注意**：① 参考线应该是光滑曲线。
> ② 在没有特别要求的情况下，参考线的选取应尽量简单。
> ③ 变半径过渡时，可以在参考线上选定一些位置点定义所需要过渡半径，将获得在给定截面位置上是所需精确半径的过渡曲面。

6. 曲面上线过渡

【功能】两曲面作过渡，指定第一曲面上的一条线为过渡面的导引边界线的过渡方式。系统生成的过渡面将和两张曲面相切，并以导引线为过渡面的一个边界，即过渡面过此导引线和第一曲面相切。

【操作】

① 选择"造型"→"曲面编辑"→"曲面过渡"命令，或者直接单击<img_1>按钮，出现立即菜单，如图 4-48 所示。在立即菜单中选择"曲面上线过渡"，如图 4-63 所示，裁剪两面（或"裁剪曲面1"、"裁剪曲面2"、"不裁剪"）。

图 4-63　曲面上线过渡立即菜单

② 拾取第一张曲面，单击选择方向，如图 4-64（a）所示。

③ 拾取第一张曲面上的曲线。

④ 拾取第二张曲面，单击选择方向，如图 4-64（b）所示。

⑤ 右击结束，过渡完成，图 4-64（c）为真实感显示，图 4-64（d）为线架显示。

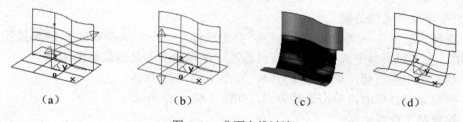

| （a） | （b） | （c） | （d） |

图 4-64　曲面上线过渡

> **注意：** 导引线必须光滑，并在第一曲面上，否则系统不予处理。

7. 两线过渡

【功能】两曲线间作过渡，生成给定半径的以两曲面的两条边界线或者一个曲面的一条边界线和一条空间脊线为边生成过渡面。

【操作】

两线过渡有两种方式：脊线+边界线和两边界线。

① 选择"造型"→"曲面编辑"→"曲面过渡"命令，或者直接单击<img_3>按钮，出现立即菜单，在立即菜单中选择"两线过渡"，如图 4-65 所示，选择"脊线+边界线"或"两边界线"，输入半径值，右击（或按回车键）。

② 按状态栏中提示操作。

图 4-65　两线过渡立即菜单

例4-6　简单的两线过渡。

操作步骤如下：

① 按 F5 键，选 xoy 面为作图平面，作矩形，并画样条线 1，如图 4-66（a）所示。

② 按 F8 键轴测显示，按 F9 键切换作图平面到 yoz 面，将样条线向上（DZ 正向）分

别等距 20、40 得到样条线 2、3，向前（DY 负向）等距 20 得到样条线 4，如图 4-66（a）所示。

③ 用矩形生成直纹面，用样条线 1、3 生成另一直纹面，如图 4-66（a）所示。

④ 单击 ![按钮] 按钮，选择"两线过渡"和"两边界线"，输入半径 30，按回车键，拾取边界线 1（样条线 2），拾取导动方向（向右），如图 4-66（b）所示；拾取边界线 2（样条线 4），拾取导动方向（向右），如图 4-66（c）所示；右击结束，结果如图 4-66（d）所示。

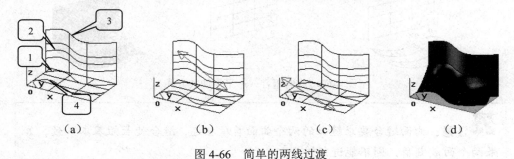

（a）　　　　　　　（b）　　　　　　　（c）　　　　　　　（d）

图 4-66　简单的两线过渡

4.2.3　曲面缝合

曲面缝合是指将两张曲面光滑连接为一张曲面。

曲面缝合有两种方式：通过曲面 1 的切矢进行光滑过渡连接；通过两曲面的平均切矢进行光滑过渡连接。

1. 曲面切矢 1

【功能】以曲面切矢方式缝合曲面，即在第一张曲面的连接边界处按曲面 1 的切矢方向和第二张曲面进行连接，这样，最后生成的曲面仍保持有曲面 1 的部分形状。

【操作】

① 选择"造型"→"曲面编辑"→"曲面缝合"命令，或者直接单击 ![按钮] 按钮，出现曲面缝合立即菜单，如图 4-67 所示。

② 选择曲面切矢 1 方式。

③ 根据状态栏提示完成操作，如图 4-68 所示。

图 4-67　曲面缝合立即菜单

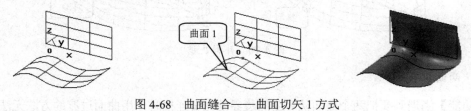

图 4-68　曲面缝合——曲面切矢 1 方式

2. 平均切矢

【功能】以平均切矢方式缝合曲面，在第一张曲面的连接边界处按两曲面的平均切矢方向进行光滑连接。最后生成的曲面在曲面 1 和曲面 2 处都改变了形状。

【操作】

① 选择"造型"→"曲面编辑"→"曲面缝合"命令，或者直接单击按钮，出现曲面缝合立即菜单，如图 4-67 所示。

② 选择曲面平均切矢方式。

③ 根据状态栏提示完成操作，如图 4-69 所示。

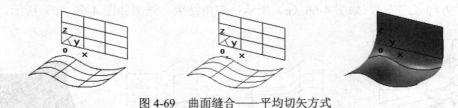

图 4-69　曲面缝合——平均切矢方式

> 注意：曲面缝合要求缝合的两个曲面首尾相连，缝合处长短基本一致，如果两个面成尖角，则不能进行缝合。

4.2.4　曲面拼接

曲面拼接是曲面光滑连接的一种方式，它可以通过多个曲面的对应边界，生成一张曲面，与这些曲面光滑相接。

曲面拼接共有 3 种方式：两面拼接、三面拼接和四面拼接。

在许多物体的造型中，通过曲面生成、曲面过渡、曲面裁剪等工具生成物体的型面后，总会在一些区域留下一片空缺，就称之为"洞"。曲面拼接就可以对这种情形进行"补洞"处理，如图 4-70 所示。

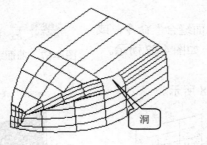

图 4-70　补洞处理

1. 两面拼接

【功能】当遇到要把两个曲面从对应的边界处光滑连接时，用曲面过渡的方法无法实现，因为过渡面不一定通过两个原曲面的边界。这时就需要用到曲面拼接的功能，过曲面边界光滑连接曲面。

【操作】

① 选择"造型"→"曲面编辑"→"曲面拼接"命令，或者直接单击按钮，出现曲面拼接立即菜单，如图 4-71 所示。　图 4-71　曲面拼接立即菜单

② 选择两面拼接方式。

③ 根据状态栏提示完成操作，如图 4-72 所示。

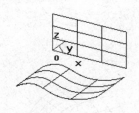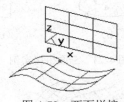

图 4-72　两面拼接

> **说明：** 拾取时应在需要拼接的边界附近单击曲面。拾取时，需要保证两曲面的拼接边界方向一致，这是由拾取点在边界线上的位置决定的，即拾取点与边界线的哪一个端点距离最近，那一个端点就是边界的起点。两个边界线的起点应该一致，这样两个边界线的方向一致；如果两个曲面边界线方向相反，拼接的曲面将发生扭曲，形状不可预料。
>
> 因"过渡面"不一定通过两个原曲面的边界，用曲面过渡的方法无法将两个曲面从对应的边界处光滑连接，使用曲面拼接的功能则能产生一张过曲面边界的光滑连接曲面。

2．三面拼接

【功能】作一曲面，使其连接 3 个给定曲面的指定对应边界，并在连接处保证光滑。

3 个曲面在角点处两两相接，成为一个封闭区域，中间留下一个"洞"，三面拼接就能光滑拼接 3 张曲面及其边界而进行"补洞"处理。

【操作】

① 选择"造型"→"曲面编辑"→"曲面拼接"命令，或者直接单击 按钮，出现曲面拼接立即菜单，如图 4-71 所示。

② 选择三面拼接方式。

③ 根据状态栏提示完成操作，如图 4-73（f）、（g）所示。

例4-7　简单的三面拼接。

操作步骤如下：

① 在 3 个坐标平面内分别作以原点为圆心、半径为 50 的圆，如图 4-73（a）所示。

② 曲线裁剪，保留一部分，如图 4-73（b）所示。

③ 按 F5 键，如图 4-73（c）所示，作三个扫描面，扫描距离 50，扫描方向分别为 Y 轴正向、X 轴负向和 Z 轴负向，如图 4-73（d）、（e）、（f）所示。

④ 单击 按钮，选择"三面拼接"，拾取三张曲面，右击结束，结果如图 4-73（g）所示。

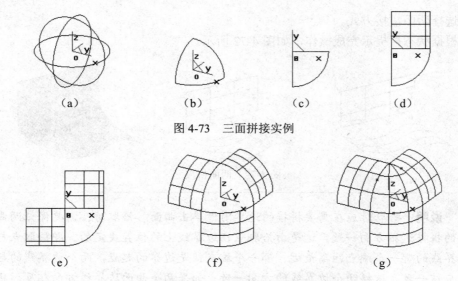

图 4-73 三面拼接实例

图 4-73 三面拼接实例（续）

在三面拼接中，使用的元素不仅局限于曲面，还可以是曲线，即可以拼接曲面和曲线围成的区域，拼接面和曲面保持光滑相接，并以曲线为边界。如图 4-74 和图 4-75 所示，可以对两张曲面和一条曲线围成的区域，以及一张曲面和两条曲线围成的区域进行三面拼接。

图 4-74 两面一线三面拼接   图 4-75 一面两线三面拼接

在三面拼接时，3 个曲面围成的区域可以是非封闭区域。如图 4-76 所示，在非封闭处，系统将根据拼接条件自动确定拼接曲面的边界形状。

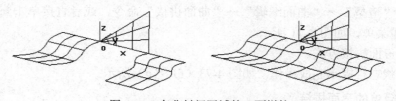

图 4-76 有非封闭区域的三面拼接

注意： ① 有曲面、曲线进行拼接时，要先拾取曲面，然后单击鼠标右键，再拾取曲线。

② 要拼接的三个曲面必须在角点相交，要拼接的三个边界应该首尾相连，形成一串曲线，它可以封闭，也可以不封闭。

3. 四面拼接

【功能】作一曲面，使其连接 4 个给定曲面的指定对应边界，并在连接处保证光滑。4

个曲面在角点处两两相接，形成一个封闭区域，中间留下一个"洞"，四面拼接就能光滑拼接 4 张曲面及其边界而进行"补洞"处理。

【操作】

① 选择"造型"→"曲面编辑"→"曲面拼接"命令，或者直接单击 按钮，出现曲面拼接立即菜单，如图 4-71 所示。

② 选择四面拼接方式。

③ 根据状态栏提示完成操作，如图 4-77 所示。

在四面拼接中，使用的元素不仅局限于曲面，还可以是曲线，即可以拼接曲面和曲线围成的区域，拼接面和曲面保持光滑相接，并以曲线为边界。四面拼接可以对三张曲面和一条曲线围成的区域（如图 4-78 所示），两张曲面和两条曲线围成的区域（如图 4-79 所示），一张曲面和三条曲线围成的区域（如图 4-80 所示）进行四面拼接。

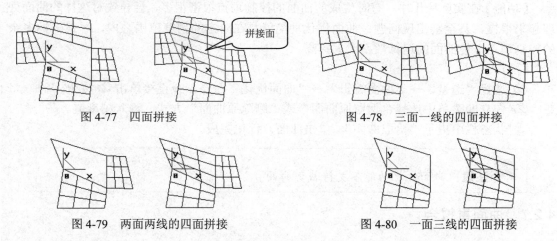

図 4-77　四面拼接　　　　　　　　図 4-78　三面一线的四面拼接

図 4-79　两面两线的四面拼接　　　　　図 4-80　一面三线的四面拼接

注意： ① 要拼接的 4 个曲面必须在角点两两相交，要拼接的 4 个边界应该首尾相连，形成一串封闭曲线，围成一个封闭区域。

② 操作中，拾取曲线时需先右击，再单击曲线才能选择曲线。

③ 交互时按提示拾取曲面，系统按拾取的位置来指定边界，因此，拾取时应在需要拼接的边界附近点拾取曲面。

4.2.5　曲面延伸

【功能】把原曲面按所给长度沿相切的方向延伸出去，扩大曲面。延伸曲面有两种方式：长度延伸和比例延伸。

【操作】

① 选择"造型"→"曲面编辑"→"曲面延伸"命令或单击 按钮，出现立即菜单，如图 4-81 所示。

图 4-81　曲面延伸立即菜单

② 在立即菜单中选择"长度延伸"或"比例延伸"方式，输入长度或比例值。

③ 状态栏中提示"拾取曲面"，单击曲面，延伸完成，如图 4-82 所示。

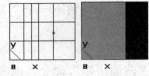

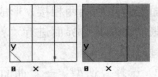

（a）原曲面　　　　　（b）延伸后保留原曲面　　　　（c）延伸后删除原曲面

图 4-82　曲面延伸

注意： 曲面延伸功能不支持裁剪曲面的延伸。

4.2.6　曲面优化

【功能】在实际应用中，有时生成的曲面的控制顶点很密很多，会导致对这样的曲面处理起来很慢，甚至会出现问题。曲面优化功能就是在给定的精度范围之内，尽量去掉多余的控制顶点，使曲面的运算效率大大提高。

【操作】

① 选择"造型"→"曲面编辑"→"曲面优化"命令，或直接单击 按钮。

② 在立即菜单中选择"保留原曲面"或"删除原曲面"方式，输入精度值。

③ 状态栏中提示"拾取曲面"，单击曲面，优化完成。

注意： 曲面优化功能不支持裁剪曲面。

4.2.7　曲面重拟合

【功能】在很多情况下，生成的曲面是 NURBS 表达的（即控制顶点的权因子不全为 1），或者有重节点，这样的曲面在某些情况下不能完成运算。这时，需要把曲面修改为 B 样条表达形式（没有重节点，控制顶点权因子全部是 1）。曲面重拟合功能就是把 NURBS 曲面在给定的精度条件下拟合为 B 样条曲面。

【操作】

① 选择"造型"→"曲面编辑"→"曲面重拟合"命令，或直接单击 按钮。

② 在立即菜单中选择"保留原曲面"或"删除原曲面"方式，输入精度值。

③ 状态栏中提示"拾取曲面"，单击曲面，拟合完成。

注意： 曲面重拟合功能不支持裁剪曲面。

4.2.8　曲面正反面修改

CAXA 制造工程师设计了曲面正反面修改功能。添加此功能的目的主要和加工模式有关。我们知道，在做 3 轴加工的时候，是直接选择所有模型曲面，不需要指定曲面方向。这是因为 3 轴加工的刀轴是固定的，必定指向轴方向。轨迹算法内部是可以根据此常识做判断处理的。但是，5 轴加工就没办法做此假设了。因为在模型有负角的情况下，曲面方向有可能是指向下方的，下方才是加工侧，所以必须告诉轨迹引擎，要加工此曲面的下方，而不是上方。因此在做 5 轴轨迹时，需有一个步骤：指定曲面的加工方向。

例4-8　曲面正反面修改举例。

打开制造工程师安装目录中 Samples 下的飞机模型文件，做一个 5 轴平行加工，拾取所有曲面后，在窗口左下角的提示区会有如下提示：请选择加工曲面的加工方向，如图 4-83 所示。从图中我们可以看到，那些箭头就是当前曲面的加工方向。需要我们辨认哪个是向外的，哪个是向内的。需要一个一个地区分，不对的要反过来。然后按右键结束拾取，计算轨迹。当只加工一张或两张曲面的时候，这个过程是没有什么问题的。但是，如果加工曲面有几十张的时候，就麻烦了。特别是加工曲面"表里不一"的时候，一个一个地去指定，比较费事。这在之前的版本中，手工一个一个地指认，是唯一的办法。有了正反面的功能后，就方便了。首先，打开"曲面正反面使用不同的颜色显示"选项。其次，更改所有曲面颜色，使其为一种颜色，比如蓝色。然后，就可以看到，如果正反面不同的话，就会以其他的颜色显示出来，如图 4-84 所示的黄色曲面，就表示它的正反面是反的。此时，可以使用红框所示功能，修改曲面正反面。这样，再用它做 5 轴加工的时候，不用看那些箭头了，只要颜色一致，就可以保证箭头是一致的。

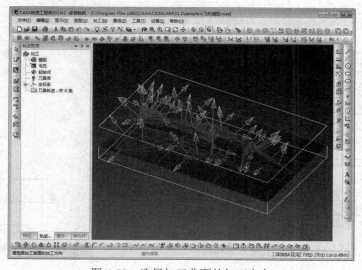

图 4-83　选择加工曲面的加工方向

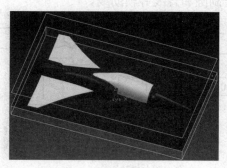

图 4-84　曲面正反面的反面

4.2.9 查找异常曲面

用数据接口功能导入其他软件生成的曲面造型的零件，会出现异常曲面，加工时无法生成加工轨迹，此时可以用"查找异常曲面"功能，找出异常曲面，将其删除后，再用 CAXA 补做出来即可。

4.3 曲面造型综合实例

图 4-85 所示是吊钩锻模（上模）零件，用曲面造型方法生成吊钩锻模的型腔。
具体步骤如下：

1. 在 XOY 平面绘制轮廓线和截面线

① 选择 XOY 为当前工作平面，单击"矩形"按钮▢，选择"中心_长_宽"方式，拾取原点为中心，绘制长为 290、宽为 156 的矩形；单击"直线"按钮✎，选择"水平/铅垂线"方式，绘制基准中心线，中心线长度用曲线拉伸命令调节，结果如图 4-86 所示。

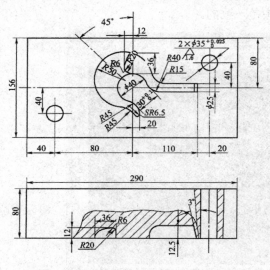

图 4-85 吊钩锻模（上模）零件图

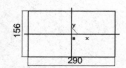

图 4-86 绘制底面图形和中心线

② 按照图 4-87 所示绘制圆和直线等辅助线。

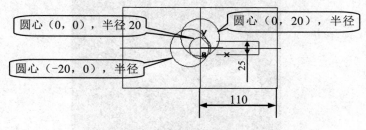

图 4-87 绘制辅助线

③ 过 R36 两个圆和中心线的两个交点，画半径为 50 的圆弧。然后应用曲线过渡命令，使 R20 和 R36 圆和右边两直线生成 R40 和 R15 的圆弧过渡，如 4-88（a）所示。用曲线裁剪命令修剪多余曲线，结果如图 4-88（b）所示。

④ 应用直线命令（平行线方式）绘制距离垂直中心线 20 的辅助线，然后生成过渡线 R45，如图 4-89 所示。

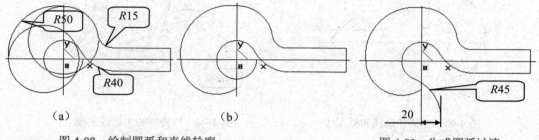

（a）　　　　　　　　　　　　　（b）

图 4-88　绘制圆弧和直线轮廓　　　　　　　　　图 4-89　生成圆弧过渡

⑤ 将上一步生成的直线删除，过 R45 圆弧的端点（切点）作长度 6.5 的水平直线，以此线的左端点为圆心画半径 6.5 的圆，生成此圆和 R50 圆的圆弧过渡（R45），如图 4-90（a）所示。将多余的线修剪并将 R50 圆弧与 R36 圆弧组合的图形如图 4-90（b）所示。

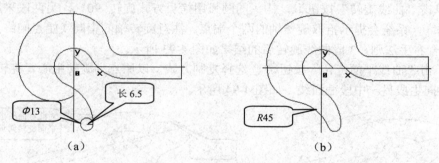

（a）　　　　　　　　　　　　　　　　（b）

图 4-90　生成钩部的圆弧过渡

⑥ 下面开始绘制吊钩中段和两端头部位的截面线。先绘制与垂直中心线等距 12 的一条垂直辅助线，绘制与 R50 圆弧等距 6 的圆弧线得到交点 A，绘制与 R20 圆弧等距 20 的圆弧线得到交点 B，分别以点 A 和 B 为圆心绘制 R6 和 R20 的两条圆弧线，结果如图 4-91 所示。

⑦ 生成 R20 圆弧和等距垂线的过渡圆弧 R6，应用直线命令（两点方式）画出此圆弧和另一段 R6 圆弧的公切线（按空格键后利用点工具菜单自动捕捉切点），如图 4-92 所示，另外再画出右端根部的直径为 25 的半圆，删除多余线段后的结果如图 4-93 所示。

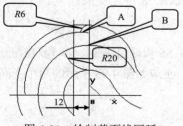
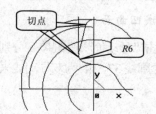

图 4-91　绘制截面线圆弧　　　　　　　図 4-92　绘制截面线圆弧过渡及切线

2. 对截面线进行空间变换

① 按 F8 键进入轴测图状态，需要对图 4-94 所示的 3 处截面线进行绕轴旋转，使它们都能垂直于 XY 平面。需要注意的是，中段截面线在旋转前需要先用曲线组合命令将 4 段曲线（3 段圆弧和 1 段直线）组合成一条样条线。

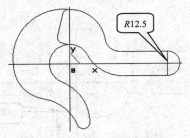

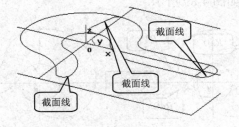

图 4-93　完成轮廓线和截面线　　　　图 4-94　待处理的 3 处截面线

> **注意**：应用曲线组合命令时，应选择删除原曲线方式；还应注意工具点的切换。

② 单击"曲线旋转"按钮，钩头的圆弧用拷贝方式旋转 90°，另两段采用移动方式旋转 90°，系统会提示拾取旋转轴的两个端点。注意旋转轴的指向（始点向终点）和旋转方向符合右手法则，3 段曲线旋转后的结果如图 4-93 所示。

③ 单击"曲线平面旋转"按钮，选择复制方式，以原点为旋转中心，旋转 90°，在 X 轴方向生成另一中段截面线，如图 4-94 所示。

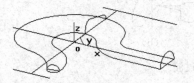

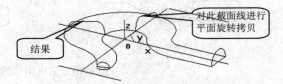

图 4-95　截面线的空间变换结果　　　　图 4-96　截面线平面旋转

3. 对底面轮廓线进行曲线组合和生成断点

① 将如图 4-97 所示的 1、4 点之间的曲线组合成一条样条线，将 2、3 点间的曲线组合成一条样条线。

② 单击"曲线打断"按钮，拾取点 5、6、7、8 使之变成断点。

4. 生成凹曲面

① 单击"导动面"按钮，分别以截面线 12、56 和截面线 34、78 为双截面线，以轮廓线 15、26 和轮廓线 37、48 为双导动线采用变高选项，生成如图 4-98 所示的两个变高双导动曲面。

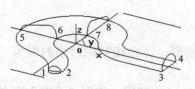

图 4-97　轮廓线组合和生成断点

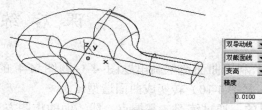

图 4-98　生成变高双导动曲面

② 单击"导动面"按钮，以轮廓线 67、58 为双导动线，以截面线 56、78 为双截面线，采用等高选项，生成等高双导动曲面，如图 4-99 所示。

③ 单击"旋转面"按钮，以曲线伸缩命令将直线 1、2 双向延长后作为旋转轴，将旋转后的 R6.5 截面线旋转 90°，即可生成吊钩头部的球面，如图 4-100 所示。

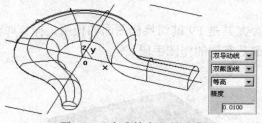

图 4-99　生成等高双导动曲面

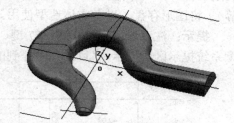

图 4-100　生成头部的旋转面

④ 曲面缝合。从图 4-100 中可以看出，吊钩模型是由 5 张曲面组成的，其中右边的封口端面实际上是平面，另 4 张曲面是旋转球面和 3 张导动面。为了提高型面加工的表面质量，建议最好对 4 张曲面进行缝合操作，生成一整张曲面，以便于后面的加工编程运算和处理。

单击"曲面缝合"按钮，选择"平均切矢"方式，分别拾取相邻的两个曲面，最后可以生成一整张曲面，如图 4-101 所示。

⑤ 由于此曲面是位于 XY 平面上的凸面型面，而图纸要求的是凹模型面，为此可以利用软件的镜像功能生成凹曲面。

按 F5 键确定 XOY 平面为当前工作平面，单击几何变换的镜像按钮，拾取位于 XOY 平面的 3 个点（建议预先在 OX、OY 轴绘制两条直线），可以生成凹模型面，它由一张凹曲面和右端平面构成，如图 4-102 所示。也可以在第 2 步中的②中将 3 条截面线向下旋转 90°，直接生成凹模型面。

到此，吊钩的曲面造型内容已经完成。

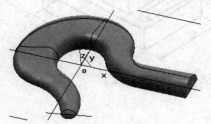

图 4-101　将 4 张曲面缝合成一张

图 4-102　凹模型面

课 后 练 习

1．利用曲面造型画出题图 4-1~题图 4-4 的三维图形，并将线架练习中的图形（题图 4-5~题图 4-10）转变成曲面造型。

目的： 通过练习，掌握点、线、面的作图方法和各功能的使用。掌握"编辑"菜单中的"线面层修改"、"图素可见"、"图素不可见"、"元素颜色修改"以及"设置"菜单中的"当前颜色"、"层设置"、"当前层"、"拾取过滤设置"和"工具"菜单中的"坐标系"等功能，并能熟练设置和使用。

要求： 至少用两种方法作出图形。至少用两种方法作出每一个图形的每一个面（不同类型的面。如一个矩形，可以用直纹面作出，也可以用导动面作出，还可以用扫描面作出等）。将图形存盘，以备实体造型使用。

提示： 注意 F5 键、F6 键、F7 键、F8 键，尤其是 F9 键切换作图面的使用。操作时注意系统提示区的提示。"目的"中提到的功能都是有效的作图手段。

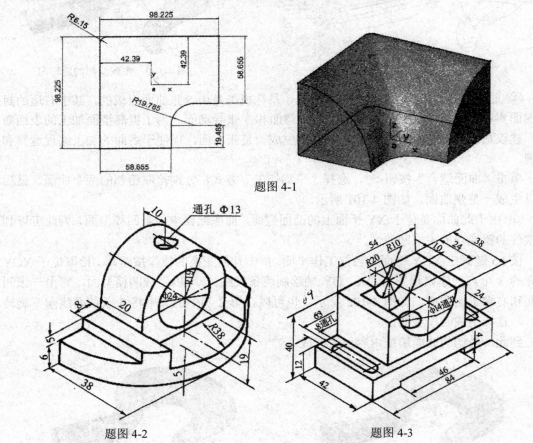

题图 4-1

题图 4-2

题图 4-3

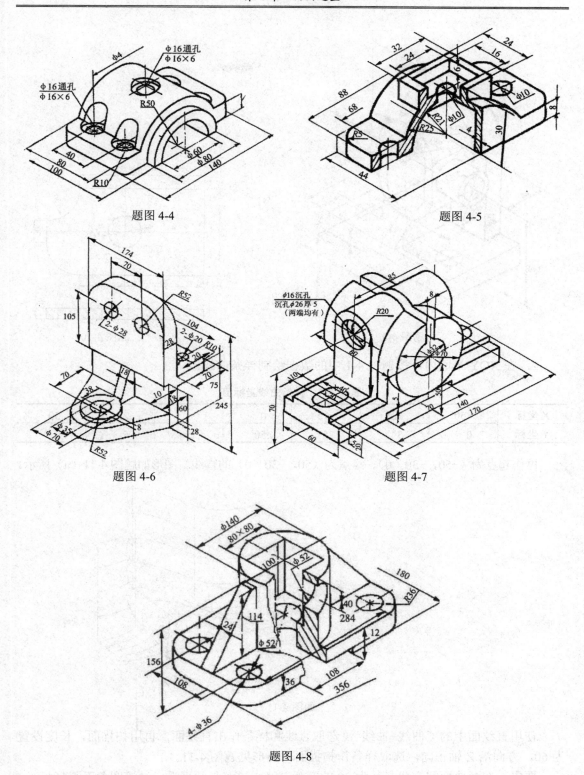

题图 4-4

题图 4-5

题图 4-6

题图 4-7

题图 4-8

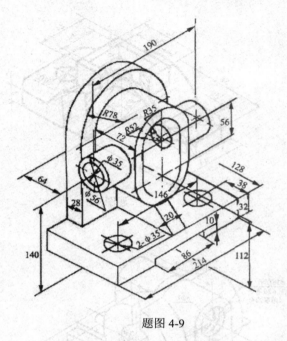

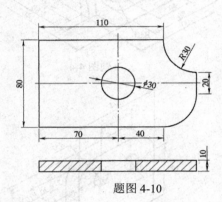

题图 4-9

题图 4-10

2．在 XOY 平面内，按题表 4-1 中的数据绘制样条曲线。

题表 4-1　样条曲线坐标值

X 坐标	−50	−25	−15	0	15	25	50
Y 坐标	0	5	25	50	25	5	0

再作起点为（−50，−30，0）、终点为（50，−30，0）的直线。图形如题图 4-11（a）所示。

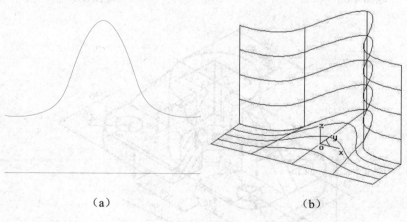

（a）　　　　　　　　　　　　　　　（b）

题图 4-11

使用直纹面中的"曲线+曲线"，选取直线和样条作出直纹面，再用扫描面，长度设置为 60，方向沿 Z 轴正向，选取样条作扫描面。图形见题图 4-11。

要求：在两曲面间完成半径为 20 的圆弧过渡。过渡必须平滑，过渡圆角不得打折。

3．按题图 4-12 所示尺寸造型。

4．按题图 4-13 所示尺寸造型。

练习重点：曲面过渡和曲面编辑。

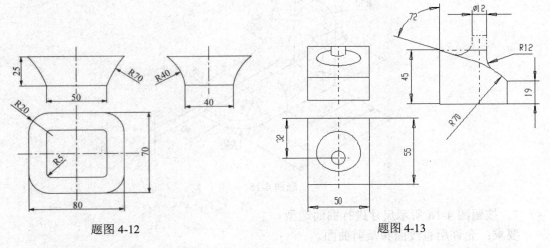

题图 4-12   题图 4-13

5．按题图 4-14 所示尺寸进行曲面造型。

练习重点：工作坐标、曲面过渡。

6．按题图 4-15 所示尺寸进行曲面造型。

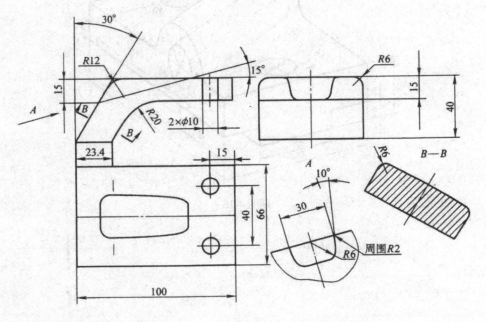

题图 4-14

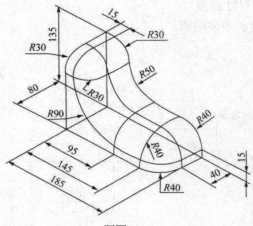

题图 4-15

7. 按题图 4-16 所示尺寸进行曲面造型。

要求： 允许用直纹面和裁剪曲面。

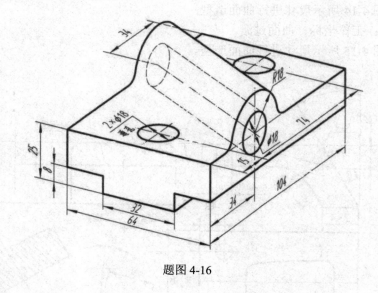

题图 4-16

第 *5* 章　特征实体造型

特征实体造型是 CAXA 制造工程师 2013 的重要组成部分。CAXA 制造工程师 2013 采用精确的特征实体造型技术，完全抛弃了传统的体素合并和交并差的繁琐方式，将设计信息用特征术语来描述，使整个设计过程直观、简单、准确。

通常的特征包括孔、槽、型腔、点、凸台、圆柱体、块、圆锥体、球体、管子等，CAXA 制造工程师 2013 可以方便地建立和管理这些特征信息。本章将介绍各种实体造型的方法。

5.1　草　　图

5.1.1　确定基准平面

草图必须依赖于一个基准面，开始绘制一个新草图前必须选择一个基准面。基准面可以是特征树中已有的坐标平面（如 XOY、XOZ、YOZ 坐标平面），也可以是实体表面的某个平面，还可以是构造出的平面。

1. 选择基准平面

实现选择很简单，只要用鼠标选取特征树中平面（包括 3 个坐标平面和构造的平面）的任何一个，或直接用鼠标选取已生成实体的某个平面就可以了。

2. 构造基准平面

【功能】基准平面是草图和实体赖以生存的平面。在 CAXA 制造工程师 2013 中一共提供了"等距平面确定基准平面"、"过直线与平面成夹角确定基准平面"、"生成曲面上某点的切平面"、"过点且垂直于曲线确定基准平面"、"过点且平行平面确定基准平面"、"过点和直线确定基准平面"和"三点确定基准平面" 7 种构造基准平面的方式，非常方便和灵活，从而大大提高了实体造型的速度。

【操作】

① 选择"造型"→"特征生成"→"基准面"命令或单击 按钮，出现"构造基准面"对话框，如图 5-1 所示。

② 在对话框中选取所需的构造方式，依照"构造方法"下的提示做相应操作，这个基准面就作好了。在特征树中，可见新增了刚刚作好的这个基准平面，如图 5-2 所示。

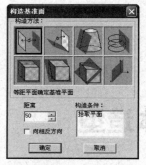

图 5-1　"构造基准面"对话框　　图 5-2　在 Z 轴正方向与 XY 平面上相距 45mm 的基准平面

例5-1　构造一个在Z轴正方向与XY平面上相距45mm的基准平面。

操作步骤如下：

① 按 F8 键，使绘图区处于三坐标显示方式。

② 单击 ◆ 按钮，弹出如图 5-1 所示的"构造基准面"对话框。

③ 取第一个构造方法："等距平面确定基准平面"。设置"构造条件"为"拾取平面"，然后再选取特征树中的 XY 平面，构造条件中的"拾取平面"显示"平面准备好"，输入距离 45。此时，在绘图区显示的红色虚线框代表 XY 平面，黑色线框则表示将要构造的基准平面。

④ 在"距离"中输入 45。

⑤ 单击"确定"按钮。系统就生成了一个在 Z 轴正方向与 XY 平面上相距 45mm 的基准平面。

5.1.2　草图

草图是特征实体生成所依赖的曲线组合。草图是为特征造型准备的一个平面封闭图形。草图绘制是特征实体造型的关键步骤。

1．进入草图状态

选择一个基准平面后，单击"绘制草图"按钮 ，在特征树中添加了一个草图树枝，表示已经处于草图状态，开始了一个新草图。

2．草图绘制

进入草图状态后，利用曲线生成命令绘制需要的草图即可。草图的绘制可以通过两种方法进行：第一，先绘制出图形的大致形状，然后通过草图参数化功能对图形进行修改，最终得到所期望的图形。第二，直接按照尺寸精确作图。

> 🔔**注意**：可以利用相关线和投影线命令将实体边界、空间曲线等转变为草图上的线。

3．编辑草图

在草图状态下绘制的草图一般要进行编辑和修改。在草图状态下进行的编辑操作只与该草图相关,不能编辑其他草图曲线或空间曲线。

如果退出草图状态后,还想修改某基准平面上已有的草图,则只需在特征树中选取这一草图,单击"绘制草图"按钮 或将光标移到特征树的草图上,右击并在弹出的立即菜单中选择编辑草图,进入草图状态,也就是说这一草图被打开了。草图只有处于打开状态时,才可以被编辑和修改。

4. 草图参数化修改

在草图环境下,可以任意绘制曲线,可以不考虑坐标和尺寸的约束。之后,对绘制的草图标注尺寸,接下来只需改变尺寸的数值,二维草图就会随着给定的尺寸值而变化,达到最终希望的精确形状,这就是草图参数化功能,也就是尺寸驱动功能。制造工程师还可以直接读取非参数化的 EXB、DW、DWG 等格式的图形文件,在草图中对其进行参数化重建。草图参数化修改适用于图形的几何关系保持不变,只对某一尺寸进行修改。

尺寸驱动模块中共有 3 个功能:尺寸标注、尺寸编辑和尺寸驱动。

(1) 尺寸标注

【功能】在草图状态下,对所绘制的图形标注尺寸。

【操作】

① 选择"造型"→"尺寸"→"尺寸标注"命令,或者直接单击 按钮。

② 拾取尺寸标注元素,拾取另一尺寸标注元素或指定尺寸线的位置,操作完成,如图 5-3 所示。

(2) 尺寸编辑

【功能】在草图状态下,对标注的尺寸进行标注位置上的修改。

【操作】

① 选择"造型"→"尺寸"→"尺寸编辑"命令,或者直接单击 按钮。

② 拾取需要编辑的尺寸元素,修改尺寸线位置,尺寸编辑完成。

(3) 尺寸驱动

【功能】用于修改某一尺寸,而图形的几何关系保持不变。

【操作】

① 选择"造型"→"尺寸"→"尺寸驱动"命令,或者直接单击 按钮。

② 拾取要驱动的尺寸,弹出"半径"对话框。输入新的尺寸值,尺寸驱动完成,如图 5-4 所示。

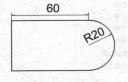

图 5-3 尺寸标注

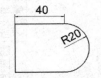

图 5-4 尺寸驱动

注意: 只有在草图状态下才能进行尺寸标注、尺寸编辑和尺寸驱动。

5. 草图环检查

【功能】用来检查草图环是否封闭。当草图环封闭时，系统提示"草图不存在开口环"。当草图环不封闭时，系统提示"草图在标记处开口或重合"，并在草图中用红色的点标记出来。

【操作】

选择"造型"→"草图环检查"命令，或者直接单击 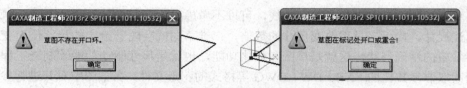 按钮，弹出如图 5-5 所示的草图是否封闭的提示。

图 5-5 草图环检查

> **注意：** 要养成在退出草图状态前检查草图是否封闭的良好习惯。"草图环检查"按钮位于曲线工具栏的最下边，位置较隐蔽。

6. 退出草图状态

当草图编辑完成后，单击"绘制草图"按钮 ，按钮弹起表示退出草图状态。只有退出草图状态后才可以利用该草图生成特征实体。

5.2 特 征 造 型

CAXA 制造工程师 2013 提供了功能强大的、操作方便灵活的多种由草图生成特征实体的方法，分别是：拉伸增料和拉伸除料、旋转增料和旋转除料、放样增料和放样除料、导动增料和导动除料、曲面加厚增料和曲面加厚除料、曲面裁剪。用户可以通过选取特征生成栏和选择"造型"→"特征生成"子菜单命令（如图 5-6 所示），生成各种三维实体。

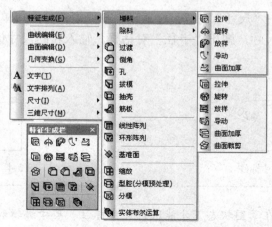

图 5-6 特征生成菜单和特征生成栏

5.2.1 拉伸增料和拉伸除料

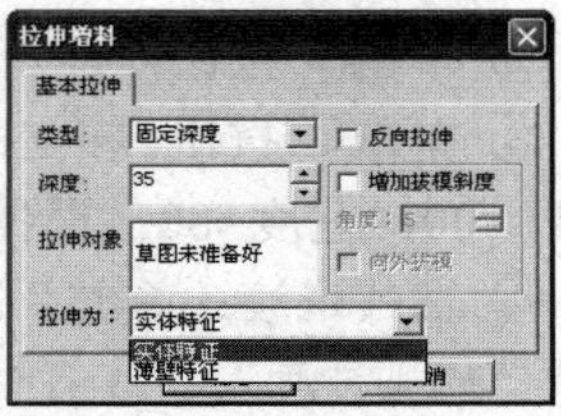

【功能】 将一个轮廓曲线根据指定的距离做拉伸操作，用以生成一个增加或减去材料的特征实体。

【操作】

① 单击 ▣ 或 ▣ 按钮，弹出"拉伸增料"或"拉伸减料"对话框，如图 5-7 所示。

图 5-7 "拉伸增料"对话框

② 选取拉伸类型，输入深度，拾取草图，单击"确定"按钮完成操作。

> 📢 **说明：** ① 拉伸类型包括"固定深度"、"双向拉伸"、"拉伸到面"和"贯穿"。
>
> 固定深度是指按照给定的深度数值进行单向的拉伸；深度是指拉伸的尺寸值，可以直接输入所需数值，也可以单击按钮来调节大小；拉伸对象是指将要拉伸的草图；反向拉伸是指按照与默认方向相反的方向进行拉伸；增加拔模斜度是指使拉伸的实体带有锥度。角度是指拔模时母线与中心线的夹角；向外拔模是指与默认方向相反的方向进行拔模操作；双向拉伸是指以草图为中心，同时向相反的两个方向进行拉伸，深度值以草图为中心平分；贯穿拉伸除料的特定方式，是指草图拉伸后，将实体整个穿透；拉伸到面是指拉伸位置以曲面为结束位置进行拉伸，需要选择要拉伸的草图和要拉伸到的曲面。
>
> ② 薄壁特征生成：
>
> 如果绘制的草图图形是封闭的，系统会弹出默认的"基本拉伸"对话框，也就是将草图拉伸为实体特征。选择"拉伸为"→"薄壁特征"命令，系统会自动弹出"薄壁特征"对话框。
>
> 在"薄壁特征"对话框中，选取相应的薄壁类型以及薄壁厚度，单击"确定"按钮完成。

> 🔔 **注意：** ① 在进行"双面拉伸"时，拔模斜度可用。
>
> ② 在进行"拉伸到面"时，要使草图能够完全投影到这个面上，如果面的范围比草图小，则操作失败。
>
> ③ 在进行"拉伸到面"时，可以给定拔模斜度，但是深度和反向拉伸不可用。
>
> ④ 草图中隐藏的线不能参与特征拉伸。
>
> ⑤ 在生成薄壁特征时，草图图形可以是封闭的也可以是不封闭的，不封闭的草图其草图线段必须是连续的。

例5-2 利用拉伸增料和拉伸除料生成如图5-8所示的支架实体。

操作步骤如下：

（1）作草图

① 单击零件特征树的"平面 XY"，选定该平面为草图基准面。

② 单击 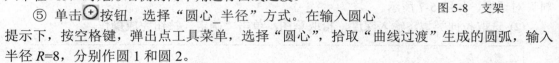 按钮，进入草图状态。

③ 单击 □ 按钮，在立即菜单中选择"中心_长_宽"方式，长度=100，宽度=80；根据提示选取坐标原点为矩形中心。

④ 曲线过渡：单击"曲线过渡"按钮 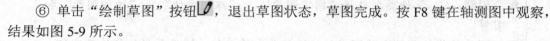，在立即菜单中选择"圆弧过渡"、"裁剪曲线 1"和"裁剪曲线 2"方式，输入半径=15，对矩形右侧的两个角进行曲线过渡。

图 5-8 支架

⑤ 单击 ⊕ 按钮，选择"圆心_半径"方式。在输入圆心提示下，按空格键，弹出点工具菜单，选择"圆心"，拾取"曲线过渡"生成的圆弧，输入半径 *R*=8，分别作圆 1 和圆 2。

⑥ 单击"绘制草图"按钮 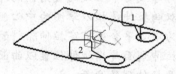，退出草图状态，草图完成。按 F8 键在轴测图中观察，结果如图 5-9 所示。

（2）底板拉伸体生成

单击  按钮，在对话框中选择"固定深度"方式，拉伸对象为"草图 0"，输入深度值 15，单击"确定"按钮。拉伸结果如图 5-10 所示。

图 5-9 绘制底板草图

图 5-10 底板实体

（3）作支撑板拉伸体的草图

① 选取实体的左侧面作为草图基准面，单击鼠标右键弹出菜单，选择"创建草图"，进入草图编辑状态。

② 单击"相关线"按钮 ，选择"实体边界"方式，单击左侧上方边界线。

③ 单击"等距线"按钮 ，在立即菜单中输入距离 70，鼠标拾取刚生成的边界线，选择向上的等距方向，等距线生成。

④ 单击 ╱ 按钮，在立即菜单中选择分别拾取两直线的端点绘制两条竖线。

⑤ 单击 按钮，作圆弧：选择"两点_半径"方式。分别拾取直线的两端点，输入半径 *R*=40，圆弧生成。单击 按钮，删除等距生成的直线。

⑥ 单击"绘制草图"按钮 ，退出草图状态，草图完成，如图 5-11 所示。

（4）支撑板拉伸体生成

单击 按钮，在对话框中选择"固定深度"方式，拉伸对象为"草图 1"，输入深度值 15，单击"确定"按钮。拉伸结果如图 5-12 所示。

图 5-11 支撑板拉伸体的草图

图 5-12 支撑板拉伸体生成

（5）作圆柱体的草图

① 选取支撑板拉伸体右侧面作为草图基准面，单击鼠标右键弹出菜单，选择"创建草图"。

② 单击⊕按钮，选择"圆心_半径"方式。在输入圆心提示下，按空格键，弹出点工具菜单，选择"圆心"，拾取支撑板拉伸体右侧面的圆弧边，输入半径 $R=40$，作圆。

③ 单击"绘制草图"按钮⊿，退出草图状态，草图完成，如图 5-12 所示。

（6）圆柱体生成

单击匾按钮，在对话框中选择"固定深度"方式，拉伸对象为"草图 2"，输入深度值 20，单击"确定"按钮。拉伸结果如图 5-13 所示。

（7）作圆孔的草图

① 选取圆柱的右侧面作为草图基准面，单击鼠标右键弹出菜单，选择"创建草图"，进入草图编辑状态。

② 单击⊕按钮，选择"圆心_半径"方式。在输入圆心提示下，按空格键，弹出点工具菜单，选择"圆心"，拾取圆柱体右侧面的圆柱边，输入半径 $R=20$，作圆。

③ 单击"绘制草图"按钮⊿，退出草图状态，草图完成，如图 5-13 所示。

（8）圆柱孔生成

单击回按钮，在对话框中选择"贯穿"方式，拉伸对象为"草图 3"，单击"确定"按钮。拉伸结果如图 5-14 所示。

图 5-13 圆柱体生成

图 5-14 圆柱孔生成

注意：正确选择实体的表面作为草图基准面，创建草图。

5.2.2 旋转增料和旋转除料

【功能】通过围绕一条空间直线旋转一个或多个封闭轮廓，增加或移出一个特征生成新实体。

【操作】

① 单击🔩和🔩按钮，弹出"旋转"对话框，如图 5-15 所示。

② 选取旋转类型，输入角度，拾取草图和轴线，单击"确定"按钮，完成操作。

说明：旋转类型包括"单向旋转"、"对称旋转"和"双向旋转"。单向旋转是指按照给定的角度数值进行单方向的旋转；角度是指旋转的角度值，可以直接输入所需数值，也可以单击按钮来调节大小；反向旋转是指与默认方向相反的方向进行旋转；拾取是指选取需要旋转的草图和轴线；对称旋转是指以草图为中心，向相反的两个方向旋转，角度值以草图为中心平分；双向旋转是指以草图为起点，向两个方向进行旋转，分别输入角度值。

注意：轴线是空间曲线，需要在非草图状态下绘制。

例5-3 利用旋转增料和旋转除料生成如图5-16所示的小轴实体。

图 5-15 "旋转"对话框

图 5-16 小轴

操作步骤如下：

（1）作小轴的草图

① 单击 ∕ 按钮，选择"水平/铅垂线"、"水平+铅垂"方式。在"输入直线中点"提示下，选取坐标原点，轴线完成。

② 单击零件特征树的"平面XY"，选定该平面为草图基准面。单击 ✐ 按钮，进入草图状态。

③ 单击"曲线投影"按钮 ⚄ ，根据提示拾取轴线。

④ 单击"等距线"按钮 ⊓ ，在立即菜单中输入距离 50，鼠标拾取刚生成的轴线，选择向上的等距方向，等距线生成。同理，绘制多条等距线。

⑤ 曲线裁剪：单击"曲线裁剪"按钮 ✄ ，在立即菜单中选择"快速裁剪"、"正常裁剪"方式，将多余直线裁剪掉。

⑥ 单击"绘制草图"按钮 ✐ ，退出草图状态，草图完成，结果如图 5-17 所示。

（2）轴生成

单击 ✿ 按钮，在对话框中选择单向旋转方式，拾取旋转对象为"草图0"，旋转轴为 X 轴向的直线，单击"确定"按钮。旋转结果如图 5-18 所示。

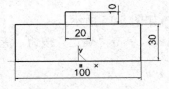

图 5-17 小轴的草图

图 5-18 小轴

（3）作拉伸除料的草图

① 选取轴的右侧端面作为草图基准面，单击鼠标右键弹出菜单，选择"创建草图"，进入草图编辑状态。

② 单击"相关线"按钮 ，选择"实体边界"方式，单击大圆柱边界。

③ 单击"曲线投影"按钮 ，根据提示拾取前后方向的轴线。

④ 单击"等距线"按钮，在立即菜单中输入距离 10，鼠标拾取刚生成的轴线，选择向上的等距方向，等距线生成。

⑤ 单击"曲线裁剪"按钮 ，在立即菜单中选择"快速裁剪"、"正常裁剪"方式，将多余直线和圆弧裁剪掉。

⑥ 单击"绘制草图"按钮 ，退出草图状态，草图完成。结果如图 5-18 所示。

（4）拉伸除料生成

单击 按钮，在对话框中选择"固定深度"方式，深度为 50，拉伸对象为"草图 1"，单击"确定"按钮。拉伸结果如图 5-19 所示。

（5）球坑的草图

① 单击零件特征树的"平面 XZ"，选定该平面为草图基准面。单击 按钮，进入草图状态。

② 单击"相关线"按钮 ，选择"实体边界"方式，拾取圆柱与平面相交的棱线，得到一直线。

③ 单击"等距线"按钮 ，在立即菜单中输入距离 5，鼠标拾取刚生成的直线，选择向上的等距方向，生成等距线。

④ 单击 按钮，选择"圆心_半径"方式。在输入圆心提示下，按空格键，弹出点工具菜单，选择"中点"，拾取刚生成的等距线，输入半径 $R=8$，作圆。

⑤ 曲线裁剪：单击"曲线裁剪"按钮 ，在立即菜单中选择"快速裁剪"、"正常裁剪"方式，将多余直线和圆弧裁剪掉。

⑥ 曲线删除：单击"曲线删除"按钮 ，将多余直线和圆弧删除。

⑦ 单击"绘制草图"按钮 ，退出草图状态，草图完成。

⑧ 绘制旋转轴线，如图 5-20 所示。

图 5-19　轴上平面

图 5-20　球坑的草图及旋转轴线

（6）球坑生成

单击 按钮，在对话框中选择"单向旋转"方式，拾取旋转对象为"草图 2"、旋转轴为刚绘制的轴线，如图 5-20 所示，单击"确定"按钮。旋转结果如图 5-16 所示。

5.2.3　放样增料和放样除料

【功能】根据多个截面线轮廓生成或移出一个实体。截面线应为草图轮廓。

图 5-21　"放样"对话框

【操作】

① 单击 和 按钮，弹出 "放样" 对话框，如图 5-21 所示。

② 选取轮廓线，单击 "确定" 按钮完成操作。

说明：轮廓是指需要放样的草图；上和下是指调节拾取草图的顺序。

注意：① 轮廓按照操作中的拾取顺序排列。

② 拾取轮廓时，要注意状态栏指示，拾取不同的边，不同的位置，会产生不同的结果。

例5-4　完成如图5-22所示实体的放样造型。

操作步骤如下：

（1）作放样增料的草图

① 单击特征管理树的 "平面 XY"，选定该平面为草图基准面。单击 按钮，进入草图状态。

② 单击 按钮，在立即菜单中选择 "中心_长_宽" 方式，长度=50，宽度=50；根据提示选取坐标原点为矩形中心。

③ 单击 "绘制草图" 按钮 ，退出草图状态，完成草图 0。

④ 单击 按钮，出现 "构造基准面" 对话框，选取 "等距平面确定基准平面"。先单击 "构造条件" 中的 "拾取平面"，然后再选取特征管理树中的 XY 平面。这时，构造条件中显示 "平面准备好"。同时，在绘图区，显示红色的虚线框代表 XY 平面，另一颜色线框则表示将要构造的基准平面。在 "距离" 中输入 50。单击 "确定" 按钮完成。

⑤ 单击特征管理树的 "平面 1"，选定该平面为草图基准面。单击 按钮，进入草图状态。

⑥ 单击 按钮，选择 "圆心_半径" 方式。在输入圆心提示下，拾取 "原点"，输入半径 $R=25$，作圆。结果如图 5-23 所示。

⑦ 单击 按钮，在立即菜单中选择 "移动"，输入 "旋转角度" 为 45。按状态栏提示选择 "原点" 为旋转中心，按状态栏提示拾取圆。结果如图 5-24 所示。

⑧ 单击 按钮，在立即菜单中选择 "批量点" 和 "等分点"，输入段数为 4。按状态栏提示拾取圆。

⑨ 单击 按钮，按状态栏提示，依次拾取圆，用 4 个等分点将圆分为 4 段。

⑩ 单击 "绘制草图" 按钮 ，退出草图状态，完成草图 1。按 F8 键在轴测图中观察，

结果如图 5-25 所示。

图 5-22　放样造型　　图 5-23　截面草图　　图 5-24　圆旋转 45°　　图 5-25　圆等分后草图

> 🔔 **注意:** 要将圆等分为 4 段圆弧,并与正方形的 4 条线段的位置对应。⑦中因为圆作为曲线,系统默认其端点在 X 轴正向,旋转的目的是将圆等分的 4 段圆弧与正方形的 4 条线段的位置相对应。

（2）放样增料生成

单击 按钮,在对话框中选择"上"或"下",拾取放样对象为"草图 0"和"草图 1",如图 5-26 所示,单击"确定"按钮。放样结果如图 5-27 所示。

（3）作放样除料的草图

① 选取实体的底面作为草图基准面,单击右键弹出菜单,选择"创建草图",进入草图编辑状态。

② 单击 按钮,在立即菜单中选择"中心_长_宽"方式,长度=30,宽度=30;根据提示点取坐标原点为矩形中心。

③ 单击"绘制草图"按钮 ,退出草图状态,完成草图 2。

④ 选取实体的顶面作为草图基准面,单击鼠标右键弹出立即菜单,选择"创建草图",进入草图编辑状态。

⑤ 单击 按钮,在立即菜单中选择"中心_长_宽"方式,长度=20,宽度=20;根据提示选取坐标原点为矩形中心。

⑥ 单击"绘制草图"按钮 ,退出草图状态,完成草图 3。结果如图 5-28 所示。

（4）放样除料生成

单击 按钮,在对话框中选择"上"或"下",拾取放样对象为"草图 2"和"草图 3",如图 5-29 所示,单击"确定"按钮。放样结果如图 5-22 所示。

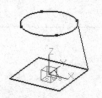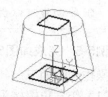

图 5-26　拾取草图 0、1　　图 5-27　放样增料　　图 5-28　截面草图　　图 5-29　放样除料

5.2.4　导动增料和导动除料

【功能】将某一截面曲线或轮廓线沿着另外一条轨迹线运动生成或移出一个特征实体。截面线应为封闭的草图轮廓,截面线的运动形成了导动实体。

【操作】

① 单击  和 按钮，系统会弹出相应的"导动"对话框，如图 5-30 所示。

② 按照对话框中的提示先"拾取轨迹线"，右击结束拾取，再用鼠标左键选取导动线的起始线段，根据状态栏提示"确定链搜索方向"，单击鼠标左键确认拾取完成。

图 5-30 "导动"对话框

③ 选取截面相应的草图，在"选项控制"中选择适当的导动方式。

④ 单击"确定"按钮完成导动实体造型。

说明：轮廓截面线是指需要导动的草图，截面线应为封闭的草图轮廓；轨迹线是指草图导动所沿的路径。

选型控制中包括"平行导动"和"固接导动"两种方式。

平行导动是指截面线沿导动线趋势始终平行它自身地移动而生成的特征实体，如图 5-31 所示；固接导动是指在导动过程中，截面线和导动线保持固接关系，即让截面线平面与导动线切矢方向保持相对角度不变，而且截面线在自身相对坐标架中的位置关系保持不变，截面线沿导动线变化的趋势导动生成特征实体，如图 5-32 所示；导动反向是指与默认方向相反的方向进行导动。

图 5-31 平行导动

图 5-32 固接导动

注意：① 导动方向和导动线链搜索方向选择要正确。

② 导动的起始点必须在截面草图平面上。

③ 导动线可以由多段曲线组成，但是曲线间必须是光滑过渡。

例5-5 完成如图5-33所示的六角螺栓的实体造型。

操作步骤如下：

（1）作六角螺栓头部的拉伸增料

① 单击特征管理树的"平面 XY"，选定该平面为草图基准面。单击 按钮，进入草图状态。

② 单击 按钮，在立即菜单中选择"中心_外切"方式；根据提示拾取坐标原点为正六边形中心，输入"边中点"为（15，0，0）。

③ 单击"绘制草图"按钮 ，退出草图状态，完成草图 0。

④ 单击 按钮，在对话框中输入深度值 12.5，拔模角度 0，单击"确定"按钮。结果如图 5-34 所示。

（2）拉伸增料生成螺栓圆柱杆

① 单击螺栓头部拉伸体的上表面和 按钮。在草图 1 上作圆，选择"圆心_半径"，圆心为基本拉伸体上表面的中心，半径为 10。

② 单击 按钮，退出草图状态，如图 5-35 所示。

③ 单击 按钮，在对话框中输入深度值 70，拔模角度值 0，单击"确定"按钮。结果如图 5-36 所示。

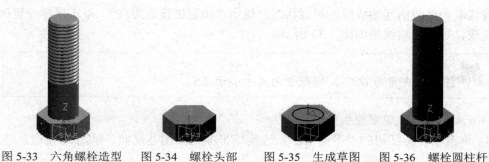

图 5-33 六角螺栓造型   图 5-34 螺栓头部   图 5-35 生成草图   图 5-36 螺栓圆柱杆

（3）生成导动除料的导动线——螺纹

① 单击 $f(x)$ 按钮，弹出"公式曲线"对话框，如图 5-37 所示。输入公式：$X(t)=8.647*\cos(t)$；$Y(t)=8.647*\sin(t)$；$Z(t)=2.5*t/6.28$（螺距=2.5），角度方式为弧度，参数的起始值为 0，终止值为 119.32，精度控制为 0.001，按"确定"按钮，退出对话框。曲线的起点为（0，0，37.5），结果如图 5-38 所示。

② 按 F9 键，将"平面 XZ"设为当前绘图平面，按 F7 键，显示"平面 XZ"。取零件特征树"平面 XZ"，单击鼠标右键弹出菜单，选择"创建草图"，进入草图编辑状态。

③ 单击曲线生成工具栏上的"直线"按钮 ，在立即菜单中选择"水平/铅垂线"、"水平+铅垂"、长度值为 10，拾取螺旋线下端点为直线的中点。

④ 单击曲线生成工具栏上的"直线"按钮 ，在立即菜单中选择"角度线"、"X 轴夹角"、角度值为"-60"，系统提示拾取第一点，然后用鼠标左键拾取"水平+铅垂线"的交点，长度任意，单击鼠标左键确认得到直线。同理绘制角度值为"60"的直线，起点为"水平+铅垂线"的交点。

图 5-37 "公式曲线"对话框

图 5-38 螺旋线

⑤ 单击曲线生成工具栏上的"直线"按钮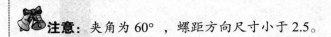，在立即菜单中选择"两点线"、"正交"、"点方式"，靠近轮廓线绘制一条垂直线，如图 5-39 所示。

⑥ 单击线面编辑工具栏中的"曲线裁剪"按钮，在立即菜单中选择"快速裁剪"、"正常裁剪"方式，裁剪掉多余的线段。

⑦ 单击"绘制草图"按钮，退出草图状态，完成草图 3。结果如图 5-40 所示。

⑧ 单击"导动除料"按钮，系统会弹出相应的"导动"对话框。按照对话框中的提示先拾取草图，再选择"固接导动"方式，最后"拾取轨迹线"，右击结束拾取，再用鼠标左键选取导动线的起始线段，根据状态栏提示"确定链搜索方向"，单击鼠标左键确认，拾取完成。导动除料结果如图 5-33 所示。

> **注意**：夹角为 60°，螺距方向尺寸小于 2.5。

（4）旋转除料生成螺栓头部倒角

① 单击零件特征树的"平面 XZ"，选定该平面为草图基准面。单击按钮，进入草图状态。

② 单击曲线生成工具栏上的"直线"按钮，在立即菜单中选择"角度线"方式，在其立即菜单中选择"X 轴夹角"，角度值为 30，系统提示拾取第一点，然后用鼠标左键拾取交点，长度任意，单击鼠标左键确认得到直线。绘制任意的直线，将草图封闭。

③ 单击"绘制草图"按钮，退出草图状态，草图完成。

④ 单击按钮，在对话框中选择单向旋转方式，拾取旋转对象为"草图 2"，旋转轴为与 Z 轴重合的直线，单击"确定"按钮。旋转除料结果如图 5-41 所示。

图 5-39　绘制截面线草图

图 5-40　导动除料

图 5-41　旋转除料结果

5.2.5　曲面加厚增料和曲面加厚除料

【功能】对指定的曲面按照给定的厚度和方向进行生成实体或移出的特征修改。

【操作】

① 输入命令，弹出"曲面加厚"对话框，如图 5-42 所示。

② 输入厚度，确定加厚方向，拾取曲面，单击"确定"按钮完成操作。

图 5-42　"曲面加厚"对话框

说明：厚度是指对曲面加厚的尺寸，可以直接输入所需数值，也可以单击按钮来调节；加厚方向 1 是指曲面的法线方向，生成实体，如图 5-43 所示；加厚方向 2 是指与曲面法线相反的方向，生成实体；双向加厚是指从两个方向对曲面进行加厚，生成实体，如图 5-44 所示；加厚曲面是指需要加厚的曲面；闭合曲面填充将封闭的曲面生成实体。

"闭合曲面填充"能实现以下几种功能：闭合曲面填充、闭合曲面填充增料、曲面融合、闭合曲面填充减料。

图 5-43　曲面加厚增料　　　　　　图 5-44　曲面加厚增料双向加厚

1. 闭合曲面填充

① 绘制完封闭的曲面后，选择"造型"→"特征生成"→"增料"→"曲面加厚"命令，或者直接单击"曲面加厚增料"按钮 。系统弹出"曲面加厚"对话框，选中"闭合曲面填充"复选框。

② 在对话框中选择适当的精度，按照系统提示，拾取所有曲面，单击"确定"按钮完成。

2. 闭合曲面填充增料

"闭合曲面填充增料"就是在原来实体零件的基础上，根据闭合曲面，增加一个实体，和原来的实体构成一个新的实体零件。闭合曲面区域和原实体必须有相接触的部分，此外该曲面也必须是闭合的。方法和命令路径与闭合曲面填充的方法一致，如图 5-45 所示。

 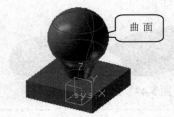 

图 5-45　曲面加厚增料和闭合曲面填充增料

3. 曲面融合

曲面融合就是在实体上用曲面与当前实体围成一个区域，把该区域填充成实体。方法和命令路径与闭合曲面填充的方法一致。

4. 闭合曲面填充减料

① 闭合曲面填充减料就是用闭合曲面围成的区域裁剪当前实体（布尔减运算）。

② 绘制完封闭的曲面和实体后，选择"造型"→"特征生成"→"除料"→"曲面加

厚"命令，或者直接单击"曲面加厚除料"按钮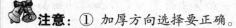。系统弹出"曲面加厚"对话框，选中"闭合曲面填充"复选框。

③ 在对话框中选择适当的精度，按照系统提示，拾取所有曲面，单击"确定"按钮完成。

> **注意：** ① 加厚方向选择要正确。
> ② 应用曲面加厚除料时，实体应至少有一部分大于曲面。若曲面完全大于实体，系统会提示特征操作失败。
> ③ 曲面填充减料中曲面必须使用封闭的曲面。

5.2.6 曲面裁剪除料

【功能】用生成的曲面对实体进行修剪，去掉不需要的部分。

【操作】

① 单击按钮，弹出"曲面裁剪除料"对话框，如图 5-46 所示。

② 拾取曲面，确定是否进行除料方向选择，单击"确定"按钮完成操作。

图 5-46 "曲面裁剪除料"对话框

> **说明：** "曲面裁剪除料"对话框各参数如下。
> ① 裁剪曲面：是指用来对实体进行裁剪的曲面，参与裁剪的曲面可以是多张边界相连的曲面。
> ② 除料方向选择：是指除去哪一部分实体的选择，分别按照不同方向生成实体（如图 5-47 所示）。
> ③ 重新拾取曲面：可以以此来重新选择裁剪所用的曲面。

图 5-47 曲面裁剪过程

> **注意：** 曲面裁剪是一种最常用的获得实体上曲面的方法。

5.3 处 理 特 征

CAXA 制造工程师 2013 提供了功能强大的、操作方便灵活的多种编辑修改特征实体和生成筋板、孔等结构的方法，分别是：过渡、倒角、孔、拔模、抽壳、筋板、线性阵列和环形阵列。用户可以通过选取特征工具栏和选择"造型"→"特征生成"子菜单命令（如

图 5-48 所示），生成各种特征三维实体。

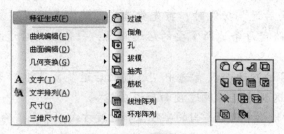

图 5-48 处理特征菜单和工具栏

5.3.1 过渡

【功能】以给定半径或半径规律在实体间作光滑（曲面）过渡。

【操作】

① 单击按钮，弹出"过渡"对话框，如图 5-49 所示。

② 输入半径，确定过渡方式和结束方式，选择变化方式，拾取需要过渡的元素，单击"确定"按钮完成操作。

图 5-49 "过渡"对话框

说明：半径是指过渡圆角的尺寸值，可以直接输入所需数值，也可以单击按钮来调节。

结束方式有 3 种：缺省方式、保边方式和保面方式。缺省方式是指以系统默认的保边或保面方式进行过渡；保边方式是指线面过渡，如图 5-50 所示；保面方式是指面面过渡，如图 5-51 所示；线性变化是指在变半径过渡时，过渡边界为直线。

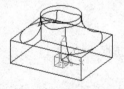
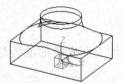

图 5-50 保边方式　　　　图 5-51 保面方式

过渡方式有两种：等半径和变半径。等半径是指整条边或面以固定的尺寸值进行过渡，如图 5-52 所示；变半径是指在边或面以渐变的尺寸值进行过渡，需要分别指定各点的半径，如图 5-53 所示。

光滑变化是指在变半径过渡时，过渡边界为光滑的曲线；需要过渡的元素是指对需要过渡的实体上的边或者面的选取；顶点是指在边半径过渡时，所拾取的边上的顶点。

沿切面顺延是指在相切的几个表面的边界上，拾取一条边时，可以将边界全部过渡，先将竖的边过渡后，再用此功能选取一条横边，结果如图 5-54 所示。

过渡面后退，零件在使用过渡特征时，可以使用"过渡面后退"使过渡变缓慢光滑，如图 5-55 所示。

① 使用"过渡面后退"功能时，首先要选中"过渡面后退"复选框，然后再拾取过渡边，并给定每条边所需要的后退距离，每条边的后退距离可以相等，也可以不相等。

② 如果先拾取了过渡边而没有选中"过渡面后退"复选框，那么必须重新拾取所有过渡边，这样才能实现过渡面后退功能。

③ 在"过渡"对话框中选择适当的半径值和过渡方式，单击"确定"按钮完成。

图 5-52　等半径过渡　　　　图 5-53　变半径过渡　　　　图 5-54　沿切面顺延过渡

（a）没有后退的情况　　　　　　　　（b）有后退的情况

图 5-55　过渡面后退

注意： ① 在进行变半径过渡时，只能拾取边，不能拾取面。

② 变半径过渡时，注意控制点的顺序。

③ 在使用过渡面后退功能时，过渡边不能少于 3 条且有公共点。

5.3.2　倒角

【功能】对实体上两个平面的棱边进行光滑平面过渡。

【操作】

① 单击 按钮，弹出"倒角"对话框，如图 5-56 所示。

② 输入距离和角度，拾取需要倒角的元素，单击"确定"按钮完成操作。

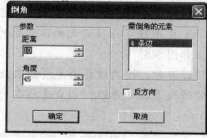

图 5-56　"倒角"对话框

说明： 距离是指倒角边的尺寸值，可以直接输入所需数值，也可以单击按钮来调节；角度是指所要倒角的角度的尺寸值，可以直接输入所需数值，也可以单击按钮来调节；需倒角的元素是指对需要过渡的实体上的边的选取；反方向是指与默认方向相反的方向进行操作，分别按照两个方向生成实体，如图 5-57 所示。

图 5-57　正、反方向倒角生成（角度 20°）

注意： 只有两个平面的棱边才可以倒角。

5.3.3　打孔

【功能】在实体的表面（平面）上直接去除材料生成各种类型的孔。

【操作】

① 单击 ![按钮] 按钮，弹出"孔的类型"对话框，如图 5-58 所示。

② 拾取打孔平面，选择孔的类型，指定孔的定位点，单击"下一步"按钮。

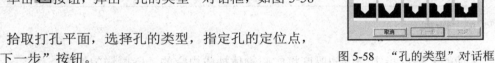

图 5-58　"孔的类型"对话框

③ 输入孔的参数，单击"确定"按钮完成操作。

说明： 孔的参数主要是指不同类型的孔的直径、深度、沉孔和锥角等参数的尺寸值。通孔是指将整个实体贯穿。

注意： ① 通孔时，深度不可用。
② 指定孔的定位点时，单击平面后按回车键，可以输入打孔位置的坐标值或拾取已存在的特殊点。

5.3.4　拔模

【功能】拔模是指保持中性面与拔模面的交轴不变（即以此交轴为旋转轴），对拔模面进行相应拔模角度的旋转操作。

此功能用来对几何面的倾斜角进行修改。对于直孔，可通过拔模操作，把其修改成带一定拔模角度的斜孔，如图 5-59 所示。

【操作】

① 单击按钮，弹出"拔模"对话框，如图 5-60 所示。

② 输入拔模角度，选取中立面和拔模面，单击"确定"按钮完成操作。

图 5-59　通过拔模将直孔修改成斜孔

图 5-60　"拔模"对话框

📢 **说明**：拔模角度是指拔模面法线与中立面所夹的锐角；中立面是指拔模起始的位置；拔模面是需要进行拔模的实体表面；向里是指与默认方向相反。

🔔 **注意**：拔模角度不要超过合理值（制造工艺的合理性）。

5.3.5　抽壳

【功能】根据指定壳体的厚度将实心物体抽成内空的、壁厚均匀的薄壳体。

【操作】

① 单击按钮，弹出"抽壳"对话框，如图 5-61 所示。

② 输入抽壳厚度，选取需抽去的面，单击"确定"按钮完成操作。结果如图 5-61 所示。

图 5-61　"抽壳"对话框及同一个实体向里、向外抽壳结果

📢 **说明**：厚度是指抽壳后实体的壁厚；需抽去的面是指要拾取的去除材料的实体表面；向外抽壳是指与默认抽壳方向相反，在同一个实体上分别按照两个方向抽壳，生成的实体的尺寸是不同的，如图 5-61 所示。

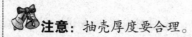

注意：抽壳厚度要合理。

5.3.6　筋板

【功能】在指定位置增加加强筋。

【操作】

① 单击 ![按钮] 按钮，弹出"筋板特征"对话框，如图 5-62 所示。

② 选取筋板加厚方式，输入厚度，拾取草图，单击"确定"按钮完成操作，结果如图 5-62 所示。

图 5-62　"筋板特征"对话框与反向、单向加厚及双向加厚

说明：单向加厚是指按照固定的方向和厚度生成实体；反向是指与默认给定的单项加厚方向相反（如图 5-62 所示）；双向加厚是指按照相反的方向生成给定厚度的实体，厚度以草图平分；加固方向反向是指与默认方向相反。

注意：① 加固方向应指向实体，否则操作失败。

② 草图形状可以不封闭。

5.3.7　线性阵列

【功能】通过线性阵列可以沿一个方向或多个方向快速复制特征。

【操作】

① 单击 按钮，弹出"线性阵列"对话框，如图 5-63 所示。

② 分别在第一和第二阵列方向拾取阵列对象和边/基准轴，输入距离和数目，单击"确定"按钮完成操作。

 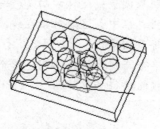

图 5-63　"线性阵列"对话框及阵列结果

说明：方向是指阵列的第一方向和第二方向；阵列对象是指要进行阵列的特征；边/基准轴是指阵列所沿的指示方向的边或者基准轴；距离是指阵列对象相距的尺寸值，可以直接输入所需数值，也可以单击按钮来调节；数目是指阵列对象的个数，可以直接输入所需数值，也可以单击按钮来调节；反转方向是指与默认方向相反的方向进行阵列；阵列模式是指单个阵列和组合阵列，单个阵列是将单一特征进行阵列，组合阵列是将几个互相依赖的特征一起阵列。

注意：① 如果特征 A 附着依赖于特征 B，当阵列特征 B 时，特征 A 不会被阵列。
② 两个阵列方向都要选取，并且两个方向的个数可以不同。

5.3.8　环形阵列

【功能】绕某基准轴旋转将特征阵列为多个特征，构成环形阵列。基准轴应为空间直线。

【操作】

① 单击 ▦ 按钮，弹出"环形阵列"对话框。

② 拾取阵列对象和边及基准轴，输入角度和数目，单击"确定"按钮完成操作，结果如图 5-64 所示。

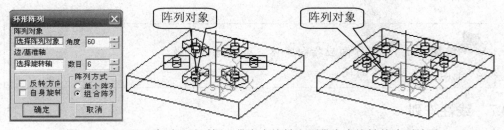

图 5-64　"环形阵列"对话框及带自身旋转和不带自身旋转的阵列结果

说明：阵列对象是指要进行阵列的特征；边/基准轴指阵列所沿的指示方向的边或者基准轴；角度是指阵列对象所夹的角度值，可以直接输入所需数值，也可以单击按钮来调节；数目是阵列对象的个数，可以直接输入所需数值，也可以单击按钮来调节；反转方向是指与默认方向相反的方向进行阵列；自身旋转是指在阵列过程中，这列对象在绕阵列中心旋转的过程中，绕自身的中心旋转，否则，将互相平行。

阵列方式：单个阵列和组合阵列。单个阵列将单一特征进行阵列；组合阵列将几个互相依赖的特征一起阵列。

例5-6　生成如图5-65所示轮架实体。

操作步骤如下：

（1）轮架底盘草图

① 单击零件特征树的"平面 XY"，选定该平面为草图基准面。

② 单击⊿按钮，进入草图状态。

③ 单击⊕按钮，选择"圆心_半径"方式。在输入圆心提示下，拾取"原点"，分别输入半径 $R=80$、$R=60$、$R=47.5$、$R=35$ 作圆。

④ 单击⁄按钮，在立即菜单中选择"角度线"方式，输入角度值 60，拾取原点和任意点绘制斜线。在立即菜单中选择"两点线"、"正交"，拾取原点和任意点绘制水平线。

⑤ 单击⊕按钮，选择"圆心_半径"方式。在输入圆心提示下，分别拾取"60 斜线"和水平线与 R 为 47.5 圆的交点，输入半径 R 为 12.5，作圆。

⑥ 单击"曲线裁剪"按钮❄，在立即菜单中选择"快速裁剪"、"正常裁剪"方式，将多余直线和圆弧裁剪掉。完成槽 1 草图，如图 5-66 所示。

⑦ 单击"阵列"按钮❖，在立即菜单中选择"圆形，均布，份数=3"，拾取槽 1 草图，输入中心点为"原点"，完成阵列。

⑧ 单击"绘制草图"按钮⊿，退出草图状态，草图完成，结果如图 5-66 所示。

图 5-65　轮架

图 5-66　绘制底板草图

（2）底盘拉伸体生成

单击▣按钮，在对话框中选择"固定深度"方式，拉伸对象为"草图 0"，输入深度值 10，单击"确定"按钮。拉伸结果如图 5-67 所示。

（3）作中心圆柱的草图

① 选取实体的上表面作为草图基准面，单击鼠标右键弹出菜单，选择"创建草图"，进入草图编辑状态。

② 单击"相关线"按钮⤵，选择"实体边界"方式，单击外边界线。

③ 单击⊕按钮，选择"圆心_半径"方式。在输入圆心提示下，按空格键，弹出点工具菜单，选择"圆心"，拾取圆，输入半径 $R=20$，作圆。

④ 单击⬭按钮，删除大圆。

⑤ 单击"绘制草图"按钮⊿，退出草图状态，草图完成，如图 5-67 所示。

（4）中心圆柱拉伸体生成

单击▣按钮，在对话框中选择"固定深度"方式，拉伸对象为"草图 1"，输入深度值 60，单击"确定"按钮。拉伸结果如图 5-68 所示。

图 5-67　底板拉伸体

图 5-68　中心圆柱拉伸体生成

（5）作 3 个小圆柱体的草图

① 选取实体的上表面作为草图基准面，单击鼠标右键弹出菜单，选择"创建草图"，进入草图编辑状态。

② 单击"相关线"按钮，选择"实体边界"方式，单击外边界线。

③ 单击⊕按钮，选择"圆心_半径"方式。在输入圆心提示下，按空格键，弹出点工具菜单，选择"圆心"，拾取大圆，输入半径 $R=70$，作圆。

④ 单击 按钮，在立即菜单中选择"两点线"、"正交"，拾取 $R=70$ 圆心和任意点绘制正交线。

⑤ 单击⊕按钮，选择"圆心_半径"方式。在输入圆心提示下，拾取 $R=70$ 圆和正交线的交点，输入半径 $R=10$，作圆。

⑥ 单击 按钮，在立即菜单中选择"圆形，均布，份数=3"，拾取 $R=10$ 的圆草图输入中心点为" $R=70$ 圆心"，完成阵列。

⑦ 单击 按钮，删除大圆和直线。

⑧ 单击"绘制草图"按钮 ，退出草图状态，草图完成，如图 5-68 所示。

（6）3 个小圆柱体生成

单击 按钮，在对话框中选择"固定深度"方式，拉伸对象为"草图 2"，输入深度值15，单击"确定"按钮。拉伸结果如图 5-69 所示。

（7）作中心圆柱上圆孔的草图

① 选取圆柱的上表面作为草图基准面，单击鼠标右键弹出菜单，选择"创建草图"，进入草图编辑状态。

② 单击"相关线"按钮，选择"实体边界"方式，单击中心圆柱的外边界线。

③ 单击⊕按钮，选择"圆心_半径"方式。在输入圆心提示下，按空格键，弹出点工具菜单，选择"圆心"，拾取圆，输入半径 $R=10$，作圆。

④ 单击 按钮，删除大圆。

⑤ 单击"绘制草图"按钮 ，退出草图状态，草图完成，如图 5-69 所示。

（8）圆孔生成

单击 按钮，在对话框中选择"贯穿"方式，拉伸对象为"草图 3"，单击"确定"按钮。拉伸结果如图 5-70 所示。

图 5-69　3 个小圆柱体生成

图 5-70　中心圆孔生成

（9）打阶梯孔并阵列

① 单击"打孔"按钮 ，弹出"孔"对话框，拾取小圆柱的上表面作为打孔平面，选择孔的类型为阶梯孔，指定圆心为孔的定位点，单击"下一步"按钮。输入孔的参数，"直径"为 10，选择"通孔"，"沉孔大径"为 15，"沉孔深度"为 5；单击"完成"按钮结束操作。结果如图 5-70 所示。

② 单击 按钮，弹出"环形阵列"对话框，拾取打孔特征为"阵列对象"，与 Z 轴重合的直线为"基准轴"，设置"角度"为 120，"数目"为 3，选择"单个阵列"，单击"确定"按钮完成操作。结果如图 5-71 所示。

图 5-71　阶梯孔阵列

（10）绘制筋板草图

① 单击零件特征树的"平面 YZ"，选定该平面为草图基准面。

② 单击 按钮，进入草图状态。

③ 单击 按钮，选择"水平/铅垂线"、"水平+铅垂"方式，长度 150。在"输入直线中点"提示下，选取坐标原点，绘制水平和铅垂线。

④ 单击"等距线"按钮 ，在立即菜单中分别输入距离 20 和 60，鼠标拾取刚生成的垂线，选择向外的等距方向，两条等距线生成。再分别输入距离 22 和 60，鼠标拾取刚生成的水平线，选择向上的等距方向，两条等距线生成。

⑤ 单击 按钮，在立即菜单中选择"两点线"、"非正交"，拾取等距线的两个交点绘制斜线。

⑥ 单击 按钮，删除其他废线。

⑦ 单击"绘制草图"按钮 ，退出草图状态，草图完成，如图 5-71 所示。

（11）筋板生成并阵列

① 单击 按钮，弹出"筋板特征"对话框，选中"双向加厚"单选按钮，输入厚度 6，拾取草图 5，正确选择加固方向，单击"确定"按钮完成操作，如图 5-72 所示。

② 单击 按钮，弹出"环形阵列"对话框，拾取筋板特征为"阵列对象"，与 Z 轴重合的直线为"基准轴"，输入角度 120、数目 3，选中"单个阵列"单选按钮，单击"确定"按钮完成操作。结果如图 5-73 所示。

图 5-72　筋板生成

图 5-73　筋板阵列

（12）倒角和过渡生成

① 单击 按钮，弹出"倒角"对话框，输入距离 2、角度 45，拾取需要倒角的圆孔边，单击"确定"按钮完成操作。

② 单击 按钮，在"过渡"对话框中输入半径值 2，选择缺省方式，选取所有过渡棱

边，单击"确定"按钮，结果如图 5-65 所示。

5.4 模具生成和实体布尔运算

CAXA 制造工程师 2013 提供了操作方便灵活的多种由特征实体生成模具的方法，分别是缩放、型腔和分模。其还提供了实体布尔运算的功能，将存储为*.x-t 文件的特征实体通过交、并、差运算，与当前绘制的特征实体形成更复杂的新实体。用户可以通过选取特征生成栏和选择"造型"→"特征生成"子菜单命令（如图 5-74 所示），生成各种新的三维实体。

图 5-74　工具条和菜单

5.4.1 缩放

【功能】给定基准点对零件进行放大或缩小。

【操作】

① 单击按钮，弹出"缩放"对话框，如图 5-75 所示。

② 选择基点，输入收缩率，需要时输入数据点，单击"确定"按钮完成操作。

> 说明：基点包括 3 种：零件质心、拾取基准点和给定数据点。
> 零件质心是指以零件的质心为基点进行缩放；拾取基准点是指根据拾取的工具点为基点进行缩放；给定数据点是指以输入的具体坐标数值为基点进行缩放。
> 收缩率是指放大或缩小的比率。此时零件的缩放基点为零件模型的质心。

例5-7　如图5-76所示机头热锻件，以原点为基准点、按收缩率为−20%和20%进行缩放。结果如图5-77和图5-78所示。

图 5-75　"缩放"对话框

图 5-76　缩放前的图

图 5-77　收缩率为−20%

图 5-78　收缩率为 20%

5.4.2 型腔

【功能】以零件为型腔生成包围此零件的模具。

【操作】

单击 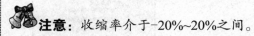 按钮，弹出"型腔"对话框，分别输入收缩率和毛坯放大尺寸，单击"确定"按钮完成操作，如图 5-79 所示。

> 📢 **说明**：收缩率是指放大或缩小的比率；毛坯放大尺寸是指放大或缩小的尺寸，可以直接输入所需数值，也可以单击按钮来调节。

> 🔔 **注意**：收缩率介于-20%~20%之间。

5.4.3 分模

【功能】型腔生成后，通过分模，使模具按照给定的方式分成几个部分。

【操作】

单击 按钮，弹出"分模"对话框，选择分模形式（草图分模或曲面分模）和除料方向，拾取草图或曲面，单击"确定"按钮完成操作，如图 5-80 所示。

图 5-79　型腔　　　　　　　　　　图 5-80　分模

> 📢 **说明**：分模形式包括两种：草图分模和曲面分模。
> 草图分模是指通过所绘制的草图进行分模；曲面分模是指通过曲面进行分模，参与分模的曲面可以是多张边界相连的曲面；除料方向选择是指除去哪一部分实体的选择，分别按照不同方向生成实体。

> 🔔 **注意**：① 模具必须位于草图的基准面的一侧，而且草图的起始位置必须位于模具投影到草图基准面的投影视图的外部。
> ② 草图分模的草图线两两相交之处，在输出视图时会出现一直线，便于确定分模的位置。

5.4.4 实体布尔运算

【功能】将另一个实体与当前实体通过交、并、差的运算，生成新实体。

【操作】

① 单击  按钮，弹出"打开"对话框，如图 5-81 所示。

② 选取文件，单击"打开"按钮，弹出"输入特征"对话框，如图 5-82 所示。

图 5-81 "打开"对话框

图 5-82 "输入特征"对话框

③ 选择布尔运算方式，给出定位点。

④ 选取定位方式。若为拾取定位的 X 轴，则选择轴线，输入旋转角度，单击"确定"按钮完成操作；若为给定旋转角度，则输入角度一和角度二，单击"确定"按钮完成操作。

说明： 文件类型是指输入的文件种类，如图 5-83 所示；布尔运算方式是指当前零件与输入零件的交、并、差，包括如下 3 种："当前零件∩输入零件"是指当前零件与输入零件的交集；"当前零件∪输入零件"是指当前零件与输入零件的并集；"当前零件－输入零件"是指当前零件与输入零件的差。

定位方式是指用来确定输入零件的具体位置，包括以下两种方式：拾取定位的 x 轴是指以空间直线作为输入零件自身坐标架的 X 轴（坐标原点为拾取的定位点），旋转角度是用来对 X 轴进行旋转以确定 X 轴的具体位置；给定旋转角度是指以拾取的定位点为坐标原点，用给定的两角度来确定输入零件的自身坐标架的 X 轴，包括角度一和角度二：角度一的值为 X 轴与当前世界坐标系的 X 轴的夹角；角度二的值为 X 轴与当前世界坐标系的 Z 轴的夹角。反向是指将输入零件自身坐标架的 X 轴方向的反向，然后重新构造坐标架，进行布尔运算。

图 5-83 文件类型

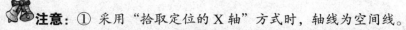

注意: ① 采用"拾取定位的 X 轴"方式时，轴线为空间线。

② 选择文件时，注意文件的类型，不能直接输入*.epb 文件，先将零件存成*.x-t 文件，然后进行布尔运算。

③ 进行布尔运算时，基体尺寸应比输入的零件稍大。

布尔运算实例见第 8 章机头热锻件的 3D 设计部分。

5.5　特征造型综合实例

5.5.1　连杆的特征造型

本小节介绍用特征生成连杆的全过程。连杆零件图如图 5-84 所示。

1. 作基本拉伸体的草图

① 单击零件特征树的"平面 XY"，选定该平面为草图基准面。

② 单击 按钮，进入草图状态。

③ 单击 按钮，选择"圆心_半径"方式，按回车键，输入圆心坐标（70，0，0）、半径 $R=20$，作圆 1。

④ 输入圆心坐标（-70，0，0）、半径 $R=40$，作圆 2。

⑤ 单击 按钮，选择"两点_半径"方式，按空格键，在出现的快捷菜单中选择"T 切点"（或直接在键盘上按 T 键），

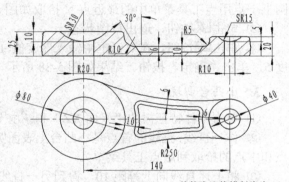

图 5-84　连杆零件图

按左下角提示，在键盘上直接输入半径 250，作圆弧 3 和圆弧 5。

⑥ 单击 按钮，在立即菜单中选择"快速裁剪"方式，裁掉多余的圆弧段。

⑦ 单击"绘制草图"按钮 ，退出草图状态，草图完成。按 F8 键在轴测图中观察，如图 5-85 所示。

2. 基本拉伸体生成

单击 按钮，在对话框中输入深度值 10，选中"增加拔模斜度"和"向外拔模"复选框，输入角度 5，单击"确定"按钮。拉伸结果如图 5-86 所示。

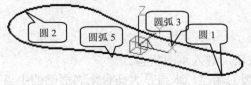

图 5-85　基本拉伸体的草图

图 5-86　基本拉伸体生成

3. 拉伸小凸台

① 单击基本拉伸体的上表面和 按钮，进入草图状态。在草图 1 上作圆："圆心_半径"，圆心为基本拉伸体上表面的小圆弧的圆心，半径与之相同。按屏幕左下角提示：圆心点用点工具菜单中圆心点 C 拾取如图 5-87 所示圆弧得到，圆上一点用点工具菜单中的最近点 N 拾取如图 5-87 所示圆弧得到。

② 单击 按钮，退出草图状态。

③ 单击 按钮，在对话框中输入深度 10，选中"增加拔模斜度"复选框，输入角度 5，单击"确定"按钮。结果如图 5-87 所示。

4. 拉伸大凸台

① 单击基本拉伸体的上表面和 按钮，进入草图状态。

② 选择"圆心_半径"方式，圆心为基本拉伸体上表面的大圆弧的圆心，半径与之相同。按屏幕左下角提示：圆心点用点工具菜单中圆心点 C，拾取如图 5-88 所示圆弧得到，圆上一点用点工具菜单中的最近点 N 拾取如图 5-88 所示圆弧得到。

③ 单击 按钮，退出草图状态。

④ 单击 按钮，在对话框中输入深度值 15，选中"增加拔模斜度"复选框，输入角度 5，单击"确定"按钮。结果如图 5-88 所示。

5. 小凸台凹坑

① 单击零件特征树的"平面 XZ"和 按钮，进入草图状态。

② 作一直线，直线的首点是小凸台上表面圆的端点，末点是小凸台上表面圆的中点（端点和中点的拾取利用点工具菜单）。

③ 将上述直线向上等距 10，得到另一直线。

④ 以另一直线的中点为圆心，半径 $R=15$，作圆。

⑤ 删除第一条直线，裁剪掉另一直线的两端和圆的上半部分。

⑥ 单击 按钮，退出草图状态。

⑦ 作与半圆直径完全重合的空间直线，如图 5-89 所示。

图 5-87　拉伸小凸台

图 5-88　拉伸大凸台

图 5-89　小凸台凹坑草图

⑧ 单击 按钮，弹出"旋转"对话框，在对话框中选取空间直线为旋转轴，单击"确定"按钮，删除空间直线，结果如图 5-90 所示。

6. 大凸台凹坑

① 单击零件特征树的"平面 XOZ"和 按钮，进入草图状态。

② 作一直线，直线的首点是大凸台上表面圆的端点，末点是大凸台上表面圆的中点。

③ 将上述直线向上等距 20，得到另一直线。

④ 以另一直线的中点为圆心，半径 *R*=30，作圆。

⑤ 删除第一条直线，裁剪掉另一直线的两端和圆的上半部分。

⑥ 单击 按钮，退出草图状态。

⑦ 作与半圆直径完全重合的空间直线，如图 5-91 所示。

⑧ 单击 按钮，弹出"旋转"对话框。拾取草图和旋转轴空间直线，单击"确定"按钮。

⑨ 删除空间直线后，结果如图 5-92 所示。

　　图 5-90　小凸台凹坑　　　　　　图 5-91　大凸台凹坑草图　　　　　图 5-92　大凸台凹坑

7. 基本拉伸体上表面凹坑

① 单击基本拉伸体的上表面和 按钮，进入草图状态。

② 单击"相关线"按钮 ，在立即菜单中选择"实体边界"方式，单击轮廓，用鼠标拾取实体棱边，得到四条实体边界线。

③ 以等距 10 和 6 分别作刚生成的实体边界线的等距线。

④ 单击"曲线过渡"按钮 ，在立即菜单中输入半径值 6，对等距生成的曲线过渡。

⑤ 删除得到的各实体边界线。

⑥ 单击 按钮，退出草图状态，如图 5-93 所示。

⑦ 单击"拉伸除料"按钮 ，输入深度 6，选中"增加拔模斜度"复选框，输入角度 30，结果如图 5-94 所示。

　　图 5-93　基本拉伸体上表面凹坑草图　　　　　　图 5-94　基本拉伸体上表面凹坑

8. 过渡生成

① 单击"过渡"按钮 ，在对话框中输入半径 3，选择等半径过渡方式，拾取基本拉伸体上表面凹坑所有棱边，单击"确定"按钮，结果如图 5-95 所示。

② 单击"过渡"按钮 ，在对话框中输入半径 10，选择等半径过渡方式，拾取图 5-95 所示大凸台和基本拉伸体的交线，单击"确定"按钮，结果如图 5-96 所示。

③ 单击"过渡"按钮 ，在对话框中输入半径 5，选择等半径过渡方式，拾取图 5-96 所示小凸台和基本拉伸体的交线，单击"确定"按钮，结果如图 5-97 所示。

④ 单击"过渡"按钮 ，在对话框中输入半径 3，选择等半径过渡方式，拾取所有棱边，单击"确定"按钮，结果如图 5-97 所示。

图 5-95　基本拉伸体上表面凹坑过渡

图 5-96　大凸台过渡

图 5-97　过渡完成

9. 打孔

① 单击 按钮，按提示，选取基本拉伸体的下表面为打孔平面，在对话框中选择第一种孔型，选取基本拉伸体的下表面大圆的圆心为孔的定位点，单击"下一步"按钮，弹出"孔的参数"对话框，选择通孔，输入直径 20，单击"完成"按钮，如图 5-98 所示。

② 用上述同样的操作打小孔，结果如图 5-99 所示。

10. 利用布尔运算生成模具型腔

① 将图 5-99 所示的实体另存为"连杆.X_T"文件。

② 单击 按钮，打开一张新图。

③ 单击零件特征树的"平面 XZ"和 按钮，进入草图状态，并按图 5-100 所示尺寸绘制草图。单击 按钮，退出草图状态。

图 5-98　打大孔

图 5-99　打小孔

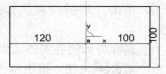
图 5-100　草图

④ 单击 按钮，在对话框中输入深度 35，选择向上拉伸，单击"确定"按钮。

⑤ 单击"布尔运算"按钮 ，弹出"打开"对话框，选取"连杆.X_T"文件，单击"打开"按钮，弹出"输入特征"对话框，如图 5-102 所示。选择布尔运算方式为"当前零件 - 输入零件"，选择"坐标原点"为定位点。选取定位方式为给定旋转角度，输入角度一和角度二均为 0，单击"确定"按钮完成操作。翻转后如图 5-103 所示。

可以用分模功能生成型腔，如图 5-104 所示（分模功能生成型腔的过程略）。虽然结果与布尔运算是一样的，但用分模功能得到的型腔是随时可以修改的，因为所有的特征草图操作路径都记录下来了。

> **注意：** 从图 5-103 的左侧特征树栏中可以看到：一旦实施了布尔运算，当前零件的特征操作路径（包括草图）记录都将消失，对零件无法进行特征修改和草图驱动，所以为了便于编辑修改，在进行实体布尔运算前应先将零件以某一名称存为".mxe"格式文件。实际上用布尔运算得到的型腔特征是无法修改的。

图 5-101　基体

图 5-102　"输入特征"对话框

图 5-103　连杆型腔

生成型腔（如图 5-103 和图 5-104 所示）后，对比连杆零件的坐标系可以看到，型腔系统坐标系相当于连杆系统坐标系沿 X 轴旋转 180°。坐标系的变化对造型本身无影响，但对轨迹生成和仿真显示是有影响的。如果要对型腔进行 CAM 自动编程，则需要建立用户坐标系（即编程坐标系），CAXA 制造工程师的轨迹仿真功能只能在编程坐标系和系统坐标系一致的情况下才能有效。

由于上面布尔运算或分模得到的连杆型腔的坐标系不能作为编程坐标系，所以需要用到自定义坐标系，将 Z 轴反向，虽然这样可以满足编程需要，但在做轨迹仿真时，刀头向上，轨迹仿真不对，因为 CAXA 制造工程师 2013 要求编程坐标系和系统坐标系统一。为此建议先将上面生成的连杆型腔另存为"连杆型腔.X_T"格式实体文件，新建一个文件后应用"实体布尔运算"命令再重新输入此.X_T 格式的型腔模型，在"输入特征"对话框中选中"当前零件∪输入零件"单选按钮，定位点选择当前坐标系原点，定位方式选择"给定旋转角度"，输入角度一 0、角度二 180（表示坐标系绕 OX 轴旋转 180°），这样就可以将原坐标系的 Z 轴反向，如图 5-105 所示。

图 5-104　应用分模功能得到的连杆型腔

图 5-105　调整系统坐标系的方向

5.5.2　叶轮动模的造型

本例的零件图如图 5-106 所示，属于模具设计造型，其关键之处在于如何构建空间曲面和实体的混合模型。具体有两个难点：一个是叶面（空间曲面）的生成，一个是环形凹腔的生成。这里采用正向拉伸增料加反向拉伸减料来解决叶面的生成。环形凹腔采用交并差生成（实体布尔运算功能）。造型过程需要综合应用 CAXA 制造工程师的造型设计功能。

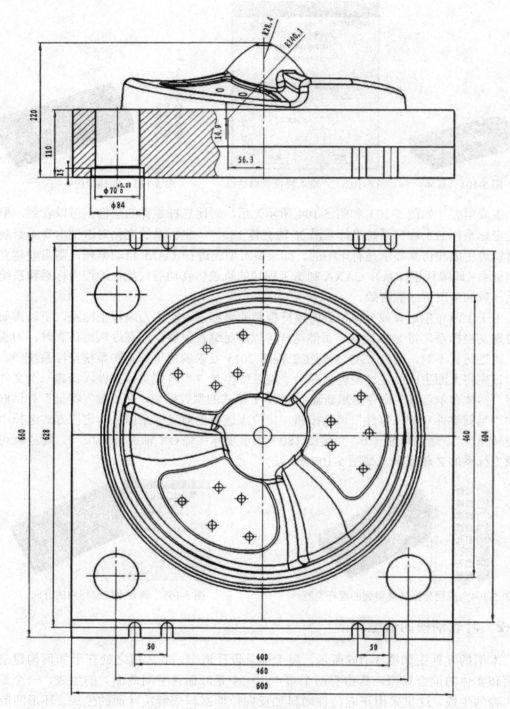

图 5-106　叶轮动模零件图

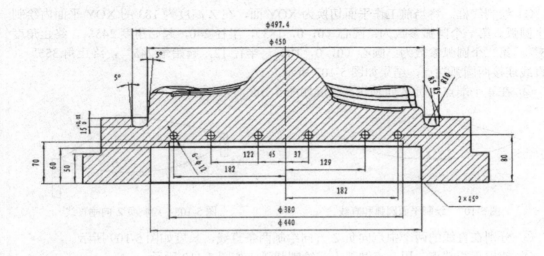

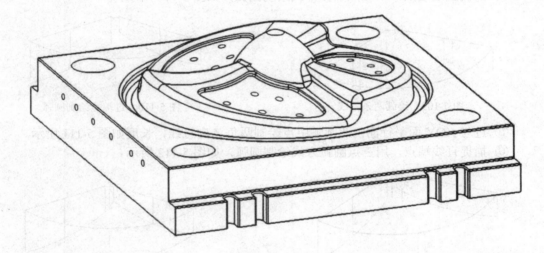

技术要求：

1. 曲面外形尺寸以三维造型为准，加工精度为 0.1。

2. 6 条水道孔两端加 M8 螺纹，螺纹长度为 20.

3. 适当位置开吊环孔，吊环大于 M16。

4. 未注圆角、倒角均为 R2 和 2×45°。

图 5-106 叶轮动模零件图（续）

1. 建立叶轮主曲面

① 绘制线框。将当前工作平面切换为 XOY 面，在 Z 高度为 183 的 XOY 平面内绘制两个圆弧。第一个圆弧参数为：圆心（0，0，183），半径 240，起始角度 245°，终止角度 355°。第二个圆弧参数为：圆心（0，0，183），半径 12，起始角 245°，终止角 355°。用直线连接两圆弧端点，结果如图 5-107 所示。

② 在 4 个端点作负 Z 向垂线，长度如图 5-108 所示。

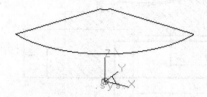

图 5-107　绘制平面圆弧和直线

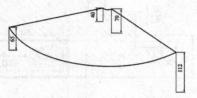

图 5-108　绘制负 Z 向垂直线

③ 分别在直线的两个中点向负 Z 方向绘制两条直线，长度如图 5-109 所示。

④ 捕捉直线端点，用三点圆弧方式绘制圆弧，如图 5-110 所示。

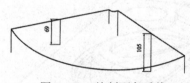

图 5-109　绘制两条垂线

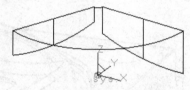

图 5-110　过端点绘制圆弧

⑤ 过与 XOY 面平行面内两圆弧中点绘制两负 Z 向直线，长度如图 5-111 所示。

⑥ 捕捉直线端点，用三点圆弧方式绘制圆弧，如图 5-112 所示。

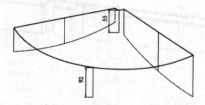

图 5-111　过圆弧中点绘制两条直线

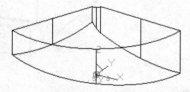

图 5-112　绘制圆弧连线

⑦ 删除不用的辅助线，单击"边界面"按钮，拾取图 5-113 中的四条圆弧线，即可生成如图 5-113 所示的边界面（空间曲面）。

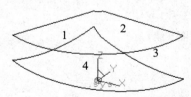

图 5-113　生成边界面（主曲面）

2. 建立叶轮副曲面

① 切换当前坐标平面到 XOZ，用"两点半径"方式绘制圆弧，圆弧两点坐标为（18，

0，137)、(239，0，118)，圆弧半径为 *R*324。再用两点线绘制一条过 Z 轴的铅垂线，如图 5-114 所示。

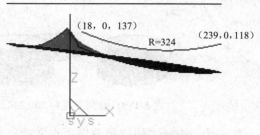

图 5-114　绘制圆弧与直线

② 生成旋转曲面。用上一步生成的圆弧为旋转母线，直线为旋转轴，作旋转曲面，旋转起始角度为 0°，终止角度为 360°。结果如图 5-115 所示。

图 5-115　生成旋转曲面

3. 建立叶轮主体

① 单击"构造基准面"按钮，建立平行于 XOY 的草图基准面，Z 正向距离为 45。按 F2 键进入草图绘制，绘制一个圆心为 (0，0)、半径为 225 的圆。

② 对上一步生成的草图应用拉伸增料，方向为 Z 正向。深度为 100，拔模斜度为 5°。单击"打孔"按钮，在叶轮主体中心部位打孔，孔的直径为 40。注意使用打孔功能时，利用工具菜单捕捉圆柱体的圆心位置，如图 5-116 所示。

③ 单击"曲面裁剪除料"按钮，用图 5-115 所生成的旋转曲面裁剪拉伸特征主体的上半部，隐藏裁剪曲面，结果如图 5-117 所示。

图 5-116　生成拉伸实体并打孔　　　　图 5-117　完成旋转曲面对拉伸体的裁剪除料

4. 修剪叶轮主体

① 建立裁剪草图基准面。基准面平行于 XOY 平面，Z 正向距离为 185。进入草图绘制状态，草图尺寸如图 5-118 所示。

② 绘制圆心为 (0，0)、半径分别为 30 和 238 的圆，再绘制一个圆心为 (-210，-55)、半径为 196 的圆，然后绘制一个圆心为 (21，-366)、半径为 362 的圆，绘制过程及结果如图 5-119 所示。

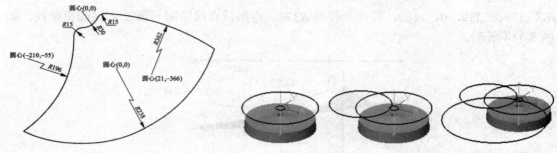

图 5-118　草图尺寸　　　　图 5-119　绘制半径为 30、238、196 和 362 圆的过程及结果

③ 单击"曲线裁剪"按钮，选择"快速裁剪"、"正常裁剪"，裁剪掉多余的线段，结果如图 5-120 所示。

④ 单击"曲线过渡"按钮，在立即菜单中输入半径 15，按图 5-118 所示尺寸及位置对两点进行过渡，结果如图 5-121 所示。

图 5-120　裁剪结果　　　　　　　图 5-121　曲线过渡结果

⑤ 单击"拉伸除料"按钮，选择"拉伸到面"方式，用上一步生成的草图向叶轮主曲面（步骤 1 生成的四边曲面）作拉伸除料，然后隐藏其他辅助线、面，拉伸除料过程如图 5-122 所示，拉伸除料结果如图 5-123 所示。

图 5-122　拉伸除料过程　　　　　图 5-123　拉伸除料结果

⑥ 环形阵列特征。过（0，0，0）、（0，0，200）两点绘制直线作为旋转轴，单击特征的"环形阵列"按钮，对上一步拉伸除料特征进行阵列，设置角度为 120°，阵列数目为 3，使用自身旋转方式，阵列结果如图 5-124 所示。

图 5-124　环形阵列过程及结果

5. 建立中轴

① 激活 XZ 平面，进入草图状态。按如图 5-125 所示尺寸绘制中轴草图，要求草图轮廓为图中的实线部分，虚线部分为辅助线，退出草图前必须裁剪掉。

② 单击"直线"按钮 ，选择"两点线"方式，起点坐标为（45，0），终点坐标为（175，0），绘制铅垂直线，结果如图 5-126 所示。

③ 重复"直线"命令，以（45，0）为起点，绘制长度为 60 的水平直线，结果如图 5-127 所示。

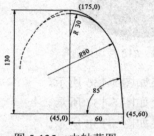
图 5-125　中轴草图

图 5-126　绘制铅垂直线

图 5-127　绘制水平直线

④ 重复"直线"命令，选择 "角度线"方式，绘制与 Y 轴夹角为 85°的角度线，结果如图 5-128 所示。

⑤ 单击"圆弧"按钮 ，选择"两点_半径"方式，绘制半径为 80 的圆弧。第一点选择角度线的切点，第二点选择铅垂线的上端点，结果如图 5-129 所示。

图 5-128　绘制角度线

图 5-129　绘制半径为 80 的圆弧

⑥ 单击"平面镜像"按钮 ，按状态栏提示，分别选择铅垂线的上下端点为镜像轴的首点和末点，拾取半径为 80 的圆弧，单击确认完成镜像，结果如图 5-130 所示。

⑦ 单击"曲线过渡"按钮 ，输入半径 30，选择"裁剪曲线 1"、"裁剪曲线 2"方式，拾取半径为 80 的两段圆弧，单击确定，结果如图 5-131 所示。

⑧ 单击"曲线裁剪"按钮 ，对图形进行修剪，并删除多余图形，结果如图 5-132 所示。单击 按钮，退出草图状态。

图 5-130　镜像结果

图 5-131　曲线过渡结果

图 5-132　修剪结果

⑨ 单击"旋转增料"按钮 。用上一步得到的草图，沿 Z 轴旋转 360°生成中轴实体。结果如图 5-133 所示。

图 5-133　生成中轴

6. 棱边过渡

① 过渡如图 5-134 所示的 3 条棱边，过渡半径 R20，结果如图 5-135 所示。

图 5-134　R20 棱边过渡

图 5-135　R18 棱边过渡

② 过渡如图 5-135 所示的 3 条棱边，过渡半径 R18，结果如图 5-136 所示。
③ 过渡如图 5-136 所示的 3 条棱边，过渡半径 R15，结果如图 5-137 所示。
④ 过渡如图 5-137 所示的 3 条棱边，过渡半径 R10，结果如图 5-138 所示。

图 5-136　R15 棱边过渡

图 5-137　R10 棱边过渡

图 5-138　所有棱边过渡结果

以上过渡注意选用"沿相切面顺延"方式。
⑤ 将上述文件存盘为*.X_T 格式。

7. 生成动模板

① 新建一个文件，在 XOY 平面内绘制如图 5-139 所示草图。
② 实体拉伸。将上一步草图向 Z 轴的负方向拉伸，深度为 50，结果如图 5-140 所示。

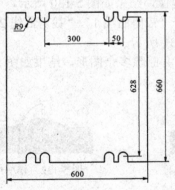

图 5-139　模板下层草图

图 5-140　模板下层实体及模板上层草图

③ 以 XOY 面为基准面，创建如图 5-141 所示的草图，沿 Z 正方向拉伸增料，高度为 60，结果如图 5-142 所示。

④ 选择实体上表面为草图基准面，进入草图绘制状态。绘制圆心为（0，0）、半径为 250 的圆，用拉伸除料功能，向 Z 负方向拉伸，深度为 15，拔模斜度为 5，结果如图 5-143 所示。

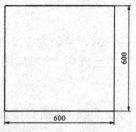

图 5-141 模板上层草图　　　　　　　图 5-142 模板上层实体

8. 文件合并

选择"文件"→"并入文件"命令，使用文件合并功能并入前面生成的*.X_T 文件。并入时选择"当前零件∪输入零件"，定位点在（0，0，0），选择"给定旋转角度"，输入角度一 0，角度二 0，单击确定。结果如图 5-144 所示。

图 5-143 向 Z 轴负向拉伸除料　　　　　图 5-144 文件合并结果

9. 导柱孔创建

① 显示旋转视图到模板的背面，选择背面为基准面，进入草图状态。绘制圆心为（230，230）、半径为 48 的圆，用拉伸除料特征生成深度为 15 的孔，如图 5-145 所示。

② 再次选择模板背面为基准面，进入草图状态，绘制圆心为（230，230）、半径为 35 的圆，用拉伸除料来贯穿整个实体，结果如图 5-146 所示。

图 5-145 生成导柱沉孔　　　　　　　图 5-146 生成导柱通孔

③ 应用线性阵列功能。两个阵列方向分别为 X 轴和 Y 轴方向（方向可选取实体的棱边），两个方向上的距离都为 460，数量为两个。结果如图 5-147 所示。

图 5-147 导柱孔的阵列结果

10. 大过孔造型及背面工艺倒角

选择模板背面为基准面，进入草图状态，绘制圆心为（0，0）、半径为 220 的圆，用拉伸除料生成深度为 58 的大过孔，并将背面所有棱边做 2×45°工艺倒角，结果如图 5-148 所示。

11. 穿基孔

① 选择模板背面为基准面，进入草图状态。绘制 5 个 *R*6 的圆，其圆心位置分别为（31，-164）、（88，-142）、（133，-100）、（40，-102.5）和（74，-81），用拉伸除料贯穿实体。

② 圆形阵列基孔。用环形阵列上步生成的基孔，角度为 120°，阵列数目为 3，选择"自身旋转"方式。阵列后结果如图 5-149 所示。

图 5-148　生成大过孔

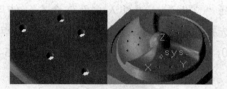
图 5-149　圆形阵列生成基孔

注意：该步也可以在上步草图绘制时圆形阵列基孔，然后进行拉伸除料操作。

12. 穿水道孔及倒工艺圆角

① 按 F8 键，轴测显示，激活如图 5-150 所示动模实体的右侧面为基准面，并进入草图状态，绘制 4 个直径为 6 的圆孔，其定位尺寸如图 5-150 所示，用拉伸除料贯穿实体，结果如图 5-150 所示。

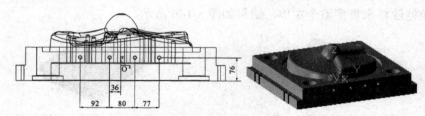
图 5-150　穿水道孔草图定位尺寸及结果

② 倒工艺圆角。将如图 5-151 所示的圆棱边倒圆角 *R*10，完成后如图 5-152 所示。

图 5-151　倒 *R*10 圆角

图 5-152　叶轮动模的造型结果

课　后　练　习

目的：通过练习，掌握实体特征造型的作图方法和"特征编辑"功能的使用。熟练掌握"拾取过滤设置"、"坐标系"和"创建基准面"等功能，并能熟练进行设置、创建和使用。对"草图参数化"有较深的认识。

要求：完成后将图形存盘。另外，将实体特征的所有空间曲线删除以后，再将实体特征造型转变成曲面造型。

提示：注意 F5 键、F6 键、F7 键、F8 键，尤其是 F9 键切换作图面和"基准面"的使用。注意"草图绘制"模式的进入和退出操作。操作时注意系统提示区的提示。"目的"中提到的功能都是有效的作图手段。

1．选择题

（1）只有在（　　）下才能进行尺寸标注。

　　　　A．线架造型　　　B．曲面造型　　　C．草图状态　　　D．特征造型

（2）进行布尔运算选择文件时，只能直接输入（　　）文件。

　　　　A．*.epb　　　　B．*.x-t　　　　C．*.mxe　　　　D．所有文件*.*

2．填空题

（1）特征造型依赖于一个_____，它一般是一组_____，但生成筋板特征的_____可以是_____。

（2）草图必须依赖于一个_____，可以是特征树中已有的_____，也可以是实体表面的_____，还可以是_____。

3．根据给出的凹模视图，如题图 5-1 所示，完成实体的特征造型。

4．根据给出的轴侧图，如题图 5-2 所示，完成实体的特征造型。

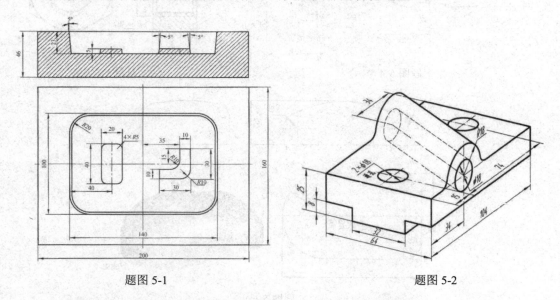

题图 5-1　　　　　　　　　　　　　　　　　题图 5-2

5．根据给出的轴零件视图，如题图 5-3 所示，完成实体的特征造型。

6．根据给出的端盖视图，如题图 5-4 所示，完成实体的特征造型。

7．完成如题图 5-5 所示 GB6170-2000M22 螺母的特征造型。

8．根据给出的视图，完成鼠标的特征造型，如题图 5-6 所示。

样条型值点坐标分别为（-70，0，20）、（-40，0，25）、（-20，0，30）、（30，0，15）；

圆弧在平行于 YOZ 平面内，圆心坐标（30，0，－95），半径 R=50。

要求： 圆弧沿样条平行导动生成鼠标顶面。

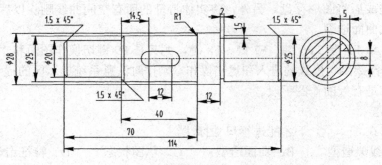

题图 5-3

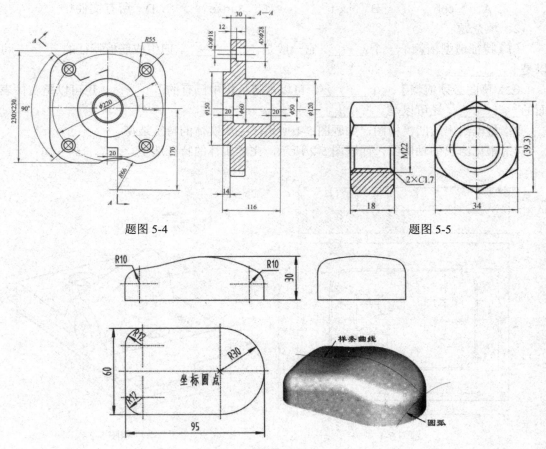

题图 5-4   题图 5-5

题图 5-6

9．根据给出的视图，完成三通的特征造型，如题图 5-7 所示。（提示：可以用拉伸增料中的薄壁特征功能。）

10．按题图 5-8 所示尺寸进行手柄的特征实体造型。

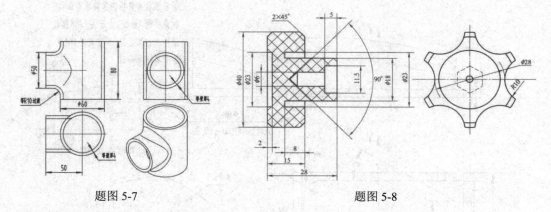

题图 5-7   题图 5-8

11. 按题图 5-9 所示尺寸进行特征实体造型。

12. 按题图 5-10 所示尺寸进行基础几何体的特征实体造型。

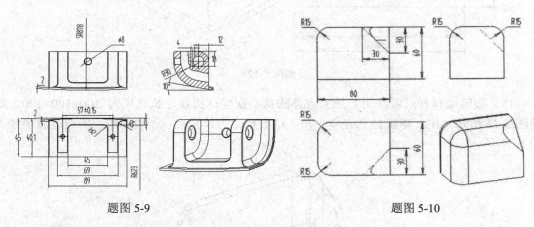

题图 5-9   题图 5-10

13. 按题图 5-11 所示尺寸进行特征实体造型。

14. 按题图 5-12 所示尺寸进行特征实体造型。

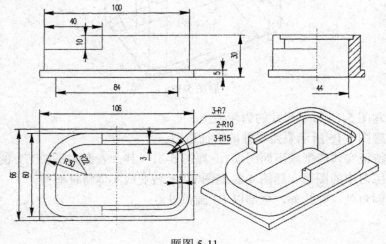

题图 5-11

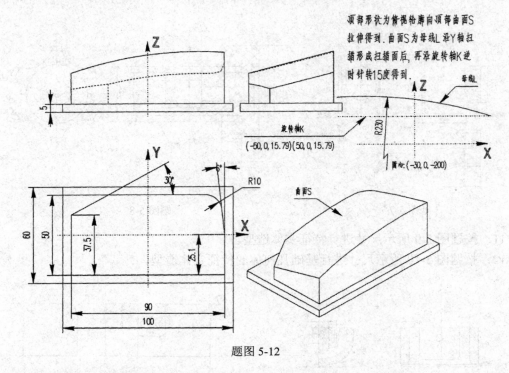

顶部形状为骑模轮廓向顶部曲面S拉伸得到，曲面S为母线L沿Y轴扫描形成扫描面后，再沿旋转轴K逆时针转15度得到。

旋转轴K
(−50, 0, 15.79)(50, 0, 15.79)

圆心: (−30, 0, −200)

题图 5-12

15. 旋转减料和过渡练习。原立方体的重心在坐标圆点，长宽高为 100×100×100。如题图 5-13 所示，用一球裁掉立方体一角。球心在立方体角点，半径 R40。棱边过渡半径为 R12。

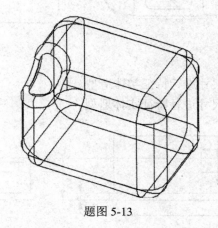

题图 5-13

16. 作如题图 5-14 所示尺寸的齿轮造型。

17. 作如题图 5-15 所示泵盖零件的特征造型。

18. 利用特征实体造型画出题图 5-16~题图 5-21（其余表面为不加工）的三维造型图，并将曲面造型练习中的图形（题图 4-2~题图 4-9）转变成实体特征造型。

图中未注倒角处，除孔外，全部以 R3 圆弧过渡。

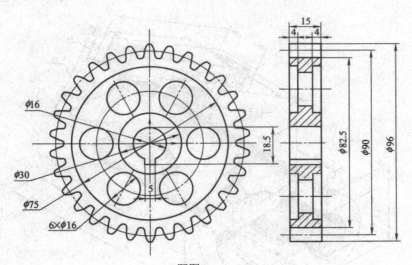

题图 5-14

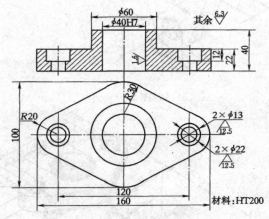

题图 5-15

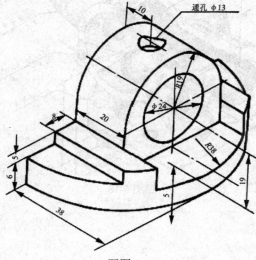

题图 5-16

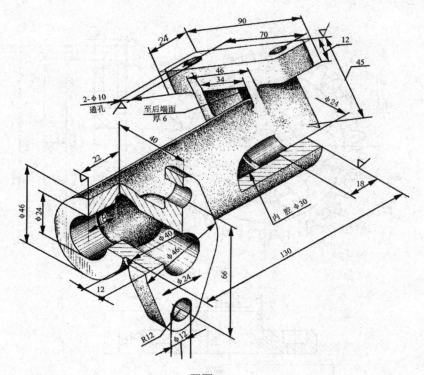

题图 5-17

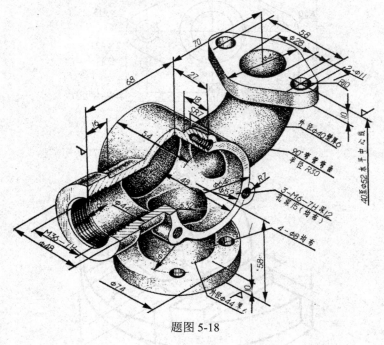

题图 5-18

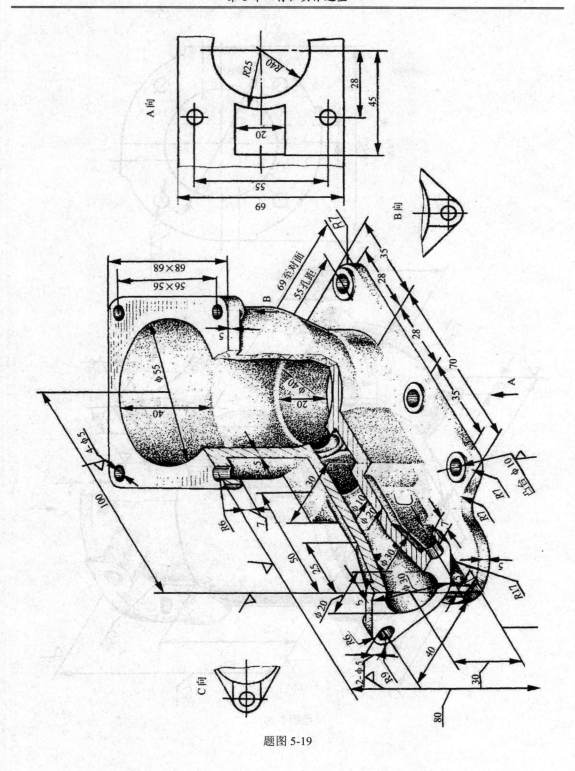

题图 5-19

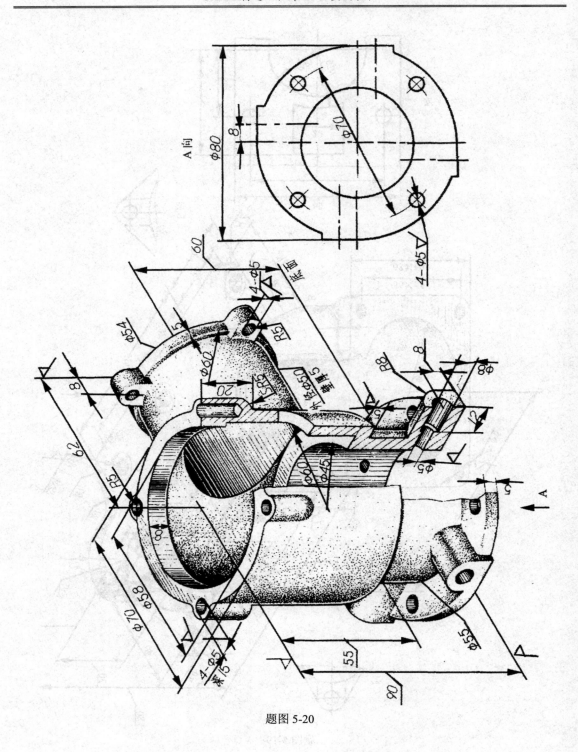

题图 5-20

第 **3** 篇　数控加工

本篇要点

📖 数控加工基础

📖 加工功能介绍

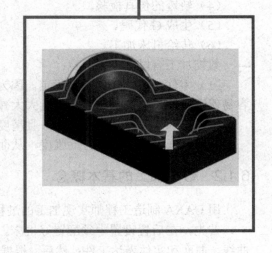

第 *6* 章　数控加工基础

6.1　数控加工基本知识

6.1.1　数控加工概述

数控加工就是将加工数据和工艺参数输入到机床，机床的控制系统对输入信息进行运算与控制，并不断地向直接指挥机床运动的机电功能转换部件——机床的伺服机构发送脉冲信号，伺服机构对脉冲信号进行转换与放大处理，然后由传动机构驱动机床，从而加工零件。所以，数控加工的关键就是加工数据和工艺参数的获取，即数控编程。数控加工一般包括以下几个内容：

（1）对图纸进行分析，确定需要数控加工的部分。

（2）利用图形软件对需要数控加工的部分造型。

（3）根据加工条件，选择合适的加工参数，生成加工轨迹（包括粗加工、半精加工、精加工轨迹）。

（4）轨迹的仿真检验。

（5）生成 G 代码。

（6）传给机床加工。

数控加工有以下主要优点：

（1）零件一致性好，质量稳定。因为数控机床的定位精度和重复定位精度都很高，很容易保证零件尺寸的一致性，而且大大减少了人为因素的影响。

（2）可加工任何复杂的产品，且精度不受复杂程度的影响。

（3）降低工人的体力劳动强度，从而节省出时间，从事创造性的工作。

6.1.2　数控加工的基本概念

用 CAXA 制造工程师实现加工的过程如下：

首先，在后置设置中须配置好机床。这是正确输出代码的关键；其次，看懂图纸，用曲线、曲面和实体表达工件；然后，根据工件形状，选择合适的加工方式，生成刀位轨迹；最后，生成 G 代码，传给机床。

1. 2 轴加工

机床坐标系的 X 和 Y 轴 2 轴联动，而 Z 轴固定，即机床在同一高度下对工件进行切削。

2 轴加工适合于铣削平面图形。

在 CAXA 制造工程师软件中，机床坐标系的 Z 轴即是绝对坐标系的 Z 轴，平面图形均指投影到绝对坐标系的 XOY 面的图形。

2．2.5 轴加工

2.5 轴加工，是在 2 轴的基础上增加了 Z 轴的移动，当机床坐标系的 X 和 Y 轴固定时，Z 轴可以有上下的移动。

利用两轴半加工可以实现分层加工，每层在同一高度（指 Z 向高度，下同）上进行 2 轴加工，层间有 Z 向的移动。

3．3 轴加工

机床坐标系的 X、Y 和 Z 3 轴联动。3 轴加工适合于进行各种非平面图形即一般的曲面的加工。

4．轮廓

轮廓是一系列首尾相接的集合，如图 6-1 所示。

（a）开轮廓　　　　　　（b）闭轮廓　　　　　（c）有自交点的轮廓

图 6-1　轮廓类型

在进行数控编程，交互指定待加工图形时，常常需要用户指定图形的轮廓，用来界定被加工的区域或被加工的图形本身。如果轮廓是用来界定被加工区域的，则要求指定的轮廓是闭合的；如果加工的是轮廓本身，则轮廓也可以不闭合。

由于 CAXA-ME 对轮廓作到当前坐标系的当前平面投影，所以组成轮廓的曲线可以是空间曲线。但要求指定的轮廓不应有自交点。

5．区域和岛

区域指由一个闭合轮廓围成的内部空间，其内部可以有"岛"。岛也是由闭合轮廓界定的。

区域指外轮廓和岛之间的部分。由外轮廓和岛共同指定待加工的区域，外轮廓用来界定加工区域的外部边界，岛用来屏蔽其内部不需要加工或需保护的部分，如图 6-2 所示。

6．刀具

CAXA 制造工程师主要针对数控加工，目前提供 3 种铣刀：球刀（$r=R$）、端刀（$r=0$）和 R 刀（$r<R$），其中 R 为刀具的半径、r 为刀角半径。刀具参数中还有刀杆长度 L 和刀刃长度 l，如图 6-3 所示。

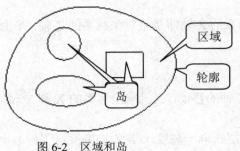

图 6-2　区域和岛

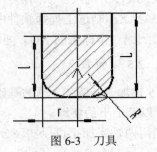

图 6-3　刀具

在 3 轴加工中，端刀和球刀的加工效果有明显区别，当曲面形状复杂有起伏时，建议使用球刀，适当调整加工参数可以达到好的加工效果。在 2 轴中，为提高效率建议使用端刀，因为相同的参数，球刀会留下较大的残留高度。选择刀刃长度和刀杆长度时请考虑机床的情况及零件的尺寸是否会干涉。

对于刀具，还应区分刀尖和刀心，两者均是刀具的对称轴上的点，其间差一个刀角半径，如图 6-4 所示。

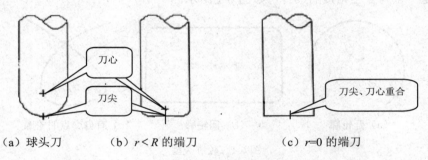

（a）球头刀　　　　（b）$r < R$ 的端刀　　　　（c）$r=0$ 的端刀

图 6-4　刀尖和刀心

7. 刀具轨迹和刀位点

刀具轨迹是系统按给定工艺要求生成的对给定加工图形进行切削时刀具进行的路线，如图 6-5 所示。系统以图形方式显示。刀具轨迹由一系列有序的刀位点和连接这些刀位点的直线（直线插补）或圆弧（圆弧插补）组成。

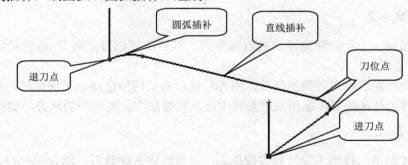

图 6-5　刀具轨迹和刀位点

本系统的刀具轨迹是按刀尖位置来计算和显示的。

8．干涉

在切削被加工表面时，如果刀具切到了不应该切的部分，则称为出现干涉现象，或者叫做过切。

在 CAXA-ME 系统中，干涉分为以下两种情况。

（1）自身干涉

指被加工表面中存在刀具切削不到的部分时存在的过切现象，如图 6-6 所示。

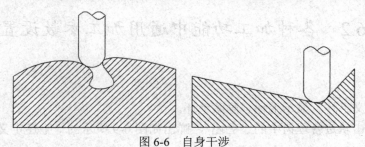

图 6-6　自身干涉

（2）面间干涉

指在加工一个或一系列表面时，可能会对其他表面产生过切的现象，如图 6-7 所示。

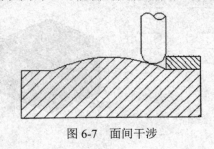

图 6-7　面间干涉

9．模型

一般地，模型指系统存在的所有曲面和实体的总和（包括隐藏的曲面或实体）。

（1）几何精度

在造型时，模型的曲面是光滑连续（法矢连续）的，如球面是一个理想的光滑连续的面。这样的理想的模型，称为几何模型。但在加工时，是不可能完成这样一个理想的几何模型。所以，一般地，会把一张曲面离散成一系列的三角片。由这一系列三角片所构成的模型，称为加工模型。加工模型与几何模型之间的误差，称为几何精度。顺便提一下，加工精度是按轨迹加工出来的零件与加工模型之间的误差，当加工精度趋近于 0 时，轨迹对应的加工件的形状就是加工模型了（忽略残留量），如图 6-8 所示。

图 6-8　几何模型、加工模型和几何精度

（2）注意事项

由于系统中所有曲面及实体（隐藏或显示）的总和为模型，所以用户在增删面时，一定要小心，因为删除曲面或增加实体元素都意味着对模型的修改，这样的话，已生成的轨迹可能会不再适用于新的模型了，严重的话会导致过切。

强烈建议在使用加工模块过程中不要增删曲面，如果一定要这样的话，请重置（重新）计算所有的轨迹。如果仅仅用于 CAD 造型中的增删曲面可以另当别论。

6.2　各种加工功能中通用加工参数设置

6.2.1　毛坯

【功能】定义毛坯、显示毛坯、隐藏毛坯。

【操作】双击轨迹管理树中的"毛坯"，弹出如图 6-9 所示的"毛坯定义"对话框。

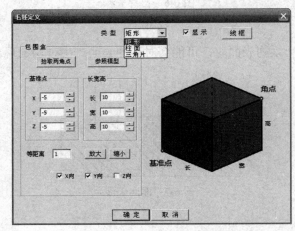

图 6-9　"毛坯定义"对话框

1．类型

用户可以根据所要加工工件的形状选择毛坯的形状，分为矩形、柱面和三角片 3 种毛坯方式，其中"三角片"方式为自定义毛坯方式。

2．毛坯定义

系统提供了两种毛坯定义的方式。

① 拾取两角点：通过拾取毛坯的两个角点（与顺序、位置无关）来定义毛坯。

② 参照模型：系统自动计算模型的包围盒，以此作为毛坯。

"毛坯定义"对话框中其他参数介绍如下。

❑　基准点：毛坯在世界坐标系中的左下角点。

❑　长、宽、高：长、宽、高分别是毛坯在 X 方向、Y 方向、Z 方向的尺寸。

❑　显示：设定是否在工作区显示毛坯。

❑　等距离：放大或缩小的倍数。

>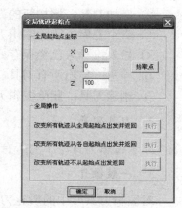
> **注意：** 在生成二维轨迹时，不用建立毛坯就可直接生成二维轨迹，使操作较为简单。

6.2.2　起始点

【功能】定义全局加工起始点。

【操作】双击轨迹树中"加工管理"选项的"起始点"，弹出如图 6-10 所示的对话框。按下列方法进行操作。

1.　提示

提示起始点所在的加工坐标系。

2.　坐标

用户可以通过输入或者单击拾取点按钮来设定刀具起始点的坐标。

3.　注意事项

① 计算轨迹时默认地以全局刀具起始点作为刀具起始点，计算完毕后，用户可以对该轨迹的刀具起始点进行修改。

② 全局起始点按钮此处不可用。

图 6-10　"全局轨迹起始点"对话框

6.2.3　刀具库

【功能】定义、确定刀具的有关数据，以从刀具库中调用信息和对刀具库进行维护。

【操作】双击轨迹树中的"刀具库"图标，弹出如图 6-11 所示的对话框。刀具库有系统刀具库和机床刀具库两种类型。

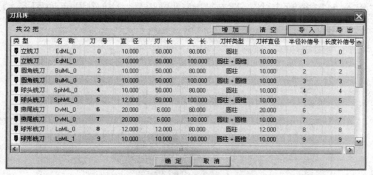

图 6-11　"刀具库管理"对话框

❑　系统刀具库是与机床无关的刀具库。可以把所有要用到的刀具的参数都建立在系统刀具库，然后利用这些刀具对各种机床进行编程。

❑　机床刀具库是与不同机床控制系统相关联的刀具库。系统中每一种机床都有自己的刀具库（用户新增加的机床类型也有自己的刀具库）。也可以针对每一种机床建立该机床自己的刀具库。这样，当改变机床时，相应的刀具库也会自动切换到与该机床对应的刀具库。这种刀具库可以用来同时对多个加工中心编程。

1. 基本操作

① 选择编辑刀具库：选择某机床的刀具库，然后可以对其进行增加刀具、清空刀具库等编辑操作。

② 增加刀具：增加新的刀具到编辑刀具库。

③ 清空刀库：删除编辑刀具库中的所有刀具。

④ 导入：导入已经保存好的刀具表。

⑤ 导出：导出所有刀具。

⑥ 删除刀具：删除编辑刀具库中选中的刀具。

2. 刀具列表

显示编辑刀具库中的所有刀具及其相关的主要参数。

3. 一般操作

对编辑刀具库中的所有刀具进行拷贝、剪切、粘贴和排序等操作。

4. 刀具示意

示意显示选中的刀具。

> **注意**：刀具编辑不能取消，所以在做删除刀具、删除刀库等操作时一定要小心。

6.2.4 切削用量

【功能】在每个加工参数表中，都有切削用量设置。操作界面如图 6-12 所示。

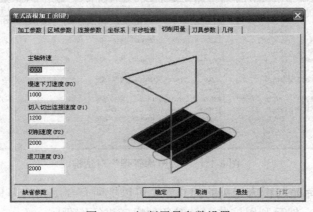

图 6-12 切削用量参数设置

【操作】用于设定轨迹各位置的相关进给速度及主轴转速等。各项参数设置说明如下：

① 主轴转速：设定主轴转速的大小，单位 rpm（转/分）。

② 慢速下刀速度（F0）：设定慢速下刀轨迹段的进给速度的大小，单位 mm/min。

③ 切入切出连接速度（F1）：设定切入轨迹段，切出轨迹段，连接轨迹段，接近轨迹段，返回轨迹段的进给速度的大小，单位 mm/min。

④ 切削速度（F2）：设定切削轨迹段的进给速度的大小，单位 mm/min。

⑤ 退刀速度（F3）：设定退刀轨迹段的进给速度的大小，单位 mm/min。

刀具轨迹各部分连接速度如图 6-13 所示。

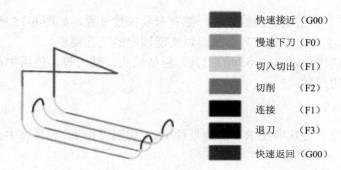

图 6-13 刀具轨迹各部分连接速度

6.2.5 坐标系

设定加工坐标系和起始点，如图 6-14 所示。

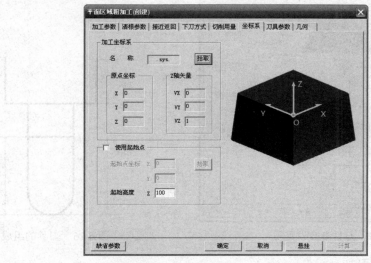

图 6-14 "平面区域粗加工（创建）"对话框

1. 加工坐标系

① 坐标系名称：刀路的加工坐标系的名称。

② 拾取加工坐标系：用户可以在屏幕上拾取加工坐标系。

③ 原点坐标：显示加工坐标系的原点值。

④ Z 轴矢量：显示加工坐标系的 Z 轴方向值。

2．起始点

① 使用起始点：决定刀路是否从起始点出发并回到起始点。

② 起始点坐标：显示起始点坐标信息。

③ 拾取起始点：用户可以在屏幕上拾取点作为刀路的起始点。

6.2.6 刀具参数

【功能】在每一个加工功能参数表中，都有刀具参数设置，如图 6-15 所示。

【操作】根据加工工艺设置刀具参数，以实现预定的工艺要求。

刀具库中能存放用户定义的不同的刀具，包括钻头、铣刀等，使用中可以很方便地从刀具库中取出所需的刀具。

1．刀具类型

刀具名称、刀号、刀具半径 R、圆角半径 r/a、切削刃长 l、刀具库中会显示这些刀具的主要参数的值。

2．刀具参数

刀具主要由刀刃、刀杆和刀柄 3 部分组成，如图 6-16 所示。其参数包含以下 11 项。

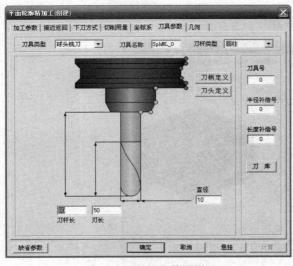

图 6-15　刀具参数设置

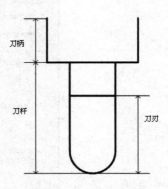

图 6-16　刀具的组成

① 类型：铣刀或钻头。

② 刀具名：刀具的名称。

③ 刀具号：刀具在加工中心里的位置编号，便于加工过程中换刀。

④ 刀具补偿号：刀具半径补偿值对应的编号。

⑤ 刀具半径：刀刃部分最大截面圆的半径大小。

⑥ 刀角半径：刀刃部分球形轮廓区域半径的大小，只对铣刀有效。

⑦ 刀柄半径：刀柄部分截面圆半径的大小。

⑧ 刀尖角度：只对钻头有效，钻尖的圆锥角。

⑨ 刀刃长度：刀刃部分的长度。

⑩ 刀柄长度：刀柄部分的长度。

⑪ 刀具全长：刀柄与刀杆长度的总和。

6.2.7　几何

【功能】在每个加工参数表中，都有几何设置。操作界面如图 6-17 所示。

【操作】用于拾取和删除在加工中所需要选择的曲线和曲面以及加工方向和进退刀点等参数。

图 6-17　几何参数设置

第 7 章　加工功能介绍

7.1　宏　加　工

【功能】根据给定的平面轮廓曲线，生成加工圆角的轨迹和带有宏指令的加工代码。该功能充分利用了 Fanuc 系统的宏程序功能，使得倒圆角的加工程序变得异常简单灵活。

【操作】

如图 7-1 所示，选择"加工"→"宏加工"→"倒圆角加工"命令，或单击 按钮，弹出如图 7-2 所示的对话框；单击对话框中各项，显示其参数设置卡，逐项设定参数如下。

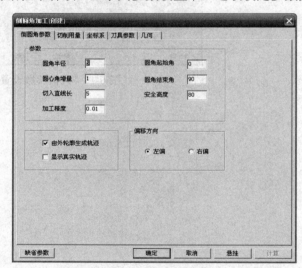

图 7-1　宏加工菜单　　　　　　　　　　图 7-2　宏加工之倒圆角参数设置对话框

1. 参数表说明

参数表的内容包括：倒圆角参数、切削用量、坐标系、刀具参数和几何 5 项。其中切削用量、坐标系、刀具参数和几何在第 6 章已有介绍。下面主要介绍倒圆角参数。

① 圆角半径：倒圆角的半径值。圆角的半径值一定要小于轮廓的拐角半径值，如图 7-3 所示。

② 圆心角增量：倒圆角是由多层轨迹形成，每层轨迹是由起始角向结束角变化，再由每一个变化的角度值计算第一层轨迹的 Z 值和对于轮廓的偏置量，这个角度变化量就是圆

心角的增量。圆角半径值小，圆心角增量可大一些，反之则应该小一些，理想的结果应该按弧长进行计算。圆心角增量值按绝对值给出。

③ 圆角起始角：加工圆角时的开始角。一般应设为 0°，不允许小于结束角。

④ 圆角结束角：加工圆角时的结束角。一般应设为 90°，不允许大于起始角。

⑤ 切入直线长：每一层轨迹从加工工艺上考虑需要从工件外切入，从编程上考虑由于使用了机床偏置，每一层轨迹都需要有一个加入机床偏置和取消机床偏置的程序段，这一段直线就是切入直线。它的长度要求大于刀具半径，如图 7-4 所示。

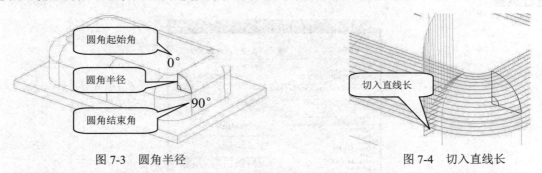

图 7-3 圆角半径 　　　　　　　　　　　图 7-4 切入直线长

⑥ 偏移方向：左偏是指向被加工曲线的左边进行偏移。左方向的判断方法与 G41 相同，即刀具加工方向的左边。右偏是指向被加工曲线的右边进行偏移。右方向的判断方法与 G42 相同，即刀具加工方向的右边。

⑦ 由外轮廓生成轨迹：由被加工零件的外轮廓生成倒圆角加工轨迹。反之则是由圆角与上平面的切线所形成的轮廓的加工轨迹。两个轮廓根据这个选项勾选的不同可以生成相同的加工轨迹和宏程序。具体的轮廓选择如图 7-5 所示。

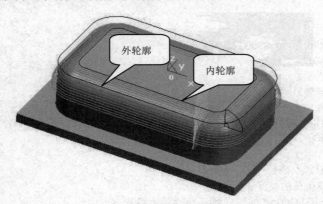

图 7-5 外轮廓生成加工轨迹

⑧ 显示真实轨迹：真实轨迹是用宏程序加工时实际要走的轨迹，它只是作为显示用。真正生成的加工程序仍然是宏程序。

⑨ 安全高度：刀具在此高度以上任何位置，均不会碰伤工件和夹具。

⑩ 加工精度：输入模型的加工误差。计算模型的轨迹的误差小于此值。加工误差越大，模型形状的误差也增大，模型表面越粗糙。 加工精度越小，模型形状的误差也减小，模型表面越光滑，但是，轨迹段的数目增多，轨迹数据量变大。

2. 注意事项

（1）支持球铣、端铣刀和 R 铣刀。

（2）代码生成：生成加工代码请选用后置文件 Fanuc_m。 这样就可以根据具体的数控系统来生成后置代码了。代码生成设置如图 7-6 所示。

（3）生成的代码中包含了宏指令，上例生成的代码如下。代码中的中文字在输入到机床时要删除掉，在这里只是为了让读者容易理解程序。#2（圆角增量）可根据加工的需要进行调整。

图 7-6　生成后置代码设置

图 7-5 所示的外轮廓生成加工轨迹所生成的代码如下：

```
%
O1200
N10 T1 M6
N12 G90 G54 G0 X70. Y-70. S3000 M03
N14 G43 H0 Z50. M07
N16 #1=0;（起始角度）;
N18 #2=0;（角度增量）;
N20 #3=0;（终止角）;
N22 #2=#3/ROUND[#3/#2+0.5];（修正后的角度增量）;
N24 #4=0;（圆角半径）;
N26 #5=5;（球刀半径）;
N28 #15=5 -#5;（刀具半径）;
N30 #8=0;（轮廓线所在的高度 Z 值）;
N32 WHILE[#1 LE #3] DO1;（循环直到#1 小于等于#3 时停止）;
N34 #6=#8-#4+[#4+#5]*COS[#1]-#5;（深度）;
N36 #7=#15+[#4+#5]*SIN[#1];（径向补偿）;
N38 G10L12P1 R#7;（将径向补偿值#7 输入机床中）;
N40 Z0.
N42 G01Z#6
N44 Y-60. F1000
N46 X0.
N48 X-70.
N50 G17 G2 X-100. Y-30. I0. J30.
```

```
N52 G1 Y30.
N54 G2 X-70. Y60. I30. J0.
N56 G1 X70.
N58 G2 X100. Y30. I0. J-30.
N60 G1 Y-30.
N62 G2 X70. Y-60. I-30. J0.
N64 G1 Y-70.
N66 G0 Z50.
N68 X70. Y-70.
N70 #1=#1+#2；
N72 END 1；
N74 M09
N76 M05
N78 M30
%
```

7.2 常 用 加 工

每种加工方式的对话框中都有"确定"、"取消"、"悬挂"3 个按钮,单击"确定"按钮确认加工参数,开始随后的交互过程;单击"取消"按钮取消当前的命令操作;单击"悬挂"按钮表示加工轨迹并不马上生成,交互结束后并不计算加工轨迹,而是在执行轨迹生成批处理命令时才开始计算,这样就可以将很多计算复杂、耗时的轨迹生成任务准备好,直到空闲的时间,比如夜晚才开始真正计算,大大提高了工作效率。

7.2.1 平面区域粗加工

【功能】生成具有多个岛的平面区域的刀具轨迹。适合 2/2.5 轴粗加工,与区域式粗加工类似,所不同的是该功能支持轮廓和岛屿的分别清根设置,可以单独设置各自的余量、补偿及上下刀信息。最明显的就是该功能轨迹生成速度较快。

【操作】选择"加工"→"常用加工"→"平面区域粗加工"命令,或单击 回 按钮,弹出如图 7-7 所示的对话框;单击对话框中各项,显示其参数设置卡,逐项设定参数。

1. 参数表说明

参数表的内容包括:加工参数、清根参数、接近返回、下刀方式、切削用量、坐标系、刀具参数和几何 8 项。其中切削用量、坐标系、刀具参数和几何在第 6 章已有讲解,在此不再详细介绍。

(1)加工参数

加工参数包括:走刀方式、拐角过渡方式、拔模基准、区域内抬刀、加工参数、轮廓参数和岛参数 7 项,每项中又有它各自的参数。其具体含义可看加工基本概念的解释,各种参数的含义和设置方法如下。

① 走刀方式

❑ 平行加工:刀具以平行走刀方式切削工件。可改变生成的刀位行与X轴的夹角,如图7-8所示。可选择单向还是往复方式。单向：刀具以单一的顺铣或逆铣方式加工工件。往复：刀具以顺逆混合方式加工工件。

❑ 环切加工：刀具以环状走刀方式切削工件。可选择从里向外还是从外向里的方式，如图7-9所示。

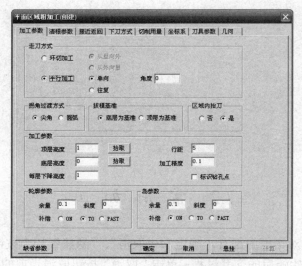

图 7-7　平面区域粗加工参数表

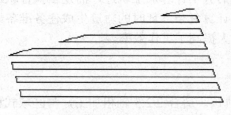

图 7-8　平行加工示意图

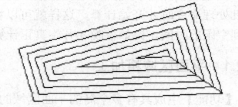

图 7-9　环切加工示意图（从外向里）

② 拐角过渡方式

拐角过渡就是在切削过程遇到拐角时的处理方式，有以下两种情况。

❑ 尖角：刀具从轮廓的一边到另一边的过程中，以两条边延长后相交的方式连接。

❑ 圆弧：刀具从轮廓的一边到另一边的过程中，以圆弧的方式过渡。过渡半径＝刀具半径＋余量。

③ 拔模基准

当加工的工件带有拔模斜度时，工件顶层轮廓与底层轮廓的大小不一样。

❑ 底层为基准：加工中所选的轮廓是工件底层的轮廓。

❑ 顶层为基准：加工中所选的轮廓是工件顶层的轮廓。

④ 区域内抬刀

在加工有岛屿的区域时，轨迹过岛屿时是否抬刀，选中"是"单选按钮就抬刀，选中"否"单选按钮就不抬刀。此项只对平行加工的单向有用。

❑ 否：在岛屿处不抬刀。

❑ 是：在岛屿处直接抬刀连接。

⑤ 加工参数

❑ 顶层高度：零件加工时起始高度的高度值，一般来说，也就是零件的最高点，即 Z
最大值。

❑ 底层高度：零件加工时，所要加工到的深度的 Z 坐标值，也就是 Z 最小值。

❑ 每层下降高度：刀具轨迹层与层之间的高度差，即层高。每层的高度从输入的顶
层高度开始计算。

❑ 行距：是指加工轨迹相邻两行刀具轨迹之间的距离。

❑ 加工精度：输入模型的加工精度。

❑ 标识钻孔点：选中该复选框自动显示出下刀打孔的点。

⑥ 轮廓参数

❑ 余量：给轮廓加工预留的切削量。

❑ 斜度：以多大的拔模斜度来加工。

❑ 补偿：有 3 种方式。ON：刀心线与轮廓重合。TO：刀心线未到轮廓一个刀具半径。
PAST：刀心线超过轮廓一个刀具半径。

⑦ 岛参数

❑ 余量：给轮廓加工预留的切削量。

❑ 斜度：以多大的拔模斜度来加工。

❑ 补偿：有 3 种方式。ON：刀心线与岛屿线重合。TO：刀心线超过岛屿线一个刀具
半径。PAST：刀心线未到岛屿线一个刀具半径。

（2）清根参数

① 轮廓清根

设定轮廓清根，区域加工完之后，刀具对轮廓进行清根加工，相当于最后的精加工。
对轮廓还可以设置清根余量。

❑ 不清根：不进行最后轮廓清根加工。

❑ 清根：进行轮廓清根加工，要设置相应的清根余量。

❑ 轮廓清根余量：设定轮廓加工的预留量。

② 岛清根

选择岛清根，区域加工完之后，刀具对岛进行清根加工。对岛屿还可以设置清根余量。

❑ 不清根：不进行岛屿清根加工。

❑ 清根：进行岛屿清根加工，要设置相应的清根余量。

❑ 岛屿清根余量：设定岛屿清根加工的余量。

③ 清根进刀方式

做清根加工时，还可选择清根轨迹的进退刀方式。

❑ 垂直：刀具在工件的第一个切削点处直接开始切削。

❑ 圆弧：刀具按给定半径，以 1/4 圆弧向工件的第一个切削点前进。

④ 清根退刀方式

❑ 垂直：刀具从工件的最后一个切削点直接退刀。

❑ 直线：刀具按给定长度，以相切方式从工件的最后一个切削点退刀。

❑ 圆弧：刀具从工件的最后一个切削点按给定半径，以 1/4 圆弧退刀。

（3）接近返回

设定接近返回的切入切出方式。一般地，接近指从刀具起始点快速移动后以切入方式逼近切削点的那段切入轨迹，返回指从切削点以切出方式离开切削点的那段切出轨迹，如图 7-10 所示。

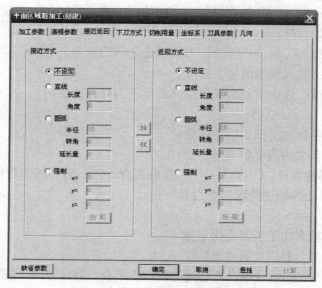

图 7-10　接近返回设置

① 接近方式

❑　不设定：不设定接近返回的切入切出。

❑　直线：刀具按给定长度，以直线方式向切削点平滑切入或从切削点平滑切出。长度指直线切入切出的长度，角度不使用。

❑　圆弧：以 $\pi/4$ 圆弧向切削点平滑切入或从切削点平滑切出。半径指圆弧切入切出的半径，转角指圆弧的圆心角，延长不使用。

❑　强制：强制从指定点直线切入到切削点，或强制从切削点直线切出到指定点。x、y、z 指定点空间位置的三分量。

② 返回方式

❑　不设定：不设定接近返回的切入切出。

❑　直线：刀具按给定长度，以直线方式向切削点平滑切入或从切削点平滑切出。长度指直线切入切出的长度，角度不使用。

❑　圆弧：以 $\pi/4$ 圆弧向切削点平滑切入或从切削点平滑切出。半径指圆弧切入切出的半径，转角指圆弧的圆心角，延长不使用。

❑　强制：强制从指定点直线切入到切削点，或强制从切削点直线切出到指定点。x、y、z 指定点空间位置的三分量。

（4）下刀方式

设置正确的下刀方式，避免加工中刀具与工件发生干涉，如图 7-11 所示为平面区域粗加工的下刀方式设置对话框。

① 安全高度

刀具快速移动而不会与毛坯或模型发生干涉的高度,有相对与绝对两种模式,单击"相对"或"绝对"按钮可以实现二者的互换。

❑ 　相对:以切入或切出或切削开始或切削结束位置的刀位点为参考点。

图 7-11　下刀方式设置

❑ 　绝对:以当前加工坐标系的XOY平面为参考平面。

❑ 　拾取:单击后可以从工作区选择安全高度的绝对位置高度点。

② 慢速下刀距离

在切入或切削开始前的一段刀位轨迹的位置长度,这段轨迹以慢速下刀速度垂直向下进给。有相对与绝对两种模式,单击"相对"或"绝对"按钮可以实现二者的互换。

❑ 　相对:以切入或切削开始位置的刀位点为参考。

❑ 　绝对:以当前加工坐标系的XOY平面为参考平面。

❑ 　拾取:单击后可以从工作区选择慢速下刀距离的绝对位置高度点,如图7-12所示。

③ 退刀距离

在切出或切削结束后的一段刀位轨迹的位置长度,这段轨迹以退刀速度垂直向上进给。有相对与绝对两种模式,单击"相对"或"绝对"按钮可以实现二者的互换。

❑ 　相对:以切出或切削结束位置的刀位点为参考点。

❑ 　绝对:以当前加工坐标系的XOY平面为参考面。

❑ 　拾取:单击后可以从工作区选择退刀距离的绝对位置高度点,如图7-13所示。

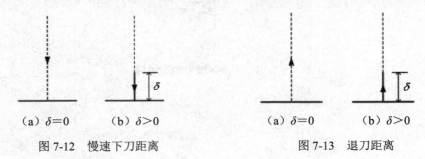

(a) $\delta=0$	(b) $\delta>0$	(a) $\delta=0$	(b) $\delta>0$
图 7-12　慢速下刀距离		图 7-13　退刀距离	

④ 切入方式

此处提供了 4 种通用的切入方式，几乎适用于所有的铣削加工策略，其中的一些切削加工策略有其特殊的切入切出方式（切入切出属性页面中可以设定）。如果在切入切出属性页面里设定了特殊的切入切出方式后，此处的通用切入方式将不会起作用。

- ❑ 垂直：刀具沿垂直方向切入。
- ❑ 螺旋：刀具以螺旋方式切入。
- ❑ 倾斜：刀具以与切削方向相反的倾斜线方向切入。
- ❑ 渐切：刀具沿加工切削轨迹切入。
- ❑ 长度：切入轨迹段的长度，以切削开始位置的刀位点为参考点。
- ❑ 节距：螺旋和倾斜切入时走刀的高度。
- ❑ 角度：渐切和倾斜线走刀方向与XOY平面的夹角。

2. 具体操作步骤

（1）填写参数表。

（2）拾取轮廓线。填写完参数表后，系统提示：拾取轮廓。拾取轮廓线可以利用曲线拾取工具菜单。

（3）轮廓线走向拾取。拾取轮廓线后，系统提示：选择方向，此方向表示刀具的加工方向，同时也表示拾取轮廓线的方向。

（4）岛的拾取。系统提示"拾取岛屿"。根据提示可以拾取多个封闭岛屿。单击鼠标右键结束。在屏幕上出现加工轨迹，同时在加工管理树上出现一个新节点。

3. 注意事项

（1）轮廓与岛应在同一平面内，最好应按它所在实际高度来画。这样便于检查刀具轨迹，减少错误的产生。

（2）制造工程师不支持平面区域加工时岛中的岛的加工，即不支持岛屿的嵌套。

例7-1 加工在XOY平面上封闭的圆弧轮廓线和两个封闭多边形岛构成的区域。采用平行往复加工，角度为45°，所有余量和误差都为零，行距为3，所有拔模角度为零，加工精度0.1，补偿方式为NO。

根据前面的操作说明，结合系统提示，可以生成如图 7-14 所示的刀具轨迹。

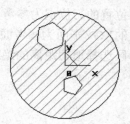

图 7-14　平面区域粗加工实例

7.2.2　等高线粗加工

【功能】生成分层等高式粗加工轨迹。

【操作】选择"加工"→"常用加工"→"等高线粗加工"命令，或单击 按钮，弹出如图 7-15 所示的对话框；单击对话框中各项，显示其参数设置卡，逐项设定参数。

图 7-15　等高线粗加工参数表

1. 参数表说明

等高线粗加工参数表的内容包括：加工参数、区域参数、连接参数、坐标系、切削用量、刀具参数和几何等 9 项。其中刀具参数、切削用量、坐标系和几何在第 6 章已有介绍。下面分别介绍加工参数、区域参数、连接参数 3 项。

（1）加工参数

① 加工方式

加工方式设定有两种选择，单向和往复，如图 7-16 所示。

图 7-16　单向和往复

② 加工方向

加工方向设定有两种选择，顺铣和逆铣，如图 7-17 所示。

③ 进行策略

加工顺序设定有两种选择，层优先和区域优先，如图 7-18 所示。

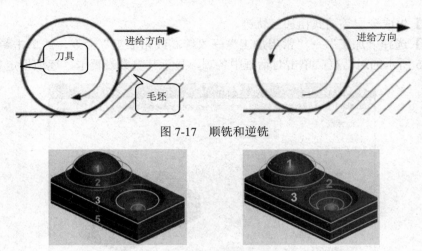

图 7-17　顺铣和逆铣

图 7-18　层优先和区域优先

④ 余量和精度

☐ 加工余量：相对模型表面的残留高度，可以为负值，但不要超过刀角半径，如
图7-19所示。

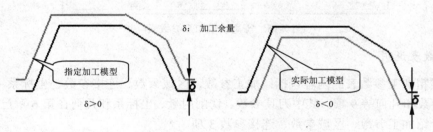

图 7-19　加工余量

☐ 加工精度：输入模型的加工精度。计算模型的加工轨迹的误差小于此值。加工
精度越大，模型形状的误差也增大，模型表面越粗糙。加工精度越小，模型形
状的误差也减小，模型表面越光滑，但是轨迹段的数目增多，轨迹数据量变大，
如图7-20所示。

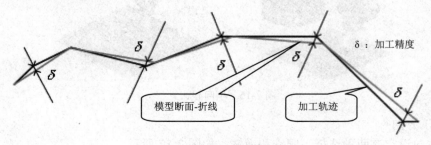

图 7-19　加工精度

⑤ 其他参数

- ❑ 层高：Z向每加工层的切削深度，如图7-21所示。
- ❑ 行距：输入XY方向的切入量，如图7-21所示。
- ❑ 插入层数：两层之间插入轨迹。
- ❑ 拔模角度：加工轨迹会出现角度。
- ❑ 平坦部的等高补加工：对平坦部位进行二次补充加工，如图7-22所示。
- ❑ 切削宽度自适应：自动内部计算切削宽度。

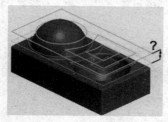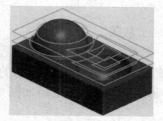

图 7-21　层高和行距　　　　　　　图 7-22　平坦部的等高补加工

（2）区域参数

① 加工边界参数

- ❑ 加工边界：设置加工边界，以实现预定的加工轨迹。根据需要，选择使用。可以拾取已有的边界曲线。
- ❑ 刀具中心位于加工边界：设定刀具相对于边界的位置，有3种。重合：刀具位于边界上。内侧：刀具位于边界的内侧。外侧：刀具位于边界的外侧，如图7-23所示。

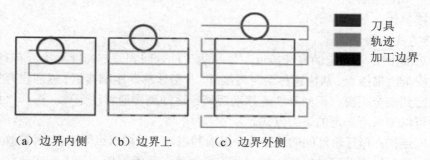

（a）边界内侧　　（b）边界上　　（c）边界外侧

图 7-23　刀具中心位于加工边界的位置

② 工件边界参数

设置工件边界，以实现预定的加工轨迹。根据需要，选择使用。工件边界定义方式有3种。工件的轮廓：刀心位于工件轮廓上，如图 7-24 所示。工件底端的轮廓：刀尖位于工件底端轮廓，如图 7-25 所示。刀触点和工件确定的轮廓：刀接触点位于轮廓上，如图 7-26 所示。

③ 高度范围参数

设置高度范围，以实现预定的加工轨迹。高度范围设定方式有两种。自动设定：以给定毛坯高度自动设定 z 的范围。用户设定：用户自定义 z 的起始高度和终止高度。

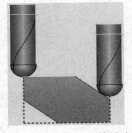
图 7-24　刀心位于工件轮廓上

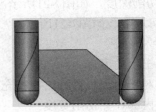
图 7-25　刀尖位于工件底端轮廓

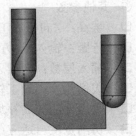
图 7-26　刀接触点位于轮廓上

④ 补加工参数

对前一把刀加工后的剩余量进行补加工。根据需要，选择使用，可以自动计算。若选用，需设置 3 个选项：前一把刀的直径和刀角半径，如图 7-27 所示；粗加工的余量，如图 7-28 所示；进行补加工后如图 7-29 所示。

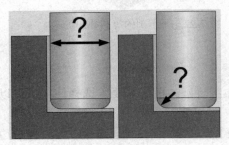
图 7-27　前一把刀的直径和刀角半径

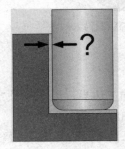
图 7-28　粗加工的余量

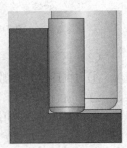
图 7-29　补加工

（3）连接参数

① 连接方式参数

❏ 接近/返回：从设定的高度接近工件和从工件返回到设定高度。接近有3种选择：从安全距离接近、从快速移动距离接近、从慢速移动距离接近。返回也有3种选择：返回到安全距离、返回到快速移动距离、返回到慢速移动距离。选择"加下刀"后可以加入所选定的下刀方式。

❏ 行间连接：每行轨迹间的连接，分组内和组间。组内、组间均有5种选择：直接连接、抬刀到慢速移动距离、抬刀到安全距离、光滑连接、抬刀到快速移动距离。选择"加下刀"后可以加入所选定的下刀方式。

❏ 层间连接：每层轨迹间的连接。有6种选择：直接连接、抬刀到慢速移动距离、抬刀到安全距离、光滑连接、抬刀到快速移动距离、三段连接。选择"加下刀"后，可以加入所选定的下刀方式。

❏ 区域间连接：两个区域间的轨迹连接。有5种选择：直接连接、抬刀到慢速移动距离、抬刀到安全距离、光滑连接、抬刀到快速移动距离。选择"加下刀"后，可以加入所选定的下刀方式。

② 下/抬刀方式参数

❏ 中心可切削刀具：可选择自动、直线、螺旋、往复、沿轮廓5种下刀方式，如图7-30所示。倾斜角和斜面长度在7.2.1节已介绍。

□ 预钻孔点：标示需要钻孔的点。

图 7-30　5 种下刀方式——自动、直线、螺旋、往复、沿轮廓

③ 空切区域参数

平面参数：有 5 种选项。安全高度：刀具快速移动而不会与毛坯或模型发生干涉的高度。平面法矢量平行于：有 5 个可选项，但目前只有"主轴方向"可用。平面法矢量：目前只有在选中"用户自定义"复选框时，Z 轴正向可用。圆弧光滑连接：抬刀后加入圆角半径。保持刀轴方向直到距离：保持刀轴的方向达到所设定的距离。

④ 距离参数

距离：有 3 个参数需要设定。快速移动距离：在切入或切削开始前的一段刀位轨迹的位置长度，这段轨迹以快速移动方式进给，如图 7-31 所示。慢速移动距离：在切入或切削开始前的一段刀位轨迹的位置长度，这段轨迹以慢速下刀速度进给，如图 7-32 所示。空走刀安全距离：距离工件的高度距离，如图 7-33 所示。

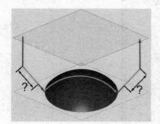
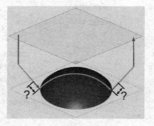
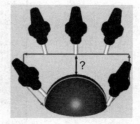

图 7-31　快速移动距离　　　　图 7-32　慢速移动距离　　　　图 7-33　空走刀安全距离

⑤ 光滑参数

有 3 个选项需要设置。

□ 光滑设置：将拐角或轮廓进行光滑处理。有3个选项：拐角光滑（如图7-34所示），连接光滑（如图7-35所示），最后轮廓段光滑。

□ 删除微小面积：删除面积大于刀具直径百分比面积的曲面的轨迹。

□ 消除内拐角剩余：删除在拐角部的剩余余量，如图7-36所示。

2. 具体操作步骤

（1）填写参数表。

（2）拾取加工曲面。填写完参数表后，系统提示：拾取加工曲面。左键拾取，右键确认。系统再提示：拾取干涉曲面。左键拾取，右键确认。系统计算后，在屏幕上出现加工轨迹，同时在加工管理树上出现一个新节点。

图 7-34　拐角光滑

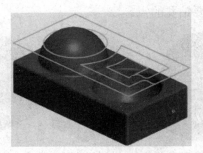
图 7-35　连接光滑

图 7-36　消除内拐角剩余

7.2.3　平面轮廓精加工

【功能】属于 2 轴加工方式，由于它可以指定拔模斜度，所以也可以做 2.5 轴加工。主要用于加工封闭的和不封闭的轮廓。适合 2/2.5 轴精加工，支持具有一定拔模斜度的轮廓轨迹生成，可以为生成的每一层轨迹定义不同的余量。生成轨迹速度较快。

【操作】选择"加工"→"常用加工"→"平面轮廓精加工"命令，或单击 按钮，弹出如图 7-37 所示的对话框；单击对话框中各项，显示其参数设置卡，逐项设定参数。

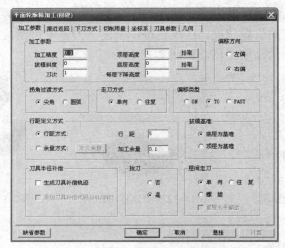
图 7-37　平面轮廓精加工参数表

1. 参数表说明

平面轮廓精加工参数表的内容包括：加工参数、接近返回、下刀方式、切削用量、坐标系、刀具参数、几何 7 项。其中接近返回和下刀方式在 7.2.1 节中已有介绍，切削用量、坐标系、刀具参数和几何在第 6 章已有介绍。下面介绍加工参数设置。

平面轮廓精加工的加工参数包括：加工参数、偏移方向、拐角过渡方式、走刀方式、偏移类型、行距定义方式、拔模基准、刀具半径补偿、抬刀、层间走刀等 10 项，每一项中又有其各自的参数，各种参数的含义和设置方法如下。

（1）加工参数

加工参数包括一些参考平面的高度参数（高度指 Z 向的坐标值），当需要进行一定的锥度加工时，还需要给定拔模角度和每层下降高度。

① 加工精度：输入模型的加工精度。见图 7-20 及 7.2.2 节相关内容。

② 拔模斜度：输入所需拔模的角度，加工完成后，轮廓所具有的倾斜度。

③ 刀次：生成的刀位的行数。

④ 顶层高度：加工的第一层所在高度。

⑤ 底层高度：加工的最后一层所在高度。

⑥ 每层下降高度：每层之间的间隔高度。

（2）偏移类型

有 3 种方式。ON：刀心线与轮廓重合。TO：刀心线未到轮廓一个刀具半径。PAST：刀心线超过轮廓一个刀具半径。

（3）偏移方向

是左偏还是右偏，主要取决于加工的是内轮廓还是外轮廓，如图 7-38 和图 7-39 所示。

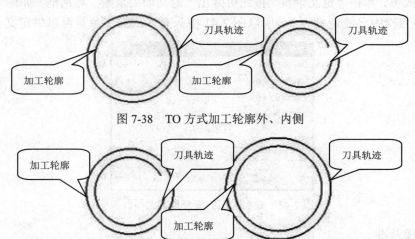

图 7-38　TO 方式加工轮廓外、内侧

图 7-39　PAST 方式加工轮廓外、内侧

（4）拐角过渡方式

拐角过渡就是在切削过程遇到拐角时的处理方式，本系统提供尖角和圆弧两种过渡方法，拐角过渡方式的设定有以下两种选择。

① 尖角：刀具从轮廓的一边到另一边的过程中，以两条边延长后相交的方式连接。

② 圆弧：刀具从轮廓的一边到另一边的过程中，以圆弧的方式过渡。过渡半径＝刀具半径＋余量。

（5）走刀方式

是指刀具轨迹行与行之间的连接方式，本系统提供单向和往复两种方式。

① 单向：抬刀连接。刀具加工到一行刀位的终点后，抬到安全高度，再沿直线快速走刀到下一行首点所在位置的安全高度，垂直进刀，然后沿着相同的方向进行加工，如图 7-40（a）所示。

② 往复：直接连接。与单向不同的是在进给完一个行距后刀具沿着相反的方向进行加工，行间不抬刀，如图 7-40（b）所示。

（a）单向走刀　　　　　　　　　　（b）往复走刀

图 7-40　走刀方式

（6）行距定义方式

确定加工刀次后，刀具加工的行距可由两种方式确定。

① 行距方式：确定最后加工完工件的余量及每次加工之间的行距，又叫等行距加工。

② 余量方式：定义每次加工完所留的余量，又叫不等行距加工。余量的次数在刀次中定义。最多可定义 10 次加工的余量。

余量方式下，单击"定义余量"按钮可弹出"定义加工余量"对话框，如图 7-41 所示。在图 7-37 中刀次中已经定义为 3，所以图 7-41 中只有 3 次加工余量可以供定义。

图 7-41　轮廓加工的变余量方式参数表

（7）拔模基准

用来确定轮廓是工件的顶层轮廓或是底层轮廓。

① 底层为基准：加工中所选的轮廓是工件底层的轮廓。

② 顶层为基准：加工中所选的轮廓是工件顶层的轮廓。

（8）刀具半径补偿

可选择项，用则选，不用不选。选择该项，机床自动偏置刀具半径，那么在输出的代码中会自动加上 G41/G42（左偏/右偏）、G40（取消补偿）。输出代码中是自动加 G41 还是 G42，与拾取轮廓时的方向有关系。自动加上 G41/G42 以后的 G 代码格式是否正确，请看机床说明书中有关刀具半径补偿部分的叙述。

（9）抬刀

有两个选择，否或是。

（10）层间走刀

是指刀具轨迹层与层之间的连接方式，本系统提供单向和往复两种方式。

① 单向：在刀具轨迹层次大于 1 时，层之间的刀具轨迹沿着同一方向。

② 往复：在刀具轨迹层次大于 1 时，层之间的刀具轨迹方向可以往复。

③ 螺旋：在刀具轨迹层次大于 1 时，层之间的刀具轨迹以螺旋方式接近。

2．具体操作步骤

（1）填写参数表。

（2）系统提示"拾取轮廓"，根据提示可以拾取轮廓。拾取轮廓线可以利用曲线拾取工具菜单。

（3）轮廓线拾取方向。拾取轮廓线后，系统提示：选择方向，此方向表示刀具的加工方向，同时也表示拾取轮廓线的方向。

（4）选择加工的侧边。当拾取完轮廓线后，系统要求选择方向，此方向表示加工的侧边，由此确定是加工轮廓内侧还是轮廓外侧的区域。

（5）生成刀具轨迹。选择加工侧边后，系统生成刀具轨迹。

> **注意**：① 轮廓线可以是封闭的，也可以是不封闭的。
>
> ② 轮廓既可以是 XOY 面上的平面曲线，也可以是空间曲线。若是空间轮廓线，则系统将轮廓线投影到 XOY 面后生成刀具轨迹。
>
> ③ 可以利用该功能完成分层的轮廓加工。通过制定"当前高度"、"底层高度"及"每层下降高度"即可定出加工的层数，进一步通过指定"拔模角度"，可以实现具有一定锥度的分层加工。

例7-2　生成带有拔模角度的轮廓加工刀具轨迹。图7-42所示为圆台锥体，图形特征为：高度50mm，拔模角度50°，上半径为50mm，下半径为108.6mm。

按上述操作步骤，填写加工参数表后确认。据系统提示拾取上圆台下轮廓线，按系统提示确定链搜索方向，如图 7-43 所示；按提示拾取箭头方向，此方向表示加工的侧边，由此确定是加工轮廓内侧还是轮廓外侧的区域，此处选择外侧，如图 7-44 所示；系统提示拾取进刀点和退刀点，此时系统默认为圆台上端和下端的圆的端点为进刀点和退刀点，直接右键结束，完成刀具轨迹生成。生成的刀具轨迹如图 7-45 所示。

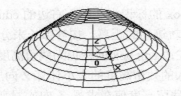

图 7-42　圆台锥体

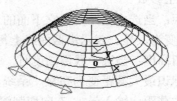

图 7-43　拾取轮廓线及方向

图 7-44　选择加工的侧边

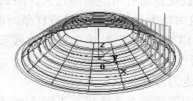

图 7-45　圆台锥体的刀具轨迹

7.2.4 轮廓导动精加工

【功能】 平面轮廓法平面内的截面线沿平面轮廓线导动生成加工轨迹。也可以理解为平面轮廓的等截面导动加工。这种加工方法有以下特点。

- □ 做造型时，只作平面轮廓线和截面线，不用作曲面，简化了造型。
- □ 作加工轨迹时，因为它的每层轨迹都是用二维的方法来处理的，所以拐角处如果是圆弧，那么它生成的 G 代码中就是 G02 或 G03，充分利用了机床的圆弧插补功能。因此它生成的代码最短，但加工效果最好。比如加工一个半球，用导动加工生成的代码长度是用其他方式（如参数线）加工半球生成的代码长度的几十分之一到上百分之一。生成轨迹的速度非常快。
- □ 能够自动消除加工的刀具干涉现象。无论是自身干涉还是面干涉，都可以自动消除，因为它的每一层轨迹都是按二维平面轮廓加工来处理的。
- □ 加工效果最好。由于使用圆弧插补，而且刀具轨迹沿截面线按等弧长分布，所以可以达到很好的加工效果。
- □ 截面线由多段曲线组合，可以分段来加工。
- □ 沿截面线由下往上还是由上往下加工，可以根据需要任意选择。
- □ 如果导动线超过旋转轴线，则会导致轨迹计算失败，只需要将超过的部分裁剪掉就可以。

【操作】选择"加工"→"常用加工"→"轮廓导动精加工"命令，或单击▨按钮，弹出类似图 7-37 所示的对话框；单击对话框中各项，显示其参数设置卡，逐项设定参数如下。

1. 参数表说明

轮廓导动精加工参数表的内容包括：加工参数、接近返回、下刀方式、切削用量、坐标系、刀具参数、几何 7 项。其中接近返回和下刀方式在 7.2.1 节中已有介绍，切削用量、坐标系、刀具参数和几何在第 6 章已有介绍。下面介绍加工参数设置。

（1）加工参数

① 截距：当选中截距时，它下面的左边 edit box 的标识为截距，右边的 edit box 的标识最大截距变为灰显。表示沿截面线上每一行刀具轨迹间的距离，按等弧长来分布。

② 残留高度：当选中残留高度时，它下面的左边 edit box 的标识为残留高度，右边的 edit box 的标识最大截距变为亮显。系统会根据输入的残留高度的大小计算 Z 向层高。

③ 最大截距：输入最大 Z 向切削深度。根据残留高度值在求得 Z 向的层高时，为防止在加工较陡斜面时可能层高过大，限制层高在最大截距的设定值之下。

④ 轮廓精度：拾取的轮廓有样条时的离散精度。

⑤ 加工余量：相对模型表面的残留高度，可以为负值，但不要超过刀角半径。见图 7-20 及 7.2.2 节相关内容。

（2）走刀方式

有单向和往复 2 个选项，见图 7-40 及 7.2.3 节相关内容。

（3）拐角过渡方式

有尖角和圆弧 2 个选项，见 7.2.3 节相关内容。

2．具体操作步骤

（1）填写加工参数表。

（2）系统提示"拾取轮廓"，根据提示可以拾取轮廓。拾取轮廓线可以利用曲线拾取工具菜单。

（3）拾取加工方向。拾取轮廓线后，系统提示：选择方向，此方向表示刀具的加工方向，同时也表示拾取轮廓线的方向。

（4）确定轮廓线链搜索方向。

（5）拾取截面线和加工方向，按提示确定截面线链搜索方向，单击鼠标右键结束。

（6）按提示拾取箭头方向以确定加工内侧或外侧，单击鼠标右键结束生成刀具轨迹。

> **注意**：截面线必须在轮廓线的法平面内且与轮廓线相交于轮廓线的端点。

7.2.5 曲面轮廓精加工

【功能】生成曲面轮廓精加工轨迹。

【操作】选择"加工"→"常用加工"→"曲面轮廓精加工"命令，或单击 按钮，弹出类似图 7-37 所示的对话框；单击对话框中各项，显示其参数设置卡，逐项设定参数。

1．参数表说明

曲面轮廓精加工参数表的内容包括：加工参数、接近返回、切削用量、坐标系、刀具参数、几何 6 项。其中接近返回在 7.2.1 节中已有介绍，切削用量、坐标系、刀具参数和几何在第 6 章已有介绍。下面介绍加工参数设置。

（1）走刀方式

有单向和往复 2 个选项，见图 7-40 及 7.2.3 节相关内容。

（2）拐角过渡方式

有尖角和圆弧 2 个选项，见 7.2.3 节相关内容。

（3）余量和精度

① 轮廓精度：拾取的轮廓有样条时的离散精度。

② 加工精度：输入模型的加工精度。见图 7-20 及 7.2.2 节相关内容。

③ 加工余量：相对模型表面的残留高度，可以为负值，但不要超过刀角半径。见图 7-19 及 7.2.2 节相关内容。

（4）刀次和行距

① 刀次：产生的刀具轨迹的行数。

② 行距：每行刀位之间的距离。

（5）轮廓补偿

轮廓补偿有如下 3 种方式。ON：刀心线与轮廓重合。TO：刀心线未到轮廓一个刀具半径。PAST：刀心线超过轮廓一个刀具半径。

注意：在其他加工方式里，刀次和行距是单选的，最后生成的刀具轨迹只使用其中的一个参数，而在曲面轮廓加工里刀次和轮廓是关联的，生成的刀具轨迹由刀次和行距两个参数决定，如图 7-46 所示。

图 7-46 所示是刀次数为 4、行距为 5 的轨迹。如果想将轮廓内的曲面全部加工，又无法给出合适的刀次数时，可以给一个大的刀次数值，系统会自动计算并将多余的刀次删除，如图 7-47 所示是设置的刀次数为 100，但实际刀次数为 9 的刀具轨迹。

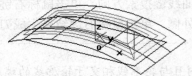
图 7-46 刀次为数 4、行距为 5 的轨迹

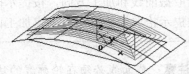
图 7-47 刀次为数 100、行距为 3 的轨迹

2. 具体操作步骤

（1）填写参数表。

（2）系统提示"拾取曲面"，根据提示可以拾取被加工曲面。拾取时可以利用拾取工具菜单。

（3）拾取轮廓及轮廓走向。拾取曲面后，系统提示：拾取轮廓。当拾取到第一条轮廓线后，系统提示选择轮廓走向，此方向表示轮廓线的连接方向，即下一条轮廓线与此轮廓线的位置关系。

（4）选择区域加工方向。拾取轮廓线时，若轮廓封闭，则系统自动结束轮廓线拾取状态。若轮廓线不封闭，可以继续拾取，直至右键结束。系统提示：选择加工方向，此方向表示加工轮廓的右边还是左边。

（5）生成刀具轨迹。选择加工侧边后，系统生成刀具轨迹。

例 7-3 曲面轮廓加工实例。

操作步骤如下：

① 在 XOY 平面作样条线 A，在 YOZ 平面作样条线 B，如图 7-48 所示。

② 以 A 为导动线，以 B 为截面线，用平行导动方式生成导动面，如图 7-49 所示。

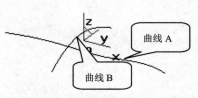
图 7-48 生成样条线 A、B

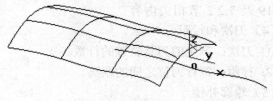
图 7-49 生成导动面

③ 用曲面相关线方式，作曲面的 4 条边界线。

④ 用曲面轮廓加工方式，按照上述具体操作步骤可以生成曲面轮廓的刀具轨迹，

如图 7-50 所示。

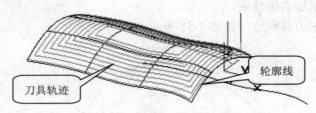

刀具轨迹　　轮廓线

图 7-50　曲面轮廓的刀具轨迹

7.2.6　曲面区域精加工

【功能】生成加工曲面上的封闭区域的精加工轨迹。

【操作】选择"加工"→"常用加工"→"曲面区域精加工"命令，或单击 按钮，弹出类似图 7-37 所示的对话框；单击对话框中各项，显示其参数设置卡，逐项设定参数。

1. 参数表说明

曲面区域精加工参数表的内容包括：加工参数、接近返回、下刀方式、切削用量、坐标系、刀具参数、几何 7 项。其中接近返回和下刀方式在 7.2.1 节中已有介绍，切削用量、坐标系、刀具参数和几何在第 6 章已有介绍。下面介绍加工参数设置。

（1）走刀方式

走刀方式有两种：平行加工和环切加工。

① 平行加工：可以选择单向或往复，角度是与坐标轴的夹角。

② 环切加工：选择从里向外还是从外向里。

（2）拐角过渡方式

有尖角和圆弧 2 个选项，见 7.2.3 节相关内容。

（3）余量和精度

① 加工余量（可正可负）、轮廓余量、岛余量、干涉余量（可正可负）视被加工零件的工艺来定。

② 加工精度：输入模型的加工精度。见图 7-20 及 7.2.2 节相关内容。

③ 轮廓精度：拾取的轮廓有样条时的离散精度。

（4）轮廓补偿

有如下 3 种方式。ON：刀心线与轮廓重合。TO：刀心线未到轮廓一个刀具半径。PAST：刀心线超过轮廓一个刀具半径。

（5）行距

行距是指每行刀位之间的距离。

2. 具体操作步骤

（1）填写参数表。

（2）系统提示"拾取曲面"，根据提示可以拾取被加工曲面。单击鼠标右键结束。

（3）拾取轮廓及轮廓走向。拾取曲面后，系统提示：拾取轮廓，拾取轮廓时可以利用拾取工具菜单。

（4）岛的拾取。轮廓完全封闭后，系统提示：拾取第 1 个岛，按提示拾取第 2 个岛、第 3 个岛等，单击鼠标右键结束。

（5）生成岛清根刀具轨迹，如图 7-51 所示。

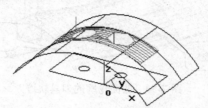

图 7-51   岛清根刀具轨迹

7.2.7   参数线精加工

【功能】生成沿参数线的加工轨迹。

【操作】选择"加工"→"常用加工"→"参数线精加工"命令，或单击🖻按钮，弹出类似图 7-37 所示的对话框；单击对话框中各项，显示其参数设置卡，逐项设定参数。

1.   参数表说明

参数线精加工参数表的内容包括：加工参数、接近返回、下刀方式、切削用量、坐标系、刀具参数、几何 7 项。其中接近返回和下刀方式在 7.2.1 节中已有介绍，切削用量、坐标系、刀具参数和几何在第 6 章已有介绍。下面介绍加工参数设置。

（1）切入切出方式

切入切出方式设定有以下 5 种选择。

① 不设定：不使用切入切出。

② 直线：沿直线垂直切入切出。长度：指直线切入切出的长度。

③ 圆弧：沿圆弧切入切出。半径：指圆弧切入切出的半径。

④ 矢量：沿矢量指定的方向和长度切入切出。x、y、z：指矢量的 3 个分量。

⑤ 强制：强制从指定点直线水平切入到切削点，或强制从切削点直线水平切出到指定点。xy：指在与切削点相同高度的指定点的水平位置分量，如图 7-52 所示。

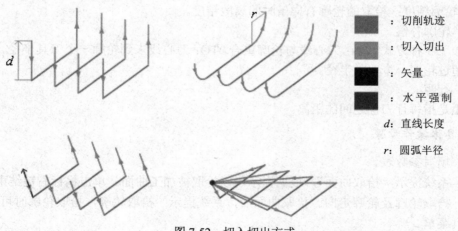

图 7-52   切入切出方式

（2）行距定义方式

行距定义方式的设定有 3 种选择。

① 残留高度：切削行间残留量距加工曲面的最大距离，如图 7-53 所示。

② 刀次：切削行的数目。

③ 行距：相邻切削行的间隔，如图 7-53 所示。

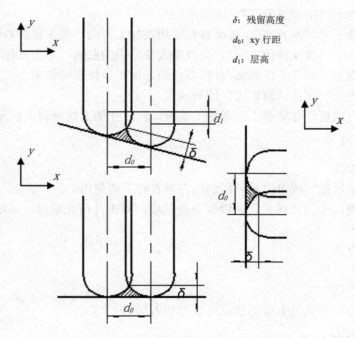

图 7-53　行距和残留高度

（3）遇干涉面

① 抬刀：通过抬刀，快速移动，下刀完成相邻切削行间的连接。

② 投影：在需要连接的相邻切削行间生成切削轨迹，通过切削移动来完成连接。

（4）限制面

限制加工曲面范围的边界面，作用类似于加工边界，通过定义第一系列和第二系列限制面可以将加工轨迹限制在一定的加工区域内。

① 第一系列限制面：定义是否使用第一系列限制面。

② 第二系列限制面：定义是否使用第二系列限制面。

（5）走刀方式

有单向和往复 2 个选项，见图 7-40 及 7.2.3 节相关内容。

（6）干涉检查

定义是否使用干涉检查，防止过切。否：不使用干涉检查。是：使用干涉检查。

（7）余量和精度

① 加工精度：输入模型的加工精度。见图 7-20 及 7.2.2 节相关内容。

② 加工余量：相对模型表面的残留高度，可以为负值，但不要超过刀角半径。见

图 7-19 及 7.2.2 节相关内容。

2. 具体操作步骤

（1）填写参数表。填写完成后单击"确定"或"悬挂"按钮。

（2）系统提示"拾取加工对象"，拾取曲面，拾取的曲面参数线方向要一致，单击鼠标右键结束。

（3）系统提示"拾取进刀点"。拾取曲面角点。

（4）系统提示"切换方向"。按鼠标左键切换加工方向，单击鼠标右键结束。

（5）系统提示"改变曲面方向"。拾取要改变方向的曲面，单击鼠标右键结束。

（6）系统提示"拾取干涉曲面"。拾取曲面，单击鼠标右键结束。

（7）系统提示"正在计算轨迹，请稍候"。

轨迹计算完成后，在屏幕上出现加工轨迹，同时在加工轨迹树上出现一个新节点。

3. 注意事项

（1）加工参数

设定是否使用第一或第二系列限制面在重置时不能使用。

加工管理窗口中的几何元素编辑框不能使用，双击几何元素时，系统提示重新拾取几何元素。

（2）下刀方式

切入方式不使用。

（3）接近返回

在切入切出后的轨迹上添加接近返回的切入切出。

7.2.8　投影线精加工

【功能】将已有的刀具轨迹投影到曲面上而生成的刀具轨迹。

【操作】选择"加工"→"常用加工"→"投影线精加工"命令，或单击 按钮，弹出类似图 7-37 所示的对话框；单击对话框中各项，显示其参数设置卡，逐项设定参数。

1. 参数表说明

投影线精加工参数表的内容包括：加工参数、接近返回、下刀方式、切削用量、坐标系、刀具参数、几何等 7 项。其中接近返回和下刀方式在 7.2.1 节中已有介绍，切削用量、坐标系、刀具参数和几何在第 6 章已有介绍。下面介绍加工参数设置。

（1）加工余量

相对模型表面的残留高度，可以为负值，但不要超过刀角半径。见图 7-19 及 7.2.2 节相关内容。

（2）干涉余量

可正可负，视被加工零件的工艺来定。

（3）加工精度

输入模型的加工精度。见图 7-20 及 7.2.2 节相关内容。

（4）曲面边界处

有两种选择：抬刀或保护。

2. 具体操作步骤

（1）填写参数表。填写完成后单击"确定"或"悬挂"按钮。

（2）按系统提示拾取刀具轨迹。一次只能拾取一个刀具轨迹。拾取的刀具轨迹可以是 2D 轨迹，也可以是 3D 轨迹。

（3）按系统提示拾取加工面。允许多个曲面。

（4）按系统提示拾取干涉曲面。干涉曲面也允许多个，也可以不拾取，单击鼠标右键中断拾取。

例7-4　以投影线精加工方式用平面A的轨迹生成曲面B的加工轨迹。

操作步骤如下：

① 做一直纹面 A，如图 7-54 所示。

② 用曲面轮廓精加工方式加工平面 A，生成轨迹如图 7-54 所示。

③ 用投影线精加工方式，填写加工参数表：加工余量 0，干涉余量 0，安全高度 25，起始高度 25，然后确定。按系统提示拾取已有的平面 A 的轨迹，再拾取加工对象曲面 B，单击右键结束，拾取干涉曲面，若无，则单击鼠标右键确认，系统生成轨迹，如图 7-55 所示。

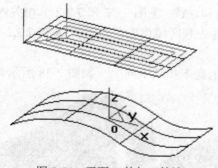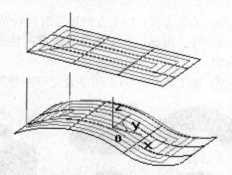

图 7-54　平面 A 的加工轨迹　　　　　　　图 7-55　曲面 B 的加工轨迹

7.2.9　等高线精加工

【功能】用于精加工，生成等高线加工轨迹，适用于加工那些陡峭面多的模型。加工时，由于铣刀垂直于等高线的切面，因此它适合于用刀具的侧刃来切削，所以不管是端刀，还是球刀都可以。

【操作】选择"加工"→"常用加工"→"等高线精加工"命令，或单击 按钮，弹出如图 7-56 所示的对话框；单击对话框中各项，显示其参数设置卡，逐项设定参数。

1. 参数表说明

等高线精加工参数表的内容包括：加工参数、区域参数、连接参数、干涉检查、切削用量、坐标系、刀具参数、几何 8 项。其中切削用量、坐标系、刀具参数和几何在第 6 章已有介绍。下面介绍其他参数设置。

（1）加工参数

① 加工方式：加工方式设定有 3 种选择，单向和往复见图 7-16 和 7.2.2 节相关内容，螺旋加工方式如图 7-57 所示。

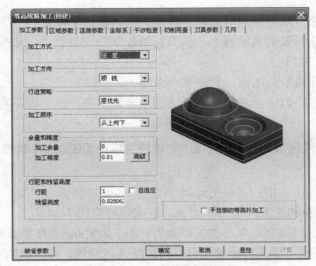

图 7-56　等高线精加工参数表

② 加工方向：加工方向设定有两种选择，顺铣和逆铣。见图 7-17 和 7.2.2 节相关内容。

③ 行进策略：加工顺序设定有两种选择，层优先和区域优先，见图 7-18 和 7.2.2 节相关内容。

④ 加工顺序：加工顺序设定有两种选择，从上向下和从下向上，如图 7-58 所示。

图 7-57　螺旋加工方式

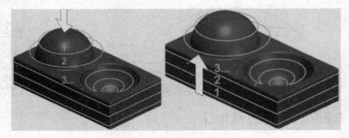

图 7-58　从上向下和从下向上

⑤ 余量和精度。

❑ 加工精度：输入模型的加工精度。计算模型的加工轨迹的误差小于此值。加工精度越大，模型形状的误差也增大，模型表面越粗糙。加工精度越小，模型形状的误差也减小，模型表面越光滑，但是，轨迹段的数目增多，轨迹数据量变大。见图7-20和7.2.2节相关内容。

❑ 加工余量：相对模型表面的残留高度，可以为负值，但不要超过刀角半径。见图7-19和7.2.2节相关内容。

⑥ 行距和残留高度。

❑ 行距：加工平面上两刀之间的距离，如图7-59所示。

□　残留高度：图7-60中的棱高，术语叫残留高度，刀具直径不同，残留高度的大小会有不同。

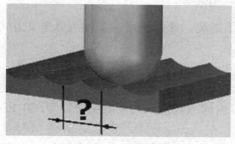
图 7-59　行距

图 7-60　残留高度

□　自适应：在行距的后面，所以是指对行距的自适应处理。

如图 7-61 所示，是取消选中"自适应"复选框的等高线精加工轨迹，可以看出：在陡峭区域，生成的轨迹较密，在平坦部分，生成的轨迹较疏，致使加工效果不好。

如图 7-62 所示，是在上述其他参数没变的情况下，选中"自适应"复选框的等高线精加工轨迹，可以看出：无论是陡峭部分还是平坦部分，轨迹都密多了，这就是自适应处理的结果，加工效果很好。

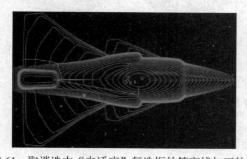
图 7-61　取消选中"自适应"复选框的等高线加工轨迹

图 7-62　选中"自适应"复选框的等高线加工轨迹

⑦　平坦部的等高补加工：对平坦部位进行二次补充加工，如图7-63所示。

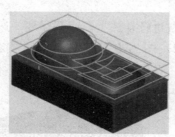
图 7-63　平坦部的等高补加工

（2）区域参数

① 加工边界参数

□　加工边界：设置加工边界，以实现预定的加工轨迹。根据需要，选择使用。

□　刀具中心位于加工边界：设定刀具相对于边界的位置，有3种。重合：刀具位于边界上。内侧：刀具位于边界的内侧。外侧：刀具位于边界的外侧。见图7-23和7.2.2节相关内容。

② 工件边界参数

设置工件边界，以实现预定的加工轨迹。根据需要，选择使用。工件边界定义方式有3种。见图 7-24~图 7-26 和 7.2.2 节相关内容。

③ 坡度范围参数

选择使用后能够设定倾斜面角度和加工区域。

❑ 斜面角度范围：在斜面的起始和终止角度内输入数值来完成坡度的设定，如图7-64所示。

❑ 加工区域：选择所要加工的部位是在加工角度以内还是在加工角度以外，如图7-65所示。

图 7-64　斜面角度范围　　　　　　　图 7-65　加工区域

④ 高度范围参数

设置高度范围，以实现预定的加工轨迹。高度范围设定方式有两种。自动设定：以给定毛坯高度自动设定 z 的范围。用户设定：用户自定义 z 的起始高度和终止高度。

⑤ 下刀点参数

选择使用下刀点参数能够拾取开始点和在后续层开始点选择的方式。

❑ 开始点：加工时在加工的起始点下刀，如图7-66所示。

❑ 在后续层开始点选择的方式：在移动给定的距离后的点下刀，如图7-67所示。

⑥ 补加工参数

对前一把刀加工后的剩余量进行补加工。根据需要，选择使用，可以自动计算。若选用，需设置 3 个选项，见图 7-27~图 7-29 和 7.2.2 节相关内容。

⑦ 圆角过渡

选择使用圆角过渡后，加工轨迹会在拐角处形成圆角，如图 7-68 所示。

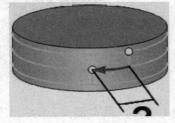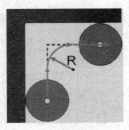

图 7-66　在加工的起始点下刀　　　图 7-67　在给定的距离后的点下刀　　　图 7-68　圆角过渡

（3）连接参数

① 起始/结束段参数

❑　接近方式：从设定的高度接近工件。有4种选择，包括从安全距离接近、从快速移动距离接近、从慢速移动距离接近、直接接近。

❑　返回方式：从工件返回到设定高度。有5种选择，包括返回到安全距离、返回到快速移动距离、返回到慢速移动距离、按柱面中轴返回到安全距离、直接返回。

② 间隙连接

❑　间隙阀值：有2个选项，包括刀具直径的百分比和数值、根据需要直接填写。

❑　小间隙连接方式：有7种选择，包括直接连接、抬刀到慢速移动距离、抬刀到安全距离、沿曲面连接、光滑连接、抬刀到快速移动距离、三段连接。

❑　大间隙连接方式：有7种选择，包括直接连接、抬刀到慢速移动距离、抬刀到安全距离、沿曲面连接、光滑连接、抬刀到快速移动距离、三段连接。

❑　小间隙切入切出：有4个选项，包括没有、仅有切入、仅有切出、切入/切出。

❑　大间隙切入切出：有4个选项，包括没有、仅有切入、仅有切出、切入/切出。

③ 行间连接　每行轨迹间的连接。

❑　行间距离阀值：有2个选项，包括行距的百分比和数值、根据需要直接填写。

❑　小行间连接方式：有7种选择，包括直接连接、抬刀到慢速移动距离、抬刀到安全距离、沿曲面连接、光滑连接、抬刀到快速移动距离、三段连接。

❑　大行间连接方式：有7种选择，包括直接连接、抬刀到慢速移动距离、抬刀到安全距离、沿曲面连接、光滑连接、抬刀到快速移动距离、三段连接。

❑　小间行间入切出：有4个选项，包括没有、仅有切入、仅有切出、切入/切出。

❑　大间行间入切出：有4个选项，包括没有、仅有切入、仅有切出、切入/切出。

④ 空切区域参数

区域类型有 3 种：平面、圆柱面和球面，如图 7-69 所示。

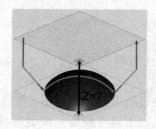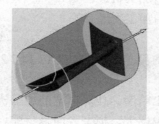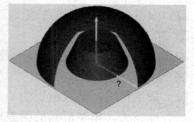

图 7-69　区域类型——平面、圆柱面和球面

❑　平面：有5个选项。安全高度：刀具快速移动而不会与毛坯或模型发生干涉的高度。平面法矢量平行于：有5个可选项，但目前只有"用户自定义"可用。平面法矢量：目前只有在选中"用户自定义"复选框时，Z轴正向可用。圆弧光滑连接：抬刀后加入圆角半径。保持刀轴方向直到距离：保持刀轴的方向达到所设定的距离。

❑　圆柱面：有5个选项，包括半径、最大角步距、轴线平行于（有4个选项）、轴基点（有3个选项）、轴方向（只有在选中"用户自定义"复选框时可用）。

❑　球面：有3个选项，包括半径、最大角步距、中心点（有3个选项）。

⑤ 距离参数

距离：有3个参数需要设定。见图7-31~图7-33和7.2.2节相关内容。

2. 具体操作步骤

（1）填写参数表。

（2）拾取加工曲面。填写完参数表后，系统提示：拾取加工曲面。左键拾取，右键确认。系统计算后，在屏幕上出现加工轨迹，同时在加工管理树上出现一个新节点。

7.2.10 扫描线精加工

【功能】用于精加工，生成扫描线加工轨迹。同样适用于加工那些陡峭面多的模型。加工时，由于铣刀平行于扫描线的切面，因此它适合于用刀具的顶刃来切削，所以不管是端刀，还是球刀都可以。

【操作】选择"加工"→"常用加工"→"扫描线精加工"命令，或单击 📬 按钮，弹出类似图 7-56 所示的对话框；单击对话框中各项，显示其参数设置卡，逐项设定参数。

1. 参数表说明

扫描线精加工参数表的内容包括：加工参数、区域参数、连接参数、切削用量、坐标系、刀具参数、几何 7 项。其中切削用量、坐标系、刀具参数和几何在第 6 章已有介绍。下面介绍其他参数设置。

（1）加工参数

① 加工方式

加工方式设定有 4 种选择。

- 单向：生成单向的加工轨迹，见图7-16和7.2.2节相关内容。
- 往复：生成往复的加工轨迹，见图7-16和7.2.2节相关内容。
- 向上：生成向上的扫描线精加工轨迹。
- 向下：生成向下的扫描线精加工轨迹。

② 加工方向

加工方向设定有两种选择，顺铣和逆铣。见图 7-17 和 7.2.2 节相关内容。

③ 余量和精度

- 加工精度：输入模型的加工精度。计算模型的加工轨迹的误差小于此值。加工精度越大，模型形状的误差也增大，模型表面越粗糙。加工精度越小，模型形状的误差也减小，模型表面越光滑，但是，轨迹段的数目增多，轨迹数据量变大。见图7-20和7.2.2节相关内容。

- 步距：加工精度选项后有一"高级"按钮，单击后，出现如图7-70所示的"高级设置"对话框，若选择输出类型为插入点，则会出现最大步距和最小步距两个选项。最大步距：两个刀位点之间的最大距离，如图7-71所示；最小步距：两个刀位点之间的最小距离，如图7-72所示。

- 加工余量：相对模型表面的残留高度，可以为负值，但不要超过刀角半径。见图7-19和7.2.2节相关内容。

④ 行距和残留高度

❑ 行距：加工平面上两刀之间的距离，见图7-59及7.2.9节相关内容。

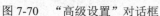

图 7-70 "高级设置"对话框

图 7-71 最大步距

图 7-72 最小步距

❑ 残留高度：见图7-60及7.2.9节相关内容。

❑ 自适应：自动计算内部适应的行距。在行距的后面，所以是指对行距的自适应处理。见图7-61、图7-62及7.2.9节相关内容。

❑ 平坦部的等高补加工：对平坦部位进行二次补充加工，见图7-63及7.2.9节相关内容。

⑤ 加工开始位置角

选择加工位置开始的地方，即曲面包围盒的 4 个角。有 4 个选项，左下、右下、左上、右上，如图 7-73 所示。

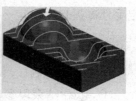

图 7-73 加工开始位置角——左下、右下、左上、右上

⑥ 与 Y 轴夹角（XOY 面内）

系统默认生成扫描线的角度是与 X 轴的夹角，若是想生成扫描线的角度是与 Y 轴的夹角，需要选中此复选框，可以填写任意角度，如图 7-74 所示，是 4 种角度的情况。

图 7-74 与 Y 轴夹角的扫描线

⑦ 裁剪刀刃长度

裁剪小于刀具直径百分比的轨迹，如图 7-75 所示。在保护边界的时候，刀具会向下切一点，切削到边界外面，但对于有的刀具切削刃短，并无法切削到，选择此项，就可以把切削不到的轨迹给删除掉或抬刀。此选项需要在不选择加工边界和其他边界条件下才可以生成。

图 7-75 裁剪刀刃长度

（2）区域参数

① 加工边界参数

❑ 加工边界：设置加工边界，以实现预定的加工轨迹。根据需要，选择使用。

❑ 刀具中心位于加工边界：设定刀具相对于边界的位置，有3种。重合：刀具位于边界上。内侧：刀具位于边界的内侧。外侧：刀具位于边界的外侧。见图7-23和7.2.2节相关内容。

② 工件边界参数

设置工件边界，以实现预定的加工轨迹。根据需要，选择使用。工件边界定义方式有3种。见图7-24~图7-26和7.2.2节相关内容。

③ 坡度范围参数

选择使用后能够设定倾斜面角度和加工区域。

❑ 斜面角度范围：在斜面的起始和终止角度内输入数值来完成坡度的设定，风图7-64及7.2.9节相关内容。

❑ 加工区域：选择所要加工的部位是在加工角度以内还是在加工角度以外，见图7-65及7.2.9节相关内容。

④ 高度范围参数

设置高度范围，以实现预定的加工轨迹。高度范围设定方式有两种。自动设定：以给定毛坯高度自动设定 z 的范围。用户设定：用户自定义 z 的起始高度和终止高度。

⑤ 补加工参数

对前一把刀加工后的剩余量进行补加工。根据需要，选择使用，可以自动计算。

（3）连接参数

① 起始/结束段参数

❑ 接近方式：从设定的高度接近工件。有4种选择，包括从安全距离接近、从快速移动距离接近、从慢速移动距离接近、直接接近。

❑ 返回方式：从工件返回到设定高度。有5种选择，包括返回到安全距离、返回到快速移动距离、返回到慢速移动距离、按柱面中轴返回到安全距离、直接返回。

② 间隙连接参数

❑ 间隙阀值：有2个选项，包括刀具直径的百分比和数值、根据需要直接填写。

❑ 小间隙连接方式：有7种选择，包括直接连接、抬刀到慢速移动距离、抬刀到安全距离、沿曲面连接、光滑连接、抬刀到快速移动距离、三段连接。

❑ 大间隙连接方式：有7种选择，包括直接连接、抬刀到慢速移动距离、抬刀到安全距离、沿曲面连接、光滑连接、抬刀到快速移动距离、三段连接。

❑ 小间隙切入切出：有4个选项，包括没有、仅有切入、仅有切出、切入/切出。

❑ 大间隙切入切出：有4个选项，包括没有、仅有切入、仅有切出、切入/切出。

③ 行间连接参数

每行轨迹间的连接。

❑ 行间距离阀值：有2个选项，包括行距的百分比和数值、根据需要直接填写。

❑ 小行间连接方式：有7种选择，包括直接连接、抬刀到慢速移动距离、抬刀到安全距离、沿曲面连接、光滑连接、抬刀到快速移动距离、三段连接。

❑　大行间连接方式：有7种选择，包括直接连接、抬刀到慢速移动距离、抬刀到安全
　　距离、沿曲面连接、光滑连接、抬刀到快速移动距离、三段连接。

❑　小间行间切入切出：有4个选项，包括没有、仅有切入、仅有切出、切入/切出。

❑　大间行间切入切出：有4个选项，包括没有、仅有切入、仅有切出、切入/切出。

④ 空切区域参数

区域类型有 3 种：平面、圆柱面和球面，如图 7-69 所示。

❑　平面：有5个选项。安全高度：刀具快速移动而不会与毛坯或模型发生干涉的高度。
　　平面法矢量平行于：有5个可选项。平面法矢量：目前只有在选中"用户自定义"
　　复选框时可用。圆弧光滑连接：抬刀后加入圆角半径。保持刀轴方向直到距离：
　　保持刀轴的方向达到所设定的距离。

❑　圆柱面：有5个选项。半径，最大角步距，轴线平行于：有4个选项，轴基点：有3
　　个选项，轴方向：只有在选中"用户自定义"复选框时可用。

❑　球面：有3个选项。半径，最大角步距，中心点：有3个选项。

⑤ 距离参数

距离：有 3 个参数需要设定。见图 7-31~图 7-33 和 7.2.2 节相关内容。

2．具体操作步骤

（1）填写参数表。

（2）拾取加工曲面。填写完参数表后，系统提示：拾取加工曲面。左键拾取，右键确
认。系统计算后，在屏幕上出现加工轨迹，同时在加工管理树上出现一个新节点。

7.2.11　平面精加工

【功能】用于精加工，生成平面加工轨迹，如图 7-76 所示。
适用于平坦部分的加工。

【操作】选择"加工"→"常用加工"→"平面精加工"
命令，或单击 按钮，弹出类似图 7-56 所示的对话框；单击
对话框中各项，显示其参数设置卡，逐项设定参数。

图 7-76　平面精加工轨迹

1．参数表说明

平面精加工参数表的内容包括：加工参数、区域参数、连
接参数、切削用量、坐标系、刀具参数、几何 7 项。其中切削用量、坐标系、刀具参数和
几何在第 6 章已有介绍。下面介绍其他参数设置。

（1）加工参数

① 加工方式

加工方式设定有两种选择，单向和往复，生成单向或往复的加工轨迹。见图 7-16 和 7.2.2
节相关内容。

② 加工方向

加工方向设定有两种选择，顺铣和逆铣。见图 7-17 和 7.2.2 节相关内容。

③ 余量和精度

❏ 加工精度：输入模型的加工精度。计算模型的加工轨迹的误差小于此值。加工精度越大，模型形状的误差也增大，模型表面越粗糙。加工精度越小，模型形状的误差也减小，模型表面越光滑，但是，轨迹段的数目增多，轨迹数据量变大。见图7-20和7.2.2节相关内容。

❏ 加工余量：相对模型表面的残留高度，可以为负值，但不要超过刀角半径。见图7-19和7.2.2节相关内容。

④ 行距和残留高度

❏ 行距：加工平面上两刀之间的距离，如图7-77所示。

❏ 残留高度：见图7-60及7.2.9节相关内容。

（2）区域参数

① 加工边界参数

❏ 加工边界：设置加工边界，以实现预定的加工轨迹。根据需要，选择使用。

❏ 刀具中心位于加工边界：设定刀具相对于边界的位置，有3个选项。重合：刀具位于边界上。内侧：刀具位于边界的内侧。外侧：刀具位于边界的外侧。见图7-23和7.2.2节相关内容。

② 高度范围参数

设置高度范围，以实现预定的加工轨迹。自动设定：以给定毛坯高度自动设定 z 的范围。用户设定：用户自定义 z 的起始高度和终止高度。

（3）连接参数

① 起始/结束段参数

❏ 接近方式：从设定的高度接近工件，有4种选择：从安全距离接近、从快速移动距离接近、从慢速移动距离接近、直接接近。

❏ 返回方式：从工件返回到设定高度。有5种选择：返回到安全距离、返回到快速移动距离、返回到慢速移动距离、按柱面中轴返回到安全距离、直接返回。

② 间隙连接参数

❏ 间隙阀值：有2个选项，包括刀具直径的百分比和数值、根据需要直接填写。

❏ 小间隙连接方式：有7种选择，包括直接连接、抬刀到慢速移动距离、抬刀到安全距离、沿曲面连接、光滑连接、抬刀到快速移动距离、三段连接。

❏ 大间隙连接方式：有7种选择，包括直接连接、抬刀到慢速移动距离、抬刀到安全距离、沿曲面连接、光滑连接、抬刀到快速移动距离、三段连接。

❏ 小间隙切入切出：有4个选项，包括没有、仅有切入、仅有切出、切入/切出。

❏ 大间隙切入切出：有4个选项，包括没有、仅有切入、仅有切出、切入/切出。

③ 行间连接参数

每行轨迹间的连接。

❏ 行间距离阀值：有2个选项，包括行距的百分比和数值、根据需要直接填写。

❏ 小行间连接方式：有7种选择，包括直接连接、抬刀到慢速移动距离、抬刀到安全距离、沿曲面连接，光滑连接、抬刀到快速移动距离、三段连接。

❏ 大行间连接方式：有7种选择，包括直接连接、抬刀到慢速移动距离、抬刀到安全

图 7-77　平面精加工的行距

距离、沿曲面连接、光滑连接、抬刀到快速移动距离、三段连接。

❑　小间行间切入切出：有4个选项，包括没有、仅有切入、仅有切出、切入/切出。

❑　大间行间切入切出：有4个选项，包括没有、仅有切入、仅有切出、切入/切出。

④　空切区域参数

区域类型有 3 种，包括平面、圆柱面和球面，如图 7-69 所示。

❑　平面：有5个选项。安全高度：刀具快速移动而不会与毛坯或模型发生干涉的高度。平面法矢量平行于：有5个可选项。平面法矢量：目前只有在选中"用户自定义"复选框时可用。圆弧光滑连接：抬刀后加入圆角半径。保持刀轴方向直到距离：保持刀轴的方向达到所设定的距离。

❑　圆柱面：有5个选项。半径，最大角步距，轴线平行于：有4个选项，轴基点：有3个选项，轴方向：只有在选中"用户自定义"复选框时可用。

❑　球面：有3个选项。半径，最大角步距，中心点：有3个选项。

⑤　距离参数

距离：有 3 个参数需要设定。见图 7-31~图 7-33 和 7.2.2 节相关内容。

2．具体操作步骤

（1）填写参数表。

（2）拾取加工曲面。填写完参数表后，系统提示：拾取加工曲面。左键拾取，右键确认。系统计算后，在屏幕上出现加工轨迹，同时在加工管理树上出现一个新节点。

7.2.12　笔式清根加工

【功能】用于精加工，生成笔式清根加工轨迹。在那些陡峭面多的模型精加工后，对模型中的岛屿进行清根加工。

【操作】选择"加工"→"常用加工"→"笔式清根加工"命令，或单击 按钮，弹出类似图 7-56 所示的对话框；单击对话框中各项，显示其参数设置卡，逐项设定参数。

1．参数表说明

笔式清根加工参数表的内容包括：加工参数、区域参数、连接参数、切削用量、坐标系、刀具参数、几何等 7 项。其中切削用量、坐标系、刀具参数和几何在第 6 章已有介绍。下面介绍其他参数设置。

（1）加工参数

①　加工方式

加工方式设定只有单向一种选择。见图 7-16 和 7.2.2 节相关内容。

②　加工方向

加工方向设定有两种选择，顺铣和逆铣。见图 7-17 和 7.2.2 节相关内容。

③　余量和精度

❑　加工精度：输入模型的加工精度。计算模型的加工轨迹的误差小于此值。加工精度越大，模型形状的误差也增大，模型表面越粗糙。加工精度越小，模型形状的误差也减小，模型表面越光滑，但是，轨迹段的数目增多，轨迹数据量变大。见

图7-20和7.2.2节相关内容。

❑ 加工余量：相对模型表面的残留高度，可以为负值，但不要超过刀角半径。见图7-19和7.2.2节相关内容。

④ 行距和残留高度

在选中了下一项——多层清根后可以选用。

❑ 行距：加工平面上两刀之间的距离，见图7-59及7.2.9节相关内容。

❑ 残留高度：见图7-60及7.2.9节相关内容。

（2）区域参数

① 加工边界参数

❑ 加工边界：设置加工边界，以实现预定的加工轨迹。根据需要，选择使用。

❑ 刀具中心位于加工边界：设定刀具相对于边界的位置，有3种。重合：刀具位于边界上。内侧：刀具位于边界的内侧。外侧：刀具位于边界的外侧。见图7-23和7.2.2节相关内容。

② 坡度范围参数

选择使用后能够设定倾斜面角度和加工区域。

❑ 斜面角度范围：在斜面的起始和终止角度内填写数值来完成坡度的设定，见图7-64及7.2.9节相关内容。

❑ 加工区域：选择所要加工的部位是在加工角度以内还是在加工角度以外，见图7-65及7.2.9节相关内容。

③ 高度范围参数

设置高度范围，以实现预定的加工轨迹。高度范围设定方式有两种。自动设定：以给定毛坯高度自动设定 z 的范围。用户设定：用户自定义 z 的起始高度和终止高度。

④ 下刀点参数

选择使用下刀点参数，能够拾取开始点和在后续层开始点选择的方式。

❑ 开始点：加工时在加工的起始点下刀，见图7-66及7.2.9节相关内容。

❑ 在后续层开始点选择的方式：在移动给定的距离后的点下刀，见图7-67及7.2.9节相关内容。

（3）连接参数

① 起始/结束段参数

❑ 接近方式：从设定的高度接近工件，有4种选择，包括从安全距离接近、从快速移动距离接近、从慢速移动距离接近、直接接近。

❑ 返回方式：从工件返回到设定高度。有5种选择，包括返回到安全距离、返回到快速移动距离、返回到慢速移动距离、按柱面中轴返回到安全距离、直接返回。

② 间隙连接参数

❑ 间隙阀值：有2个选项，包括刀具直径的百分比和数值、根据需要直接填写。

❑ 小间隙连接方式：有7种选择，包括直接连接、抬刀到慢速移动距离、抬刀到安全距离、沿曲面连接、光滑连接、抬刀到快速移动距离、三段连接。

❑ 大间隙连接方式：有7种选择，包括直接连接、抬刀到慢速移动距离、抬刀到安全距离、沿曲面连接、光滑连接、抬刀到快速移动距离、三段连接。

❑ 小间隙切入切出：有4个选项，包括没有、仅有切入、仅有切出、切入/切出。

❑ 大间隙切入切出：有4个选项，包括没有、仅有切入、仅有切出、切入/切出。

③ 行间连接参数

每行轨迹间的连接。

❑ 行间距离阀值：有2个选项，包括行距的百分比和数值、根据需要直接填写。

❑ 小行间连接方式：有7种选择，包括直接连接、抬刀到慢速移动距离、抬刀到安全距离、沿曲面连接、光滑连接、抬刀到快速移动距离、三段连接。

❑ 大行间连接方式：有7种选择，包括直接连接、抬刀到慢速移动距离、抬刀到安全距离、沿曲面连接、光滑连接、抬刀到快速移动距离、三段连接。

❑ 小间行间切入切出：有4个选项，包括没有、仅有切入、仅有切出、切入/切出。

❑ 大间行间切入切出：有4个选项，包括没有、仅有切入、仅有切出、切入/切出。

④ 空切区域参数

区域类型有 3 种，包括平面、圆柱面和球面，如图 7-69 所示。

❑ 平面：有5个选项。安全高度：刀具快速移动而不会与毛坯或模型发生干涉的高度。平面法矢量平行于：有5个可选项。平面法矢量：目前只有在选中"用户自定义"复选框时可用。圆弧光滑连接：抬刀后加入圆角半径。保持刀轴方向直到距离：保持刀轴的方向达到所设定的距离。

❑ 圆柱面：有5个选项。半径，最大角步距，轴线平行于：有4个选项，轴基点：有3个选项，轴方向：只有在选中"用户自定义"复选框时可用。

❑ 球面：有3个选项。半径，最大角步距，中心点：有3个选项。

⑤ 距离参数

距离：有 3 个参数需要设定。见图 7-31~图 7-33 和 7.2.2 节相关内容。

2．具体操作步骤

（1）填写参数表。

（2）拾取加工曲面。填写完参数表后，系统提示：拾取加工曲面。左键拾取，右键确认。系统计算后，在屏幕上出现加工轨迹，同时在加工管理树上出现一个新节点。

7.2.13 曲线投影加工

【功能】拾取平面上的曲线，在模型的某一区域内投影加工轨迹，如图 7-78 所示。

【操作】选择"加工"→"常用加工"→"曲线投影加工"命令，或单击 按钮，弹出类似图 7-56 所示的对话框；单击对话框中各项，显示其参数设置卡，逐项设定参数。

1．参数表说明

曲线投影加工参数表的内容包括：加工参数、区域参数、连接参数、切削用量、坐标系、刀具参数、几何 7 项。其中切削用量、坐标系、刀具参数和几何在第 6 章已有介绍。下面介绍其他参数设置。

（1）加工参数

曲线类型有 4 种方式：用户自定义、平面放射线、平面螺旋线、等距轮廓，如图 7-79 所示。

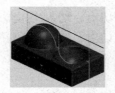

图 7-78　曲线投影加工轨迹　　　　图 7-79　曲线类型——平面放射线、平面螺旋线、等距轮廓

① 加工方式

加工方式设定有单向和往复两种选择。见图 7-16 和 7.2.2 节相关内容。

② 加工方向

加工方向设定有两种选择，顺铣和逆铣。见图 7-17 和 7.2.2 节相关内容。

③ 余量和精度

❏ 加工精度：输入模型的加工精度。计算模型的加工轨迹的误差小于此值。加工精度越大，模型形状的误差也增大，模型表面越粗糙。加工精度越小，模型形状的误差也减小，模型表面越光滑，但是，轨迹段的数目增多，轨迹数据量变大。见图7-20和7.2.2节相关内容。

❏ 加工余量：相对模型表面的残留高度，可以为负值，但不要超过刀角半径。见图7-19和7.2.2节相关内容。

（2）区域参数

① 加工边界参数

❏ 加工边界：设置加工边界，以实现预定的加工轨迹。根据需要，选择使用。

❏ 刀具中心位于加工边界：设定刀具相对于边界的位置，有3种。重合：刀具位于边界上。内侧：刀具位于边界的内侧。外侧：刀具位于边界的外侧。见图7-23和7.2.2节相关内容。

② 坡度范围参数

选择使用后能够设定倾斜面角度和加工区域。

❏ 斜面角度范围：在斜面的起始和终止角度内填写数值来完成坡度的设定，见图7-64及7.2.9节相关内容。

❏ 加工区域：选择所要加工的部位是在加工角度以内还是在加工角度以外，见图7-65及7.2.9节相关内容。

③ 高度范围参数

设置高度范围，以实现预定的加工轨迹。高度范围设定方式有两种。自动设定：以给定毛坯高度自动设定 z 的范围。用户设定：用户自定义 z 的起始高度和终止高度。

④ 补加工参数

对前一把刀加工后的剩余量进行补加工。根据需要，选择使用，可以自动计算。

⑤ 下刀点参数

选择使用下刀点参数，能够拾取开始点和在后续层开始点选择的方式。

❏ 开始点：加工时在加工的起始点下刀，见图7-66及7.2.9节相关内容。

❏ 在后续层开始点选择的方式：在移动给定的距离后的点下刀，见图7-67及7.2.9节相关内容。

（3）连接参数

① 起始/结束段参数

❑　接近方式：从设定的高度接近工件。有 4 种选择，包括从安全距离接近、从快速移动距离接近、从慢速移动距离接近、直接接近。

❑　返回方式：从工件返回到设定高度。有 5 种选择，包括返回到安全距离、返回到快速移动距离、返回到慢速移动距离、按柱面中轴返回到安全距离、直接返回。

② 间隙连接参数

❑　间隙阀值：有 2 个选项，包括刀具直径的百分比和数值、根据需要直接填写。

❑　小间隙连接方式：有 7 种选择，包括直接连接、抬刀到慢速移动距离、抬刀到安全距离、沿曲面连接、光滑连接、抬刀到快速移动距离、三段连接。

❑　大间隙连接方式：有 7 种选择，包括直接连接、抬刀到慢速移动距离、抬刀到安全距离、沿曲面连接、光滑连接、抬刀到快速移动距离、三段连接。

❑　小间隙切入切出：有 4 个选项，包括没有、仅有切入、仅有切出、切入/切出。

❑　大间隙切入切出：有 4 个选项，包括没有、仅有切入、仅有切出、切入/切出。

③ 行间连接参数

每行轨迹间的连接。

❑　行间距离阀值：有 2 个选项，包括行距的百分比和数值、根据需要直接填写。

❑　小行间连接方式：有 7 种选择，包括直接连接、抬刀到慢速移动距离、抬刀到安全距离、沿曲面连接、光滑连接、抬刀到快速移动距离、三段连接。

❑　大行间连接方式：有 7 种选择，包括直接连接、抬刀到慢速移动距离、抬刀到安全距离、沿曲面连接、光滑连接、抬刀到快速移动距离、三段连接。

❑　小间行间切入切出：有 4 个选项，包括没有、仅有切入、仅有切出、切入/切出。

❑　大间行间切入切出：有 4 个选项，包括没有、仅有切入、仅有切出、切入/切出。

④ 空切区域参数

区域类型有 3 种：平面、圆柱面和球面，如图 7-69 所示。

❑　平面：有 5 个选项。安全高度：刀具快速移动而不会与毛坯或模型发生干涉的高度。平面法矢量平行于：有 5 个可选项。平面法矢量：目前只有在选中"用户自定义"复选框时可用。圆弧光滑连接：抬刀后加入圆角半径。保持刀轴方向直到距离：保持刀轴的方向达到所设定的距离。

❑　圆柱面：有 5 个选项。半径，最大角步距，轴线平行于：有 4 个选项，轴基点：有 3 个选项，轴方向：只有在选中"用户自定义"复选框时可用。

❑　球面：有 3 个选项。半径，最大角步距，中心点：有 3 个选项。

⑤ 距离参数

距离：有 3 个参数需要设定。见图 7-31~图 7-33 和 7.2.2 节相关内容。

2．具体操作步骤

（1）填写参数表。

（2）拾取加工曲面。填写完参数表后，系统提示：拾取加工曲面。左键拾取，右键确认。系统再提示：请拾取投影曲线。左键拾取，右键确认。系统计算后，在屏幕上出现加工轨迹，同时在加工管理树上出现一个新节点。

7.2.14 三维偏置加工

【功能】用于精加工，生成三维偏置加工轨迹，如图 7-80 所示。适用于加工陡峭面多的模型。

【操作】选择"加工"→"常用加工"→"三维偏置加工"命令，或单击 按钮，弹出类似图 7-56 所示的对话框；单击对话框中各项，显示其参数设置卡，逐项设定参数。

图 7-80   三维偏置加工轨迹

1. 参数表说明

三维偏置加工参数表的内容包括：加工参数、区域参数、连接参数、切削用量、坐标系、刀具参数、几何 7 项。其中切削用量、坐标系、刀具参数和几何在第 6 章已有介绍。下面介绍其他参数设置。

（1）加工参数

① 加工方式

加工方式设定有单向和往复两种选择，见图 7-16 和 7.2.2 节相关内容。

② 加工方向

加工方向设定有两种选择，顺铣和逆铣。见图 7-17 和 7.2.2 节相关内容。

③ 加工顺序

加工顺序设定有 5 种选择：标准（如图 7-81 所示），由里向外和由外向里（如图 7-82 所示），从上向下和从下向上（见图 7-58 及 7.2.9 节相关内容）。

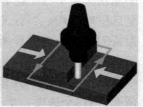

图 7-81   标准加工顺序   图 7-82   由里向外和由外向里加工顺序

④ 偏置方向

偏置方向设定有 3 种方式：左偏、右偏和双向，如图 7-83 所示。

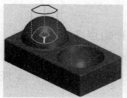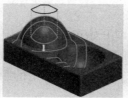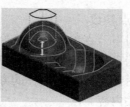

图 7-83 偏置方向——左偏、右偏和双向

⑤ 余量和精度

❑ 加工精度：输入模型的加工精度。计算模型的加工轨迹的误差小于此值。加工精度越大，模型形状的误差也增大，模型表面越粗糙。加工精度越小，模型形状的误差也减小，模型表面越光滑，但是，轨迹段的数目增多，轨迹数据量变大。见图7-20和7.2.2节相关内容。

❑ 步距：加工精度选项后有一"高级"按钮，单击后，出现如图7-70所示的"高级设置"对话框，若选择输出类型为插入点，则会出现最大步距和最小步距两个选项，最大步距：两个刀位点之间的最大距离；最小步距：两个刀位点之间的最小距离。见图7-71、图7-72及7.2.10节相关内容。

❑ 加工余量：相对模型表面的残留高度，可以为负值，但不要超过刀角半径。见图7-19和7.2.2节相关内容。

⑥ 行距和残留高度

❑ 行距：加工平面上两刀之间的距离，见图7-59及7.2.9节相关内容。

❑ 残留高度：见图7-60及7.2.9节相关内容。

（2）区域参数

① 加工边界参数

❑ 加工边界：设置加工边界，以实现预定的加工轨迹。根据需要，选择使用。

❑ 刀具中心位于加工边界：设定刀具相对于边界的位置，有3种。重合：刀具位于边界上。内侧：刀具位于边界的内侧。外侧：刀具位于边界的外侧。见图7-23和7.2.2节相关内容。

② 工件边界参数

设置工件边界，以实现预定的加工轨迹。根据需要，选择使用。工件边界定义方式有3种。见图 7-24~图 7-26 和 7.2.2 节相关内容。

③ 坡度范围参数

选择使用后能够设定倾斜面角度和加工区域。

❑ 斜面角度范围：在斜面的起始和终止角度内输入数值来完成坡度的设定，见图7-64及7.2.9节相关内容。

❑ 加工区域：选择所要加工的部位是在加工角度以内还是在加工角度以外，见图7-65及7.2.9节相关内容。

④ 高度范围参数

设置高度范围，以实现预定的加工轨迹。高度范围设定方式有两种。自动设定：以给定毛坯高度自动设定 z 的范围。用户设定：用户自定义 z 的起始高度和终止高度。

⑤ 下刀点参数

选择使用下刀点参数，能够拾取开始点和在后续层开始点选择的方式。

❑　开始点：加工时在加工的起始点下刀，见图7-66及7.2.9节相关内容。

❑　在后续层开始点选择的方式：在移动给定的距离后的点下刀，见图7-67及7.2.9节相关内容。

⑥ 补加工参数

对前一把刀加工后的剩余量进行补加工。根据需要，选择使用，可以自动计算。

（3）连接参数

① 起始/结束段参数

❑　接近方式：从设定的高度接近工件。有4种选择，包括从安全距离接近、从快速移动距离接近、从慢速移动距离接近、直接接近。

❑　返回方式：从工件返回到设定高度。有5种选择，包括返回到安全距离、返回到快速移动距离、返回到慢速移动距离、按柱面中轴返回到安全距离、直接返回。

② 间隙连接参数

❑　间隙阀值：有2个选项，包括刀具直径的百分比和数值、根据需要直接填写。

❑　小间隙连接方式：有7种选择，包括直接连接、抬刀到慢速移动距离、抬刀到安全距离、沿曲面连接、光滑连接、抬刀到快速移动距离、三段连接。

❑　大间隙连接方式：有7种选择，包括直接连接、抬刀到慢速移动距离、抬刀到安全距离、沿曲面连接、光滑连接、抬刀到快速移动距离、三段连接。

❑　小间隙切入切出：有4个选项，包括没有、仅有切入、仅有切出、切入/切出。

❑　大间隙切入切出：有4个选项，包括没有、仅有切入、仅有切出、切入/切出。

③ 行间连接参数

每行轨迹间的连接。

❑　行间距离阀值：有2个选项，包括行距的百分比和数值、根据需要直接填写。

❑　小行间连接方式：有7种选择，包括直接连接、抬刀到慢速移动距离、抬刀到安全距离、沿曲面连接、光滑连接、抬刀到快速移动距离、三段连接。

❑　大行间连接方式：有7种选择，包括直接连接、抬刀到慢速移动距离、抬刀到安全距离、沿曲面连接、光滑连接、抬刀到快速移动距离、三段连接。

❑　小间行间切入切出：有4个选项，包括没有、仅有切入、仅有切出、切入/切出。

❑　大间行间切入切出：有4个选项，包括没有、仅有切入、仅有切出、切入/切出。

④ 空切区域参数

区域类型有 3 种：平面，圆柱面和球面，如图 7-69 所示。

❑　平面：有5个选项。安全高度：刀具快速移动而不会与毛坯或模型发生干涉的高度。平面法矢量平行于：有5个可选项。平面法矢量：目前只有在选中"用户自定义"复选框时可用。圆弧光滑连接：抬刀后加入圆角半径。保持刀轴方向直到距离：保持刀轴的方向达到所设定的距离。

❑　圆柱面：有5种选项。半径，最大角步距，轴线平行于：有4个选项，轴基点：有3个选项，轴方向：只有在选中"用户自定义"复选框时可用。

❑　球面：有3种选项。半径，最大角步距，中心点：有3个选项。

⑤ 距离参数

距离：有 3 个参数需要设定。见图 7-31~图 7-33 和 7.2.2 节相关内容。

2. 具体操作步骤

（1）填写参数表。

（2）拾取加工曲面。填写完参数表后，系统提示：拾取加工曲面。左键拾取，右键确认。系统计算后，在屏幕上出现加工轨迹，同时在加工管理树上出现一个新节点。

7.2.15 轮廓偏置加工

【功能】用于精加工，根据模型轮廓形状生成加工轨迹。适用于加工陡峭面多的模型。

【操作】选择"加工"→"常用加工"→"轮廓偏置加工"命令，或单击 ⬤ 按钮，弹出类似图 7-56 所示的对话框；单击对话框中各项，显示其参数设置卡，逐项设定参数。

1. 参数表说明

轮廓偏置加工参数表的内容包括：加工参数、区域参数、连接参数、切削用量、坐标系、刀具参数、几何 7 项。其中切削用量、坐标系、刀具参数和几何在第 6 章已有介绍。下面介绍其他参数设置。

（1）加工参数

① 加工方式

加工方式设定有 3 种选择：单向、往复（见图 7-16 和 7.2.2 节相关内容）和螺旋（见图 7-57 和 7.2.9 节相关内容）。

② 加工方向

加工方向设定有两种选择，顺铣和逆铣。见图 7-17 和 7.2.2 节相关内容。

③ 加工顺序

加工顺序设定有两种选择：由里向外和由外向里（见图 7-82 及 7.2.14 节相关内容）。

④ 余量和精度

❑ 加工精度：输入模型的加工精度。计算模型的加工轨迹的误差小于此值。加工精度越大，模型形状的误差也增大，模型表面越粗糙。加工精度越小，模型形状的误差也减小，模型表面越光滑，但是，轨迹段的数目增多，轨迹数据量变大。见图7-20和7.2.2节相关内容。

❑ 加工余量：相对模型表面的残留高度，可以为负值，但不要超过刀角半径。图7-19和7.2.2节相关内容。

⑤ 行距和残留高度

❑ 行距：XY方向的相邻扫描行的距离，见图7-59及7.2.9节相关内容。

❑ 残留高度：见图7-60及7.2.9节相关内容。

⑥ 轮廓偏置方式

轮廓偏置方式有两种选择，等距：生成等距的轮廓偏置轨迹线，如图 7-84 所示；变形过渡：轮廓偏置轨迹线根据形状改变，如图 7-85 所示。

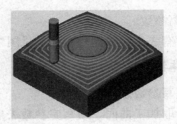

图 7-84 等距轮廓偏置轨迹　　　　图 7-85 变形过渡轮廓偏置轨迹

⑦ 偏置方向和刀次

❑ 偏置方向：有两种选择，左偏和右偏，如图7-86所示。

❑ 刀次：计算XY方向一次的切入量时，输入加工领域范围内的加工次数，加工次数设置为0次时系统默认为整个模型加工。

图 7-86　偏置方向——左偏和右偏

（2）区域参数

① 自定义边界参数

自定义边界：设置加工边界，以实现预定的加工轨迹。根据需要，选择使用。必须是一条封闭的边界。

② 工件边界参数

设置工件边界，以实现预定的加工轨迹。根据需要，选择使用。工件边界定义方式有3 种。见图 7-24~图 7-26 和 7.2.2 节相关内容。

③ 下刀点参数

选择使用下刀点参数，能够拾取开始点和在后续层开始点选择的方式。

❑ 开始点：加工时在加工的起始点下刀，见图7-66及7.2.9节相关内容。

❑ 在后续层开始点选择的方式：在移动给定的距离后的点下刀，见图7-67及7.2.9节相关内容。

（3）连接参数

① 起始/结束段参数

❑ 接近方式：从设定的高度接近工件，有4种选择，包括从安全距离接近、从快速移动距离接近、从慢速移动距离接近、直接接近。

❑ 返回方式：从工件返回到设定高度。有5种选择，包括返回到安全距离、返回到快速移动距离、返回到慢速移动距离、按柱面中轴返回到安全距离、直接返回。

② 间隙连接参数

❑ 间隙阀值：有2个选项，包括刀具直径的百分比和数值、根据需要直接填写。

❑ 小间隙连接方式：有7种选择，包括直接连接、抬刀到慢速移动距离、抬刀到安全距离、沿曲面连接、光滑连接、抬刀到快速移动距离、三段连接。

❑ 大间隙连接方式：有7种选择，包括直接连接、抬刀到慢速移动距离、抬刀到安全距离、沿曲面连接、光滑连接、抬刀到快速移动距离、三段连接。

❑ 小间隙切入切出：有4个选项，包括没有、仅有切入、仅有切出、切入/切出。

❑ 大间隙切入切出：有4个选项，包括没有、仅有切入、仅有切出、切入/切出。

③ 行间连接参数

每行轨迹间的连接。

❑ 行间距离阀值：有2个选项，包括行距的百分比和数值、根据需要直接填写。

❑ 小行间连接方式：有7种选择，包括直接连接、抬刀到慢速移动距离、抬刀到安全距离、沿曲面连接、光滑连接、抬刀到快速移动距离、三段连接。

❑ 大行间连接方式：有7种选择，包括直接连接、抬刀到慢速移动距离、抬刀到安全距离、沿曲面连接、光滑连接、抬刀到快速移动距离、三段连接。

❑ 小间行间切入切出：有4个选项，包括没有、仅有切入、仅有切出、切入/切出。

❑ 大间行间切入切出：有4个选项，包括没有、仅有切入、仅有切出、切入/切出。

④ 空切区域参数

区域类型有 3 种：平面、圆柱面和球面，如图 7-69 所示。

❑ 平面：有5个选项。安全高度：刀具快速移动而不会与毛坯或模型发生干涉的高度。平面法矢量平行于：有5个可选项。平面法矢量：目前只有在选中"用户自定义"复选框时可用。圆弧光滑连接：抬刀后加入圆角半径。保持刀轴方向直到距离：保持刀轴的方向达到所设定的距离。

❑ 圆柱面：有5种选项。半径，最大角步距，轴线平行于：有4个选项，轴基点：有3个选项，轴方向：只有在选中"用户自定义"复选框时可用。

❑ 球面：有3种选项。半径，最大角步距，中心点：有3个选项。

⑤ 距离参数

距离：有 3 个参数需要设定。见图 7-31~图 7-33 和 7.2.2 节相关内容。

2. 具体操作步骤

（1）填写参数表。

（2）拾取加工曲面。填写完参数表后，系统提示：拾取加工曲面。左键拾取，右键确认。系统计算后，在屏幕上出现加工轨迹，同时在加工管理树上出现一个新节点。

7.2.16 投影加工

【功能】生成投影加工轨迹。

【操作】选择"加工"→"常用加工"→"投影加工"命令，或单击⊟按钮，弹出类似图 7-56 所示的对话框；单击对话框中各项，显示其参数设置卡，逐项设定参数。

1. 参数表说明

投影加工参数表的内容包括：加工参数、区域参数、连接参数、切削用量、坐标系、刀具参数、几何 7 项。其中切削用量、坐标系、刀具参数和几何在第 6 章已有介绍。下面介绍其他参数设置。

（1）加工参数

① 加工方式

加工方式设定有 3 种选择：单向、往复（见图 7-16 和 7.2.2 节相关内容）和螺旋（见图 7-57 和 7.2.9 节相关内容）。

② 加工方向

加工方向设定有两种选择，顺时针和逆时针，如图 7-87 所示。

图 7-87　加工方向——顺时针和逆时针

③ 加工顺序

加工顺序设定有 3 种选择：标准（见图 7-81 及 7.2.14 节相关内容），由里向外和由外向里（见图 7-82 及 7.2.14 节相关内容）。

④ 加工角度

□　与 Y 轴夹角（XOY 面内），见图 7-74 及 7.2.10 节相关内容。

□　与 XOY 平面的夹角，如图 7-88 所示。

图 7-88　与 XOY 平面的夹角

⑤ 余量和精度

□　加工精度：输入模型的加工精度。计算模型的加工轨迹的误差小于此值。加工精度越大，模型形状的误差也增大，模型表面越粗糙。加工精度越小，模型形状的误差也减小，模型表面越光滑，但是，轨迹段的数目增多，轨迹数据量变大。见图 7-20 和 7.2.2 节相关内容。

□　加工余量：相对模型表面的残留高度，可以为负值，但不要超过刀角半径。见图 7-19 和 7.2.2 节相关内容。

⑥ 行距和残留高度

□　行距：加工平面上两刀之间的距离，见图 7-59 及 7.2.9 节相关内容。

□　残留高度：见图 7-60 及 7.2.9 节相关内容。

⑦ 投影方式

投影方式有两种选择，沿直线和绕直线，如图 7-89 所示。

⑧ 投影方向

投影方向有两种选择，向内和向外，如图 7-90 所示。

图 7-89　投影方式——沿直线和绕直线　　　　图 7-90　投影方向——向内和向外

（2）区域参数

① 直线区域参数

❑　直线起点：用x、y、z三点坐标设定。

❑　范围：5个参数设定，包括沿直线开始高度、沿直线终点高度、开始角度、结束角度、角步距。

② 下刀点参数

选择使用下刀点参数，能够拾取开始点和在后续层开始点选择的方式。

❑　开始点：加工时在加工的起始点下刀，见图7-66及7.2.9节相关内容。

❑　在后续层开始点选择的方式：在移动给定的距离后的点下刀，见图7-67及7.2.9节相关内容。

（3）连接参数

① 起始/结束段参数

❑　接近方式：从设定的高度接近工件。有4种选择，包括从安全距离接近、从快速移动距离接近、从慢速移动距离接近、直接接近。

❑　返回方式：从工件返回到设定高度。有5种选择，包括返回到安全距离、返回到快速移动距离、返回到慢速移动距离、按柱面中轴返回到安全距离、直接返回。

② 间隙连接参数

❑　间隙阀值：有2个选项，包括刀具直径的百分比和数值、根据需要直接填写。

❑　小间隙连接方式：有7种选择，包括直接连接、抬刀到慢速移动距离、抬刀到安全距离、沿曲面连接、光滑连接、抬刀到快速移动距离、三段连接。

❑　大间隙连接方式：有7种选择，包括直接连接、抬刀到慢速移动距离、抬刀到安全距离、沿曲面连接、光滑连接、抬刀到快速移动距离、三段连接。

❑　小间隙切入切出：有4个选项，包括没有、仅有切入、仅有切出、切入/切出。

❑　大间隙切入切出：有4个选项，包括没有、仅有切入、仅有切出、切入/切出。

③ 行间连接参数

每行轨迹间的连接。

❑　行间距离阀值：有2个选项，包括行距的百分比和数值、根据需要直接填写。

❑　小行间连接方式：有7种选择，包括直接连接、抬刀到慢速移动距离、抬刀到安全距离、沿曲面连接、光滑连接、抬刀到快速移动距离、三段连接。

❑　大行间连接方式：有7种选择，包括直接连接、抬刀到慢速移动距离、抬刀到安全距离、沿曲面连接、光滑连接、抬刀到快速移动距离、三段连接。

❑　小间行间切入切出：有4个选项，包括没有、仅有切入、仅有切出、切入/切出。

□ 大间行间切入切出：有4个选项，包括没有、仅有切入、仅有切出、切入/切出。
④ 空切区域参数

区域类型有 3 种：平面，圆柱面和球面，如图 7-69 所示。

□ 平面：有5个选项。安全高度：刀具快速移动而不会与毛坯或模型发生干涉的高度。
平面法矢量平行于：有5个可选项。平面法矢量：目前只有在选中"用户自定义"
复选框时可用。圆弧光滑连接：抬刀后加入圆角半径。保持刀轴方向直到距离：
保持刀轴的方向达到所设定的距离。

□ 圆柱面：有5个选项。半径，最大角步距，轴线平行于：有4个选项，轴基点：有3
个选项，轴方向：只有在选中"用户自定义"复选框时可用。

□ 球面：有3个选项。半径，最大角步距，中心点：有3个选项。
⑤ 距离参数

距离：有 3 个参数需要设定。见图 7-31~图 7-33 和 7.2.2 节相关内容。

2. 具体操作步骤

（1）填写参数表。
（2）拾取加工曲面。填写完参数表后，系统提示：拾取加工曲面。左键拾取，右键确
认。系统计算后，在屏幕上出现加工轨迹，同时在加工管理树上出现一个新节点。

7.3 雕 刻 加 工

7.3.1 图像浮雕加工

【功能】读入*.bmp 格式灰度图像，生成图像浮雕加工刀具轨迹。刀具的雕刻深度随灰
度图片的明暗变化而变化。

【操作】选择"加工"→"雕刻加工"→"图像浮雕加工"命令，提示用户打开位图文
件。选择需要的位图文件后，单击"打开"按钮，屏幕出现已选择的位图图像并弹出"图
像浮雕加工（创建）"对话框，如图 7-91 所示。

图 7-91 "图像浮雕加工（创建）"对话框

图像浮雕加工参数表内容包括：图像文件、加工参数、切削用量、坐标系、刀具参数、几何 6 项。其中切削用量、坐标系、刀具参数和几何在第 6 章已有介绍。下面介绍图像浮雕加工参数设置。

① 参数

包括顶层高度、浮雕深度、加工行距、加工精度、Y 向尺寸、加工层数、平滑次数、最小步距。

- ❑ 顶层高度：定义浮雕加工时，材料的上表面高度，一般均为零。
- ❑ 浮雕深度：定义浮雕切削深度。
- ❑ 加工行距：定义浮雕加工两行刀具轨迹之间的距离。
- ❑ 加工精度：输入模型的加工精度。计算模型的轨迹的误差小于此值。加工精度越大，模型形状的误差也增大，模型表面越粗糙。加工精度越小，模型形状的误差也减小，模型表面越光滑，但是，轨迹段的数目增多，轨迹数据量变大。见图7-20和7.2.2节相关内容。
- ❑ Y向尺寸：定义加工出的浮雕产品的Y向尺寸。
- ❑ 加工层数：当加工深度较深时，可设置分层下刀。每层下刀深度＝（最大高度 - 最小高度）／加工层数。
- ❑ 最小步距：刀具走刀的最小步长，小于"最小步长"的走刀步将被删除。
- ❑ 平滑次数：使轨迹线更加平滑。

② 走刀方式

走刀方式有两个选项。

- ❑ 单向：在刀次大于1时，同一层的刀具轨迹沿着同一方向进行加工。
- ❑ 往复：在刀具轨迹行数大于1时，行之间的刀具轨迹方向可以往复。

③ 高度值

高度值有 3 个选项。

- ❑ 起止高度：刀具的初始位置。
- ❑ 安全高度：刀具在此高度以上任何位置，均不会碰伤工件和夹具。
- ❑ 慢速下刀高度：刀具在此高度时进行慢速下刀。

④ 原点定位于图片的位置

原点定位于图片的位置有 5 个选项：左上角、右上角、左下角、右下角和中心点。

> **说明**：由于图像浮雕的加工效果基本由图像的灰度值决定，因此，浮雕加工的关键是原始图形的建立。用扫描仪输入的灰度图，其灰度值一般不够理想，需要用图像处理软件（如 Photoshop 等）对其灰度进行调整，这样才能得到比较好的加工效果。所以，进行图像浮雕加工，需要操作者有一定的图像灰度处理能力。

7.3.2 影像浮雕加工

【功能】模仿针式打印机的打印方式，在材料上雕刻出图画、文字等。刀具打点的疏密变化由原始图像的明暗变化决定。图像不需要进行特殊处理，只要有一张原始图像，就可生成影像雕刻路径。

【操作】选择"加工"→"雕刻加工"→"影像浮雕加工"命令，提示用户打开位图文件。选择您需要的图像文件后，单击"打开"按钮，屏幕出现已选择的图像并弹出"影像浮雕加工（创建）"对话框，如图 7-92 所示。

影像浮雕加工参数表内容包括：图像文件、加工参数、切削用量、坐标系、刀具参数、几何 6 项。其中切削用量、坐标系、刀具参数和几何在第 6 章已有介绍。下面介绍影像浮雕加工参数设置。

① 参数

包括抬刀高度、雕刻深度、图像宽度、慢速下刀高度。

❑ 抬刀高度：影像雕刻时刀具的运动方式与针式打印机的打印头运动方式类似，刀具不断地抬落，在材料表面打点。抬刀高度是用来定义刀具打完一个点后向另一个点运动时的空走高度。

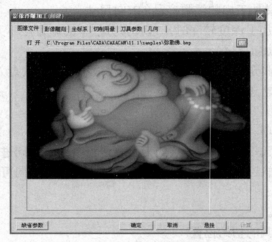

图 7-92　"影像浮雕加工（创建）"对话框

❑ 雕刻深度：定义打点深度。

❑ 图像宽度：定义生成的刀具路径在X方向的尺寸。

❑ 慢速下刀高度：刀具在此高度时进行慢速下刀。

② 雕刻模式

雕刻模式有 6 个选项，包括：5 级灰度、10 级灰度、17 级灰度、抖动模式、拐线模式、水平线模式。这几种雕刻模式的雕刻效果和雕刻效率有所不同，水平线模式的加工速度最快，17 级灰度的加工效果最好，抖动模式兼顾了雕刻效果和雕刻效率。在进行实际雕刻时，可按照加工效果和加工效率的要求，选择不同的雕刻模式。图 7-93 所示是各种雕刻模式的雕刻效果。

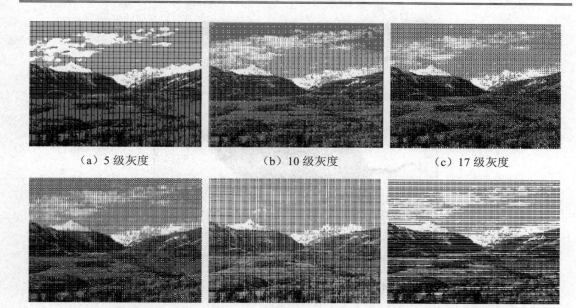

（a）5 级灰度　　　　　　　（b）10 级灰度　　　　　　　（c）17 级灰度

（d）抖动模式　　　　　　　（e）拐线模式　　　　　　　（f）水平线模式

图 7-93　各种雕刻模式的雕刻效果

③ 反转亮度

系统默认在浅色区打点，图像颜色越浅的地方，打点越多。如果选中"反转亮度"复选框，则图像颜色越深的地方打点越多。

④ 原点定位于图片的位置

原点定位于图片的位置有 5 个选项：左上角、右上角、左下角、右下角和中心点。

> **说明：** 影像雕刻的图像尺寸应和刀具尺寸相匹配。简单地说，大图像应该用大刀雕刻，小图像应该用小刀雕刻。如果刀具尺寸与图像尺寸不匹配，不能生成理想的刀具路径。

7.3.3　曲面投影图像浮雕加工

【功能】读入*.bmp 格式灰度图像，生成图像浮雕加工刀具轨迹。刀具的雕刻深度随灰度图片的明暗变化而变化。

【操作】选择"加工"→"雕刻加工"→"曲面投影图像浮雕加工"命令，提示用户打开位图文件。选择您需要的位图文件后，单击"打开"按钮，屏幕出现已选择的位图图像并弹出"曲面图像浮雕加工（创建）"对话框，如图 7-94 所示。

图 7-94 "曲面图像浮雕加工（创建）"对话框

曲面投影图像浮雕加工参数表内容包括：图像文件、加工参数、切削用量、坐标系、刀具参数、几何 6 项。其中切削用量、坐标系、刀具参数和几何在第 6 章已有介绍。下面介绍曲面投影图像浮雕加工参数设置。

① 参数

包括顶层高度、浮雕深度、加工行距、加工精度、Y 向尺寸、加工层数、平滑次数、最小步距。

- ❑ 顶层高度：定义浮雕加工时，材料的上表面高度，一般均为零。
- ❑ 浮雕深度：定义浮雕切削深度。
- ❑ 加工行距：定义浮雕加工两行刀具轨迹之间的距离。
- ❑ 加工精度：输入模型的加工精度。计算模型的轨迹的误差小于此值。加工精度越大，模型形状的误差也增大，模型表面越粗糙。加工精度越小，模型形状的误差也减小，模型表面越光滑，但是，轨迹段的数目增多，轨迹数据量变大。见图7-20 和7.2.2节相关内容。
- ❑ Y向尺寸：定义加工出的浮雕产品的Y向尺寸。
- ❑ 加工层数：当加工深度较深时，可设置分层下刀。每层下刀深度＝（最大高度 - 最小高度）／加工层数。
- ❑ 最小步距：刀具走刀的最小步长，小于"最小步长"的走刀步将被删除。
- ❑ 平滑次数：使轨迹线更加平滑。

② 走刀方式

走刀方式有两个选项。

- ❑ 单向：在刀次大于1时，同一层的刀具轨迹沿着同一方向进行加工。
- ❑ 往复：在刀具轨迹行数大于1时，行之间的刀具轨迹方向可以往复。

③ 高度值

高度值有 3 个选项。

- ❑ 起止高度：刀具的初始位置。

- □　安全高度：刀具在此高度以上任何位置，均不会碰伤工件和夹具。
- □　慢速下刀高度：刀具在此高度时进行慢速下刀。
- ④　原点定位于图片的位置

原点定位于图片的位置有 5 个选项：左上角、右上角、左下角、右下角和中心点。

7.4　其　他　加　工

7.4.1　工艺钻孔设置

【功能】设置工艺孔加工工艺。

【操作】如图 7-95 所示，选择"加工"→"其他加工"→"工艺钻孔设置"命令，弹出如图 7-96 所示的对话框；单击对话框中需求的各项，显示其说明，逐项设定加工方法和孔的类型。

图 7-95　其他加工菜单

图 7-96　"工艺钻孔设置"对话框

（1）加工参数

① 加工方法：提供 12 种孔加工方式。

- □　高速啄式孔钻 G73
- □　左攻丝 G77
- □　精镗孔 G76
- □　钻孔 G81
- □　钻孔+反镗孔 G82
- □　啄式钻孔 G83
- □　逆攻丝 G87
- □　镗孔 G85
- □　镗孔（主轴停）G86
- □　反镗孔 G87
- □　镗孔（暂停+手动）G88
- □　镗孔（暂停）G89

② "添加"按钮 >> ：将选中的孔加工方式添加到工艺孔加工设置文件中。

③ "删除"按钮 << ：将选中的孔加工方式从工艺孔加工设置文件中删除。

（2）孔类型

① 增加孔类型：设置新工艺孔加工设置文件文件名。

② 删除当前孔：删除当前工艺孔加工设置文件。

（3）关闭

保存当前工艺孔加工设置文件，并退出。

7.4.2　工艺钻孔加工

【功能】生成工艺孔加工轨迹。

【操作】如图 7-95 所示，选择"加工"→"其他加工"→"工艺钻孔加工"命令，弹出如图 7-97 所示的对话框；单击对话框中各项，显示其说明，逐项设定加工方法和孔的类型。

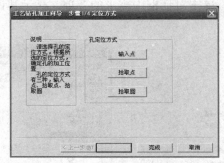

图 7-97　工艺钻孔加工向导——定位方式

（1）孔定位方式

提供 3 种孔定位方式，如图 7-97 所示。

① 输入点：可以根据需要，输入点的坐标，确定孔的位置。

② 拾取点：通过拾取屏幕上的存在点，确定孔的位置。

③ 拾取圆：通过拾取屏幕上的圆，确定孔的位置。

（2）路径优化

提供 3 种路径优化方式，如图 7-98 所示。

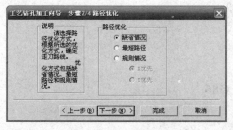

图 7-98　工艺钻孔加工向导——路径优化

① 缺省情况：不进行路径优化。

② 最短路径：依据拾取点间距离和的最小值进行优化。

③ 规则情况：该方式主要用于矩形阵列情况，有两种方式：

❏ X优先：依据各点X坐标值的大小排列，如图7-99（a）所示

❏ Y优先：依据各点Y坐标值的大小排列，如图7-99（b）所示。

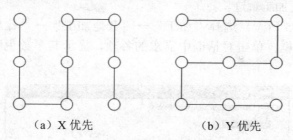

（a）X 优先　　　　　　　　　（b）Y 优先

图 7-99　规则情况

（3）工艺文件选择

选择已经设计好的工艺加工文件。工艺加工文件在工艺钻孔设置功能中设置，具体方法参照工艺钻孔设置，如图 7-100 所示。

图 7-100　工艺钻孔加工向导——工艺文件选择

（4）工艺流程

展开工艺文件选择对话框内选择的工艺加工文件，用户可以设置每个钻孔子项的参数。钻孔子项参数设置请参考孔加工，如图 7-101 所示。

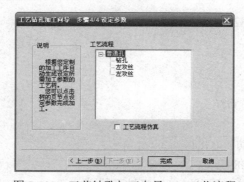

图 7-101　工艺钻孔加工向导——工艺流程

7.4.3 孔加工

【功能】生成钻孔加工轨迹。

【操作】如图 7-95 所示，选择"加工"→"其他加工"→"孔加工"命令，弹出如图 7-102 所示的对话框；单击对话框中需求的各项，显示其参数说明，逐项设定加工方法和孔的类型。

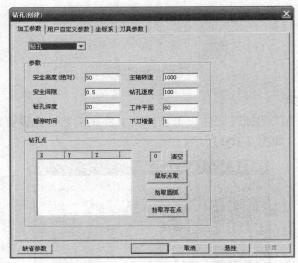

图 7-102 "钻孔（创建）"对话框

（1）加工参数

① 钻孔模式

提供 12 种钻孔模式。

❑ 高速啄式孔钻 G73

❑ 左攻丝 G77

❑ 精镗孔 G76

❑ 钻孔 G81

❑ 钻孔+反镗孔 G82

❑ 啄式钻孔 G83

❑ 逆攻丝 G87

❑ 镗孔 G85

❑ 镗孔（主轴停） G86

❑ 反镗孔 G87

❑ 镗孔（暂停+手动） G88

❑ 镗孔（暂停） G89

除以上 12 种钻孔模式，还可以自定义钻孔模式。

② 参数

❑ 安全高度：刀具在此高度以上任何位置，均不会碰伤工件和夹具。

❑ 主轴转速：机床主轴的转速。
❑ 安全间隙：钻孔时，钻头快速下刀到达的位置，即距离工件表面的距离，由这一
点开始按钻孔速度进行钻孔。
❑ 钻孔速度：钻孔刀具的进给速度。
❑ 钻孔深度：孔的加工深度。
❑ 暂停时间：攻丝时刀在工件底部的停留时间。
❑ 下刀增量：钻孔时每次钻孔深度的增量值。
③ 钻孔点
❑ 鼠标点取：可以根据需要，鼠标直接点取确定孔的位置。
❑ 拾取圆弧：拾取圆弧来确定孔的位置。
❑ 拾取存在点：拾取屏幕上的存在点（用点工具菜单生成的点），确定孔的位置。
（2）刀具参数
见图 6-15、图 6-16 及 6.2.6 节相关内容。
（3）用户自定义参数
用户可以自定义孔加工参数，用户自定义的参数会记录在刀路中。
（4）坐标系
见图 6-14 及 6.2.5 节相关内容。

7.4.4　G01 钻孔

【功能】使用 G01 来进行各种钻孔操作，适用于各种没有钻孔循环功能的机床使用。
【操作】如图 7-95 所示，选择"加工"→"其他加工"→"G01 钻孔"命令，弹出如
图 7-103 所示的对话框；单击对话框中需求的各项，显示其参数说明，逐项设定。
（1）加工参数
① 参数
❑ 安全高度：刀具在此高度以上任何位置，均不会碰伤工件和夹具，所以应该把此
高度设置的高一些。
❑ 主轴转速：机床主轴的转速。

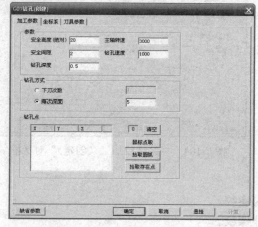

图 7-103　"G01 钻孔（创建）"对话框

❑ 安全间隙：钻孔时，钻头快速下刀到达的位置，即距离工件表面的距离，由这一点开始按钻孔速度进行钻孔。

❑ 钻孔速度：钻孔时刀具的切削进给速度。

❑ 钻孔深度：孔的加工深度。

② 钻孔方式

❑ 下刀次数：当孔较深使用啄式钻孔时，以下刀的次数完成所要求的孔深。

❑ 每次深度：当孔较深使用啄式钻孔时，以每次钻孔深度完成所要求的孔深。

③ 钻孔点

❑ 鼠标点取：可以根据需要，鼠标直接单击确定孔的位置。

❑ 拾取圆弧：拾取圆弧来确定孔的位置。

❑ 拾取存在点：拾取屏幕上的存在点（用点工具菜单生成的点），确定孔的位置。

（2）刀具参数

见图 6-15、图 6-16 及 6.2.6 节相关内容。

（3）坐标系

见图 6-14 及 6.2.5 节相关内容。

7.4.5 铣螺纹加工

【功能】使用铣刀来进行各种螺纹操作。

【操作】如图 7-95 所示，选择"加工"→"其他加工"→"铣螺纹加工"命令，弹出如图 7-104 所示的对话框；单击对话框中需求的各项，显示其参数说明，逐项设定。

铣螺纹加工参数表的内容包括：铣螺纹参数、切削用量、坐标系、刀具参数、几何 5 项。其中切削用量、坐标系、刀具参数和几何在第 6 章已有介绍。下面介绍铣螺纹参数设置。

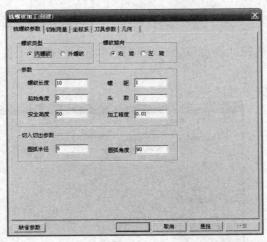

图 7-104 "铣螺纹加工（创建）"对话框

（1）螺纹类型

❑ 内螺纹：铣内螺纹。

❑ 外螺纹：铣外螺纹。

（2）螺纹旋向

❑ 右旋：向右方向旋转加工。

❑ 左旋：向左方向旋转加工。

（3）参数

❑ 螺纹长度：加工螺纹的长度。

❑ 螺距：螺纹的层距。

❑ 起始角度：加工螺纹的初始角度。

❑ 头数：加工螺纹的头数。

❑ 安全高度：系统认为刀具在此高度以上任何位置，均不会碰伤工件和夹具。所以应该把此高度设置高一些。

❑ 加工精度：输入模型的加工精度。计算模型的轨迹的误差小于此值。加工精度越大，模型形状的误差也增大，模型表面越粗糙。加工精度越小，模型形状的误差也减小，模型表面越光滑，但是，轨迹段的数目增多，轨迹数据量变大。见图7-20和7.2.2节相关内容。

（4）切入切出参数

❑ 圆弧半径：切入切出圆弧的半径。

❑ 圆弧角度：切入切出圆弧的角度。

7.4.6 铣圆孔加工

【功能】使用铣刀来进行各种铣圆孔操作。

【操作】如图 7-95 所示，选择"加工"→"其他加工"→"铣圆孔加工"命令，弹出如图 7-105 所示的对话框；单击对话框中需求的各项，显示其参数说明，逐项设定。

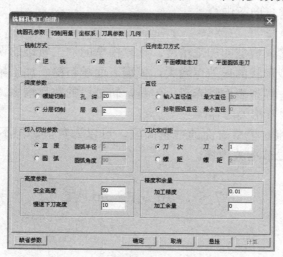

图 7-105 "铣圆孔加工（创建）"对话框

铣圆孔加工参数表的内容包括：铣圆孔参数、切削用量、坐标系、刀具参数、几何 5 项。其中切削用量、坐标系、刀具参数和几何在第 6 章已有介绍。下面介绍铣圆孔参数设置。

（1）铣削方式
- ❑ 逆铣：生成逆铣的轨迹。
- ❑ 顺铣：生成顺铣的轨迹。

（2）深度参数
- ❑ 螺旋切削：用螺旋的方式进行加工。
- ❑ 分层切削：用分层的方式进行加工。

（3）径向走刀方式
- ❑ 平面螺旋走刀：在平面中用螺旋的方式进行加工。
- ❑ 平面圆弧走刀：在平面中用圆弧的方式进行加工。

（4）直径参数
- ❑ 输入直径值：手工输入圆直径的大小。
- ❑ 拾取圆弧直径：拾取存在的圆。

（5）刀次和行距
- ❑ 刀次：以给定加工的次数来确定走刀的次数。
- ❑ 行距：走刀行间的距离。

（6）切入切出参数
- ❑ 直线：以直线的方式进行切入切出。
- ❑ 圆弧：以圆弧的方式进行切入切出。

（7）高度参数
- ❑ 安全高度：系统认为刀具在此高度以上任何位置，均不会碰伤工件和夹具。所以应该把此高度设置高一些。
- ❑ 慢速下刀高度：在切入或切削开始前的一段刀位轨迹的位置长度，这段轨迹以慢速下刀速度垂直向下进给。

（8）加工精度和余量
- ❑ 加工精度：输入模型的加工精度。计算模型的加工轨迹的误差小于此值。加工精度越大，模型形状的误差也增大，模型表面越粗糙。加工精度越小，模型形状的误差也减小，模型表面越光滑，但是，轨迹段的数目增多，轨迹数据量变大。见图7-20和7.2.2节相关内容。
- ❑ 加工余量：相对模型表面的残留高度，可以为负值，但不要超过刀角半径。见图7-19和7.2.2节相关内容。

7.5 知 识 加 工

7.5.1 生成模板

【功能】用于记录用户已经成熟或定型的加工流程，在模板文件中记录加工流程的各个工步的加工参数。

【操作】

（1）如图 7-106 所示，选择"加工"→"知识加工"→"生成模板"命令。

（2）系统提示"拾取轨迹"，拾取所需要的加工轨迹，单击鼠标右键结束拾取。

（3）系统弹出"文件存储"对话框，按要求输入要保存的文件名，后缀名为 cpt。

将选中的若干轨迹生成模板文件*.cpt，模板文件只保存轨迹的加工参数和刀具参数，几何参数不予保存。

图 7-106　"知识加工"菜单

7.5.2　应用模板

【功能】选定知识模板，应用到新的加工模型上。

【操作】

（1）如图 7-106 所示，选择"加工"→"知识加工"→"应用模板"命令。系统弹出"选择模板文件"对话框，如图 7-107 所示，按要求选择一个 cpt 文件。

（2）选择一个模板文件后，出现加工轨迹树。打开一个模板文件，系统读取文件数据并在轨迹树中生成相应的轨迹项。

注意：应用模板后，系统新生成的轨迹项的几何要素默认为当前 mxe 文件的加工模型；并且系统新生成的轨迹项没有"轨迹数据"枝，说明轨迹需要重新生成。

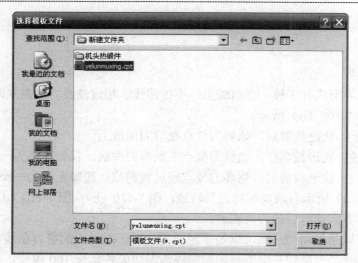

图 7-107　选择模板文件

7.6 轨 迹 编 辑

编辑生成的加工轨迹。"轨迹编辑"菜单如图 7-108 所示。

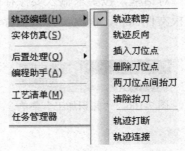

图 7-108 "轨迹编辑"菜单

7.6.1 轨迹裁剪

【功能】用曲线（称为剪刀曲线）对刀具轨迹进行裁剪，截取其中一部分轨迹。共有 3 个选项，裁剪边界、裁剪平面和裁剪精度，如图 7-109（a）所示。

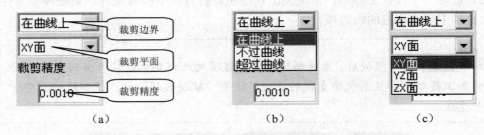

图 7-109 轨迹裁剪立即菜单

【操作】

（1）裁剪边界

轨迹裁剪边界形式有 3 种：在曲线上、不过曲线、超过曲线。单击立即菜单可以选择任意一种，如图 7-109（b）所示。

① 在曲线上：轨迹裁剪后，临界刀位点在剪刀曲线上。

② 不过曲线：轨迹裁剪后，临界刀位点未到剪刀曲线，投影距离为一个刀具半径。

③ 超过曲线：轨迹裁剪后，临界刀位点超过裁剪线，投影距离为一个刀具半径。

如图 7-110（a）所示为裁剪前的刀具轨迹，图 7-110（b）~图 7-110（d）分别为使用上述 3 种裁剪边界方式裁剪后的刀具轨迹。

剪刀曲线可以是封闭的，也可以是不封闭的。对于不封闭的剪刀曲线，系统自动将其卷成封闭曲线。卷动的原则是沿不封闭的曲线两端切矢各延长 100 单位，再沿裁剪方向垂直延长 1000 单位，然后将其封闭，如图 7-111 所示。

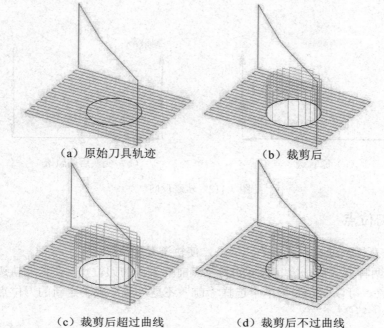

（a）原始刀具轨迹　　　　　（b）裁剪后

（c）裁剪后超过曲线　　　　（d）裁剪后不过曲线

图 7-110　裁剪边界

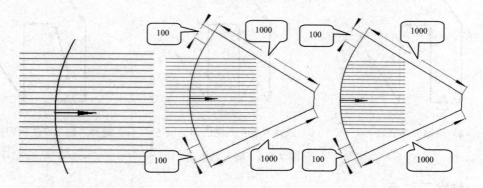

图 7-111　不封闭的剪刀曲线及裁剪结果

（2）裁剪平面

在指定坐标面内当前坐标系的 XY、YZ、ZX 面。单击立即菜单可以选择在哪个面上裁剪，如图 7-109（c）所示。

（3）裁剪精度

裁剪精度由立即菜单给出，如图 7-109（a）所示，表示当剪刀曲线为圆弧和样条时用此裁剪精度离散该剪刀曲线。

7.6.2　轨迹反向

【功能】对刀具轨迹进行反向处理。

【操作】按照提示拾取刀具轨迹后，刀具轨迹的方向为原来刀具轨迹的反方向，如

图 7-112 所示。

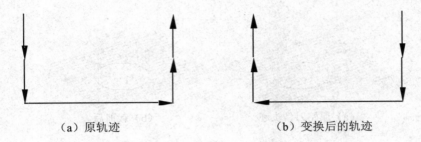

（a）原轨迹 　　　　　　　　　　　　（b）变换后的轨迹

图 7-112　轨迹反向

7.6.3　插入刀位点

【功能】在刀具轨迹上插入一个刀位点，使轨迹发生变化。

【操作】有两种方式：在拾取轨迹的刀位点前插入新的刀位点；在拾取轨迹的刀位点后插入新的刀位点。可以在立即菜单中选择"前"还是"后"来决定新的刀位点的位置，如图 7-113 所示。

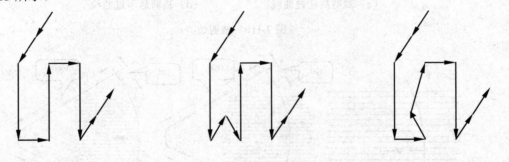

（a）原始刀具轨迹　　　（b）选择"前"产生的刀位轨迹　　（c）选择"后"产生的刀位轨迹

图 7-113　插入刀位点

7.6.4　删除刀位点

【功能】即把所选的刀位点删除掉，并改动相应的刀具轨迹。删除刀位点后改动刀具轨迹有两种选择，一种是抬刀，另一种是直接连接。可以在立即菜单中选择用哪种方式来删除刀位。

【操作】如图 7-114（a）所示为原始刀具轨迹。

（1）抬刀

在删除刀位点后，删除和此刀位点相连的刀具轨迹，刀具轨迹在此刀位点的上一个刀位点切出，并在此刀位点的下一个刀位点切入，如图 7-114（b）所示。

（2）直接连接

在删除刀位点后，刀具轨迹将直接连接此刀位点的上一个刀位点和下一个刀位点，如图 7-114（c）所示。

（a）原始刀具轨迹

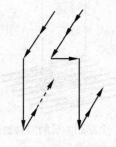
（b）抬刀后的刀具轨迹

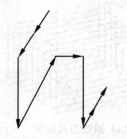
（c）直接连接后的刀具轨迹

图 7-114　删除刀位点

7.6.5　两刀位点间抬刀

【功能】将两个刀位点之间的刀具轨迹删除。

【操作】选中刀具轨迹，然后再按照提示先后拾取两个刀位点，则删除这两个刀位点之间的刀具轨迹，并按照刀位点的先后顺序分别成为切出起始点和切入结束点，如图 7-115 所示。

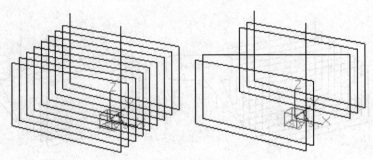

图 7-115　两刀位点间抬刀

注意：不能把切入起始点、切入结束点和切出结束点作为要拾取的刀位点。

7.6.6　清除抬刀

【功能】全部删除或指定删除刀具轨迹，如图 7-116（a）所示为原始刀具轨迹。

【操作】在立即菜单中有两种选择。

（1）全部删除

当选择此命令时，再根据提示选择刀具轨迹，则所有的快速移动线被删除，切入起始点和上一条刀具轨迹线直接相连，如图 7-116（b）所示。

（2）指定删除

当选择此命令时，再根据提示选择刀具轨迹，然后在拾取轨迹的刀位点，则经过此刀位点的快速移动线被删除，经过此点的下一条刀具轨迹线将直接和下一个刀位点相连，如图 7-116（c）所示。

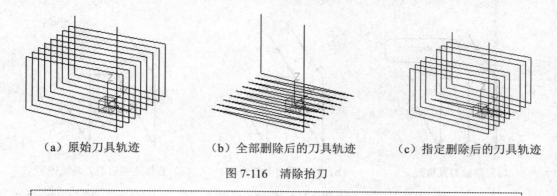

（a）原始刀具轨迹　　　　（b）全部删除后的刀具轨迹　　　（c）指定删除后的刀具轨迹

图 7-116　清除抬刀

> **注意：** 当选择指定删除时，不能拾取切入结束点作为要抬刀的刀位点。

7.6.7　轨迹打断

【功能】在被拾取的刀位点处把刀具轨迹分为两个部分。

【操作】首先拾取刀具轨迹，然后再拾取轨迹要被打断的刀位点，如图 7-117 所示。

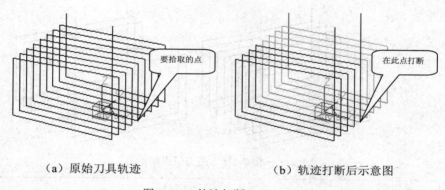

（a）原始刀具轨迹　　　　　　　　　（b）轨迹打断后示意图

图 7-117　轨迹打断

7.6.8　轨迹连接

【功能】就是把两条不相干的刀具轨迹连接成一条刀具轨迹。

【操作】按照提示拾取刀具轨迹。轨迹连接的方式有两种选择，如图 7-118（a）所示为原始刀具轨迹

（1）抬刀连接

第一条刀具轨迹结束后，首先抬刀，然后再和第二条刀具轨迹的接近轨迹连接，其余的刀具轨迹不发生变化，如图 7-118（b）所示。

（2）直接连接

第一条刀具轨迹结束后，不抬刀就和第二条刀具轨迹的接近轨迹连接。其余的刀具轨迹不发生变化。因为不抬刀，很容易发生过切，如图 7-118（c）所示。

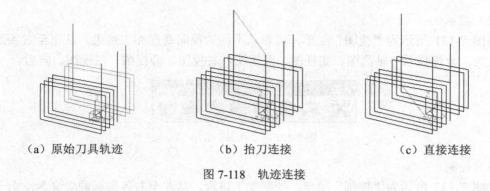

（a）原始刀具轨迹　　　　　（b）抬刀连接　　　　　（c）直接连接

图 7-118　轨迹连接

7.7　实体仿真

实体仿真就是在三维真实感显示状态下，模拟刀具运动，切削毛坯，去除材料的过程。用模拟实际切削过程和结果来判断生成的刀具轨迹的正确性。

【功能】在三维真实感显示状态下，模拟刀具运动，实现对切削毛坯的动态图像显示过程。

【操作】

（1）进入轨迹仿真环境

如图 7-119 所示，在确保打开已生成刀具轨迹文件的前提下，选择"加工"→"实体仿真"命令，系统提示"拾取刀具轨迹"，在工作区中或加工管理窗口区中拾取要仿真的轨迹，单击鼠标右键确认结束拾取，系统弹出轨迹仿真环境，如图 7-120 所示，所有加工仿真过程都在这个环境里进行。

图 7-19　"实体仿真"菜单

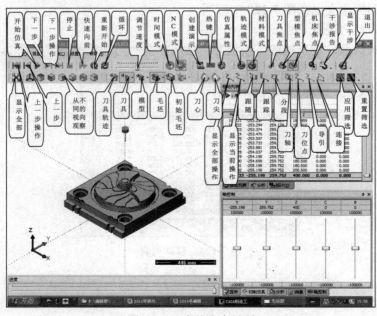

图 7-120　实体仿真界面

（2）显示

如图 7-121 所示为"视图"菜单，可以从不同的视向观察加工结果。从左至右各图标的含义为：全部显示、轴测图、俯视图、前视图、右视图、仰视图、左视图、向后。

图 7-121　"视图"菜单

（3）控制

如图 7-122 所示为"控制"菜单，控制加工进程。从左至右各图标的含义为：上一步操作、上一步、运行、下一步、下一步操作、停止、快速向前、重新开始、循环控制仿真快慢的按钮、调节速度、基于时间模式、基于 NC 模式。

图 7-122　"控制"菜单

（4）能见度

如图 7-123 所示为"能见度"菜单，从左至右各图标的含义为：刀具轨迹、刀具、模型、毛坯、初始毛坯，可以设置显示、透明或隐藏。

图 7-123　"能见度"菜单

其他菜单图标含义已在图 7-120 中标明。

（5）显示刀具轨迹点

移动列表对话框，表示轨迹显示状态，显示存在的刀具轨迹点，如图 7-124 所示。

图 7-124　移动列表

7.8　后　置　处　理

后置处理就是结合特定机床把系统生成的 2 轴或 3 轴刀具轨迹转化成机床能够识别的 G 代码指令，生成的 G 代码指令可以直接输入数控机床用于加工，这是系统的最终目的。考虑到生成程序的通用性，CAXA 制造工程师软件针对不同的机床，可以设置不同的机床参数和特定的数控代码程序格式，同时还可以对生成的机床代码的正确性进行校核。

后置处理模块包括生成 G 代码、校核 G 代码和后置设置功能。

7.8.1　生成 G 代码

生成 G 代码就是按照当前机床类型的配置要求，把已经生成的刀具轨迹转化生成 G 代码数据文件，即 CNC 数控程序，后置生成的数控程序是三维造型的最终结果，有了数控程序就可以直接输入机床进行数控加工。

【功能】生成 G 代码数控程序。

【操作】

（1）如图 7-125 所示，在确保打开已生成刀具轨迹文件的前提下，选择"加工"→"后置处理"→"生成 G 代码"命令，则系统弹出"生成后置代码"对话框，如图 7-126 所示。

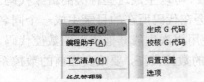

图 7-125　"后置处理"菜单　　　　　　　图 7-126　"生成后置代码"对话框

（2）设置好相应的参数，如要生成的数控代码名称，生成的代码类型等，单击"确定"按钮。

（3）按系统提示拾取轨迹，单击鼠标右键结束拾取过程。系统提示：进行优化处理，进而屏幕左下角动态显示：生成刀位文件，结束后，绘图区出现图 7-127 所示的后置处理进度条，进度结束，系统即自动生成后置代码——G 代码，生成的后置代码会自动打开，默认是使用记事本打开，如图 7-128 所示。

图 7-127　后置处理进度条

（4）也可以先拾取轨迹，再进入该命令，然后还可以再继续拾取轨迹。

（5）"生成后置代码"对话框中的内容说明如下。

① 拾取轨迹后置：拾取 CAM 中的轨迹直接生成机床代码。

② 拾取刀位文件后置：从以前保存的刀位文件后置生成机床代码。

③ 要生成的后置代码文件名：用户要生成的代码保存文件夹及名字。

④ 代码文件名定义：可以定义代码文件名的组成方式，其中符号#表示占位符，为一个数字，其他按原输入字符生成。

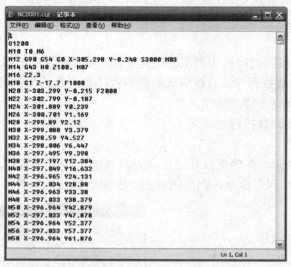

图 7-128　生成数控程序——G 代码

⑤ 当前流水号：指构成代码文件名的数字序号，会自动增加。

⑥ 数控系统：指当前系统包含的数控系统类型的列表，可以生成这些种类的机床代码。

⑦ 保留刀位文件：选中该复选框，当生成代码后，会在代码所在的目录生成一个同名但扩展名为 pmf 的文件，即是刀位文件。此文件还可以使用再次生成其他类型的数控代码。

⑧ 当前选择的数控系统：表示当前要生成机床代码的数控类型，要改变当前的数控系统类型，可以在左边的列表中选择。

7.8.2　校核 G 代码

【功能】把生成的 G 代码文件反读进来，生成刀具轨迹，以检查生成的 G 代码的正确性。

【操作】

（1）如图 7-125 所示，在确保打开已生成刀具轨迹文件的前提下，选择"加工"→"后置处理"→"校核 G 代码"命令，则系统弹出"校核 G 代码"对话框，如图 7-129 所示。

图 7-129　"校核 G 代码"对话框

（2）设置相应参数。

① 拾取 G 代码文件：指的是要校核的 G 代码的文件名及路径。

系统提示：选择文件，在对话框中单击"代码文件"按钮，弹出"打开"对话框，如图 7-130 所示，选择要校核的文件，单击"打开"按钮打开文件。

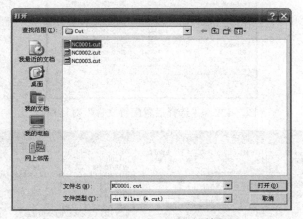

图 7-130　"打开"对话框

② 选择数控系统：图 7-129 左侧的表中列出了系统支持的数控系统类型，选择要反读的代码的数控类型，在右侧当前数控系统上会显示出来。

（3）单击"确定"按钮，系统提示：代码反读数据处理…。同时绘图区出现如图 7-131 所示的校核代码进度条，进度结束，系统即生成校对后的刀具轨迹。

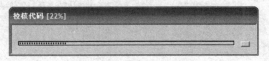

图 7-131　校核代码进度条

注意： 刀位校核只用来对 G 代码的正确性进行检验，由于精度等方面的原因，用户应避免将反读出的刀位重新输出，因为系统无法保证其精度。

7.8.3 后置设置

【功能】生成适合自己机床类型的后置配置文件。

【操作】

（1）如图 7-125 所示，在确保打开已生成刀具轨迹文件的前提下，选择"加工"→"后置处理"→"后置设置"命令，则系统弹出"选择后置配置文件"对话框，如图 7-132 所示。

（2）选中其中一个类型或双击任意一个，可以打开编辑对话框，如图 7-133 所示，对该类型的数控系统进行编辑、修改，以生成适合自己机床类型的后置配置文件。

图 7-132 "选择后置配置文件"对话框

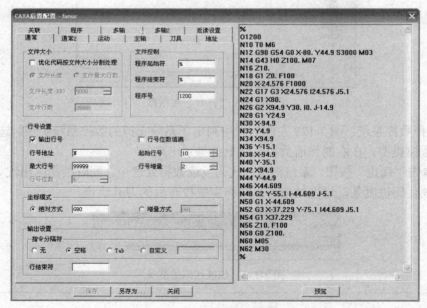

图 7-133 后置配置编辑对话框

7.8.4　选项

【功能】设置了用来打开生成的后置代码的程序及一些优化选项。

【操作】

（1）选择"加工"→"后置处理"→"选项"命令，系统弹出"后置设置"对话框，如图 7-134 所示。

（2）选项说明。

① 选择自动打开 G 代码文件的程序：此选项指的是当后置完成，生成了机床代码后，使用什么程序打开代码。默认的是 Windows 的记事本程序。用户可以更改成自己喜欢的程序。

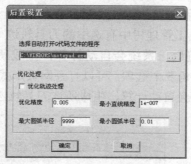

图 7-134　"后置设置选项"对话框

② 优化轨迹处理：选择是否优化轨迹处理。当选中此复选框后，会在进行后置处理时，把轨迹中的小直线段或小段的圆弧优化成长的直线段或圆弧段，其误差控制就是后面设置的优化精度等选项。

- 优化精度：判断优化拟合成直线或圆弧的误差数值。
- 最小直线精度：指的是最短直线段长度，小于此值的直线段就被优化掉了。
- 最大圆弧半径：所支持的最大圆弧半径，超过此值的都直接用直线代替。
- 最小圆弧半径：所支持的最小圆弧的半径大小，小于此值的圆弧会被优化掉。

7.9　工 艺 清 单

7.9.1　工艺清单简介

【功能】根据制定好的模板，可以输出多种风格的工艺清单，模板可以自行设计制定。

【操作】选择"加工"→"工艺清单"命令，系统会弹出"工艺清单"对话框，如图 7-135 所示。各选项设置如下：

（1）指定目标文件的文件夹：设定生成工艺清单文件的位置。

（2）填写零件名称、零件图图号、零件编号及

图 7-135　"工艺清单"对话框

设计、工艺、校核人姓名。

（3）使用模板。系统提供了 8 个模板供用户　选择。

sample01：关键字一览表。提供了几乎所有生成加工轨迹相关的参数的关键字，包括明细表参数、模型、机床、刀具起始点、毛坯、加工策略参数、刀具、加工轨迹及 NC 数据等。

sample02：NC 数据检查表。几乎与关键字一览表同，只是少了关键字说明。

sample03～sample08：系统默认的用户模板区，用户可以自行制定自己的模板，制定方法见后。

（4）拾取轨迹：单击此按钮可以拾取相关的若干条加工轨迹，之后单击鼠标右键确认会重新弹出"工艺清单"对话框。

（5）生成清单：注意到加工管理树中有选中的刀具轨迹（以"√"显示，如图 7-136 所示），单击"生成清单"按钮后，系统会自动计算，生成所选刀具轨迹的工艺清单，如图 7-137 所示，单击图中左下角 5 个选项，可以打开网页形式的关键字明细表。若单击"生成 EXCEL 清单"按钮，系统会自动计算，生成所选刀具轨迹的 EXCEL 工艺清单。

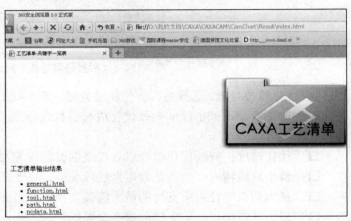

图 7-136　选中的刀具轨迹　　　　　　图 7-137　网页文件工艺清单

7.9.2　制定模板

为了满足各用户对工艺清单模板不同风格的需求，系统提供了一套关键字机制，用户结合网页制作，合理使用这些关键字，就可以生成各式各样风格的模板。根据模板组（\CAXAME 安装文件夹\camchart\Template 内的文件夹）中的模板文件，通过更换定义的关键字来输出关于加工工艺参数到指定文件夹。

（1）模板文件格式：模板文件允许网页文件（.htm，.html）和文本文件（.txt）两种格式，强烈推荐使用网页文件。

（2）模板开发工具：word、dreamweaver、frontpage 等都可以编辑网页文件。

（3）使用关键字：在模板文件中，如果想在表格的某一个单元格内显示需要的内容，可以在相应的单元格内填写表示该内容的关键字。关键字的格式为：$关键字$。表 7-1～表 7-4 为关键字一览表。

表 7-1　通用参数关键字

项　　目	关　键　字
零件名称	CAXAMEDETAILPARTNAME
零件图图号	CAXAMEDETAILPARTID
零件编号	CAXAMEDETAILDRAWINGID
生成日期	CAXAMEDETAILDATE
设计人员	CAXAMEDETAILDESIGNER
工艺人员	CAXAMEDETAILPROCESSMAN
校核人员	CAXAMEDETAILCHECKMAN
机床名称	CAXAMEMACHINENAME
全局刀具起始点 X	CAXAMEMACHHOMEPOSX
全局刀具起始点 Y	CAXAMEMACHHOMEPOSY
全局刀具起始点 Z	CAXAMEMACHHOMEPOSZ
全局刀具起始点	CAXAMEMACHHOMEPOS
模型示意图	CAXAMEMODELIMG
模型框最大	CAXAMEMODELBOXMAX
模型框最小	CAXAMEMODELBOXMIN
模型框长度	CAXAMEMODELBOXSIZEX
模型框宽度	CAXAMEMODELBOXSIZEY
模型框高度	CAXAMEMODELBOXSIZEZ
模型框基准点 X	CAXAMEMODELBOXMINX
模型框基准点 Y	CAXAMEMODELBOXMINY
模型框基准点 Z	CAXAMEMODELBOXMINZ
模型注释	CAXAMEMODELCOMMENT
模型示意图所在路径	CAXAMEMODELFFNAME
毛坯示意图	CAXAMEBLOCKIMG
毛坯框最大	CAXAMEBLOCKBOXMAX
毛坯框最小	CAXAMEBLOCKBOXMIN
毛坯框长度	CAXAMEBLOCKBOXSIZEX
毛坯框宽度	CAXAMEBLOCKBOXSIZEY
毛坯框高度	CAXAMEBLOCKBOXSIZEZ
毛坯框基准点 X	CAXAMEBLOCKBOXMINX
毛坯框基准点 Y	CAXAMEBLOCKBOXMINY
毛坯框基准点 Z	CAXAMEBLOCKBOXMINZ
毛坯注释	CAXAMEBLOCKCOMMENT
毛坯类型	CAXAMEBLOCKSOURCE
毛坯示意图所在路径	CAXAMEBLOCKFFNAME

注：不使用循环标签。

表 7-2　策略参数关键字

项　目	关　键　字
加工策略顺序号	CAXAMEFUNCNO
加工策略名称	CAXAMEFUNCNAME
标签文本	CAXAMEFUNCBOOKMARK
加工策略说明	CAXAMEFUNCCOMMENT
加工策略参数	CAXAMEFUNCPARA
XY 向切入类型（行距/残留）	CAXAMEFUNCXYPITCHTYPE
XY 向行距	CAXAMEFUNCXYPITCH
XY 向残留高度	CAXAMEFUNCXYCUSP
Z 向切入类型（层高/残留）	CAXAMEFUNCZPITCHTYPE
Z 向层高	CAXAMEFUNCZPITCH
Z 向残留高度	CAXAMEFUNCZCUSP
主轴转速	CAXAMEFEEDRATESPINDLE
慢速下刀速度	CAXAMEFEEDRATESLOWPLUNGE
切入切出连接速度	CAXAMEFEEDRATELINK
切削速度	CAXAMEFEEDRATE
退刀速度	CAXAMEFEEDRATEBACK
安全高度	CAXAMEAIRCLEARANCE
安全高度模式	CAXAMEAIRCLEARANCEMODE
加工余量	CAXAMESTOCKALLOWANCE
加工精度	CAXAMETOLERANCE
起始点	CAXAMEFUNCHOMEPOSITION
加工坐标系	CAXAMEFUNCWCS

注：可以使用循环标签。

表 7-3　刀具参数关键字

项　目	关　键　字
刀具顺序号	CAXAMETOOLNO
刀具名	CAXAMETOOLNAME
刀具类型	CAXAMETOOLTYPE
刀具号	CAXAMETOOLID
刀具补偿号	CAXAMETOOLSUPPLEID
刀具直径	CAXAMETOOLDIA
刀角半径	CAXAMETOOLCORNERRAD
刀尖角度	CAXAMETOOLENDANGLE
刀刃长度	CAXAMETOOLCUTLEN
刀柄长度	CAXAMETOOLSHANKLEN
刀柄直径	CAXAMETOOLSHANKDIA
刀具全长	CAXAMETOOLTOTALLEN
刀具示意图	CAXAMETOOLIMAGE

注：可以使用循环标签。

表 7-4 轨迹参数关键字

项 目	关 键 字
轨迹顺序编号	CAXAMEPATHNO
轨迹名称	CAXAMEFUNCNAME
轨迹示意图	CAXAMEPATHIMG
轨迹总加工时间（分）	CAXAMEPATHTIME
轨迹总加工长度（mm）	CAXAMEPATHLEN
轨迹切削时间（分）	CAXAMEPATHCUTTINGTIME
轨迹切削距离（mm）	CAXAMEPATHCUTTINGLEN
轨迹快速移动时间（分）	CAXAMEPATHRAPIDTIME
轨迹快速移动长度（mm）	CAXAMEPATHRAPIDLEN

注：可以使用循环标签。

表 7-5 NcData 参数关键字

项 目	关 键 字
NC 顺序编号	CAXAMENCNO
日期	CAXAMENCDATE
NC 图片	CAXAMENCIMG
NC 总时间（分）	CAXAMENCTIME
NC 总长度（mm）	CAXAMENCLEN
NC 切削时间（分）	CAXAMENCCUTTINGTIME
NC 切削长度（mm）	CAXAMENCCUTTINGLEN
NC 快速移动时间（分）	CAXAMENCRAPIDTIME
NC 快速移动长度（mm）	CAXAMENCRAPIDLEN
X 最大	CAXAMENCCUTTINGMAXX
Y 最大	CAXAMENCCUTTINGMAXY
Z 最大	CAXAMENCCUTTINGMAXZ
X 最小	CAXAMENCCUTTINGMINX
Y 最小	CAXAMENCCUTTINGMINY
Z 最小	CAXAMENCCUTTINGMINZ
绝对/相对	CAXAMENCABSINC

注：不使用循环标签。

（4）关键字的特殊说明：上述关键字中有关示意图的几个关键字需要特殊说明一下。

❑ CAXAMEMODELIMG：模型示意图。

❑ CAXAMEBLOCKIMG：毛坯示意图。

❑ CAXAMENCIMG：NC数据示意图。

❑ CAXAMEPATHIMG：轨迹示意图。

❑ CAXAMETOOLIMAGE：刀具示意图。

直接使用这些关键字，系统默认的图像大小为 200×200（宽度×高度）（单位：像素），如果想要调整图像大小，可以在这些关键字后加上"-宽度-高度"。

如 CAXAMEMODELIMG-750-600 表示大小为 750×600 的模型示意图的关键字,其他示意图同。

> **说明:** 模板一般由表格来规划,所以用户只要掌握如何适当地规划表格即可,并不需要专家级的网页制作技巧。

(5)循环标签:工程中的加工策略、刀具、轨迹、NC 数据表等,想循环输出时,可以使用循环标签。循环标签有且仅有 1 对。

<!--$CAXAME-LOOP$--><!--/$CAXAME-END-LOOP$-->

一个模板文件中只能使用一对循环标签,关于在循环标签中能使用的关键字请参照关键字一览表的模板文件。

用户可以在用户区模板文件夹中制作一个 index.htm 文件来链接设计的所有模板文件,这样的话,系统在自动生成完用户制定的模板工艺清单后会自动地打开 index.htm 文件并显示。

7.10 通　　信

通信可以使 CAXA 制造工程师与机床连接起来,把生成的数控代码传输到机床上,也可以从机床上下载代码到本地硬盘上,如图 7-138 所示是通信下拉菜单。CAXA 制造工程师 2013 新增加了"华中数控通信"项目,这里仅介绍"标准本地通信"。

图 7-138　"通信"菜单

7.10.1　发送

【功能】从 CAXA 制造工程师向机床传输 G 代码。

【操作】选择"通信"→"标准本地通信"→"发送"命令,系统会弹出打开文件选择代码的发送代码对话框,选择一个要向机床传输的 G 代码文件,根据参数的设置不同,是否需要握手等待等不同的方式设定后,才开始传输代码。在传输代码的过程中,屏幕中间会出现一个传输进度条,如图 7-139 所示。在传输过程中也可以暂停或终止当前传输过程。

图 7-139　发送传输进度条

7.10.2　接收

【功能】接收从机床传输到 CAXA 制造工程师 G 代码。

【操作】选择"通信"→"标准本地通信"→"接收"命令,系统会弹出一个当前的进度条，如图 7-140 所示。传输过来的代码文件被自动地保存到了制造工程师安装的目录下与 bin 同级的 cut 目录下面，文件名是按流水号自动生成的。

图 7-140　接收传输进度条

7.10.3　设置

【功能】参数设置是用来配置当前通信的行为，怎么与机床端通信使用的。

【操作】选择"通信"→"标准本地通信"→"设置"命令，系统会弹"参数设置"对话框，如图 7-141 所示。

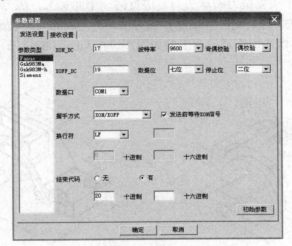

图 7-141　"参数设置"对话框

各参数设置介绍如下。

① XON-DC：软件握手方式下，接收的一方在代码传输的过程中，用该字符控制发送方开始发送的动作信号。

② XOFF-DC：软件握手方式下，接收的一方在代码传输的过程中，用该字符控制发送方暂时停止发送的动作信号。

③ 接收前发送 XON 信号：系统在从发送状态转换到接收状态之后发送的 DC 码信号。

④ 发送前等待 XON 信号：软件握手方式下，接收一方在代码传输起始时，控制发送方开始发送的动作信号。选中该复选框后，计算机发送数据时，先将数据发送到智能终端，等机床给出 XON 信号后，智能终端才开始向机床发送数据。

⑤ 波特率：数据传送速率，表示每秒钟传送二进制代码的倍数，它的单位是位/秒。常用的波特率为 4800、9600、19200、38400。

⑥ 数据位：串口通信中单位时间内的电平高低代表一位，多个位代表一个字符，这个

位数的约定即数据位长度。一般位长度的约定根据系统的不同有：5 位、6 位、7 位、8 位几种。

⑦ 数据口：智能终端当前正常工作的端口中，默认为 1。

⑧ 奇偶校验：是指在代码传送过程中用来检验是否出现错误的一种方法。

⑨ 停止位数：传输过程中每个字符数据传输结束的标示。

⑩ 握手方式：接收和发送双方用来建立握手的传输协议。

课 后 练 习

目的： 通过练习，了解数控加工的基本知识。掌握在数控铣加工中，刀具轨迹的各种生成方法。

要求： 尽可能用不同的刀具轨迹生成方法加工同一个面，并且在每一种轨迹生成方法中，使用两种刀具（平头立铣刀和球头刀）进行同一个面加工。练习时，不用"悬挂"功能，立即生成刀具轨迹，并利用各种辅助作图方法，对生成的刀具轨迹的正确性进行分析。

1. 利用在特征实体造型练习中画出的如题图 7-1（a）、（b）、（c）、（d）所示的三维图形进行自动编程。

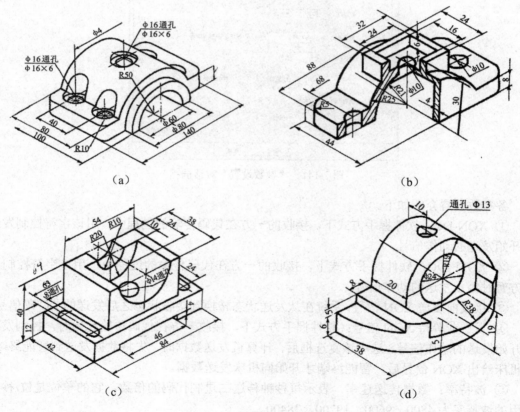

题图 7-1

2. 对题图 7-2 所示的型腔零件造型并选择适当的加工方法进行加工。毛坯尺寸为 125 ×85×22。

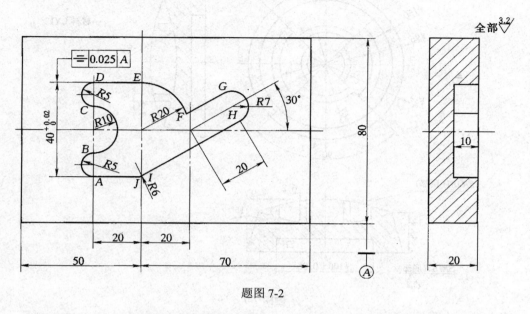

题图 7-2

3. 对题图 7-3 所示的简单曲面零件造型并选择适当的加工方法进行加工。自定义毛坯。

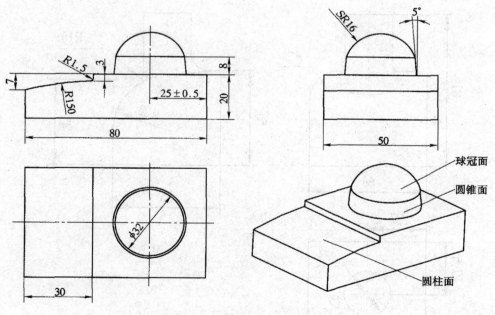

题图 7-3

4. 对题图 7-4 所示的环形球面凹槽零件造型并选择适当的加工方法进行加工。自定义毛坯。

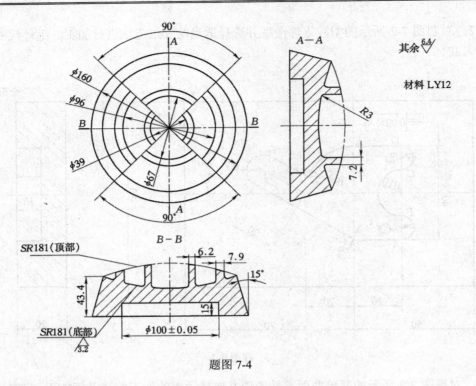

题图 7-4

5. 对题图 7-5 所示零件造型后进行粗加工练习。

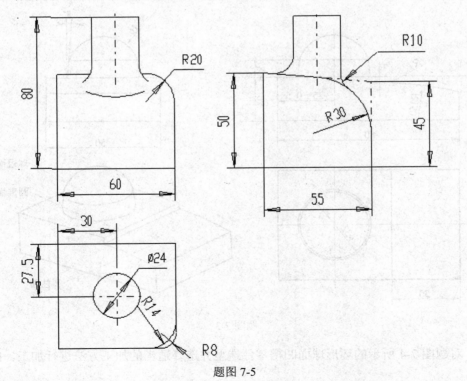

题图 7-5

6. 铣配油盘，备料 80×60×30，如题图 7-6 所示。

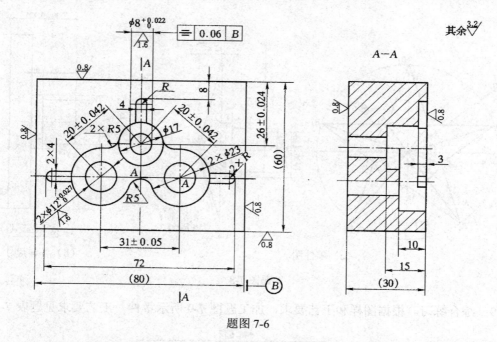

题图 7-6

7. 铣凹模，45 钢，备料（100±0.07）×（100±0.07）×（20±0.065），如题图 7-7 所示。

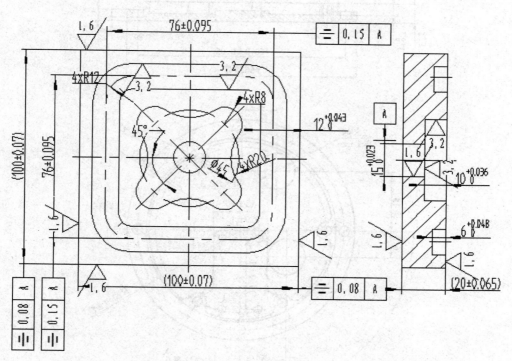

题图 7-7

8. 铣星形件，未注尺寸公差按 GB 1804 中的 m 级，如题图 7-8 所示。

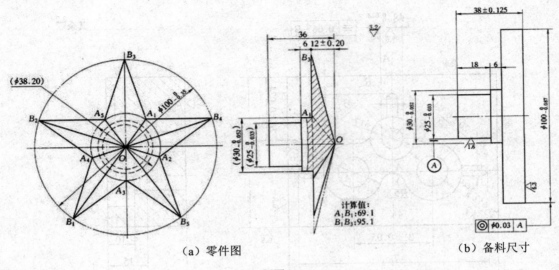

（a）零件图 （b）备料尺寸

题图 7-8

9．综合练习。根据图样和工艺要求，加工题图 7-9 所示零件。工艺要求见题表 7-1。

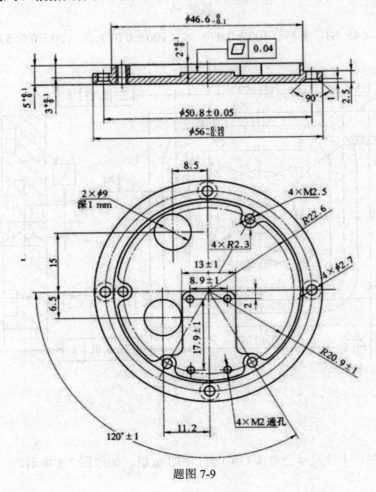

题图 7-9

题表 7-1　综合练习零件的工艺要求

工序	工艺要求	备注
钳工	$\phi60\times200$LY12 棒料下料	手动
	粗精加工端面和外圆，切断	手动
	达到车削工艺草图要求	
车削	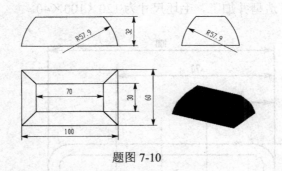	
数控铣	铣内腔形状达到图纸要求	
	接刀不得高出凸起平面，只许低于凸起平面，但不得超过 0.03	自动
	钻全部孔和螺孔（包括 2×）$\phi9$ 凹槽	

10．轮廓导动加工练习。要求：加工如题图 7-10 的造型。（提示：该零件使用轮廓导动加工时，仅仅需要将底面矩形轮廓和侧面 R 轮廓绘制出，使用矩形做截面轮廓，圆弧做导动轮廓。）

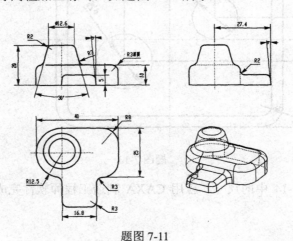

题图 7-10

11．造型并进行等高粗加工练习，如题图 7-11 所示。

题图 7-11

12. 题图 7-12 所示零件，材料为调质 45 钢，要求：造型并自动编程，生成 G 代码并校核 G 代码，之后在数控铣床上加工零件的上凸台的轮廓。

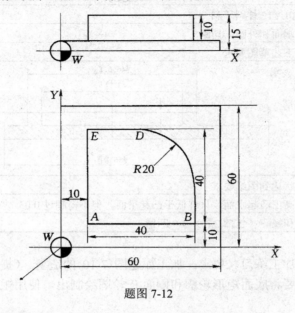

题图 7-12

13. 对题图 7-13 造型并加工。毛坯尺寸为 120×100×40。

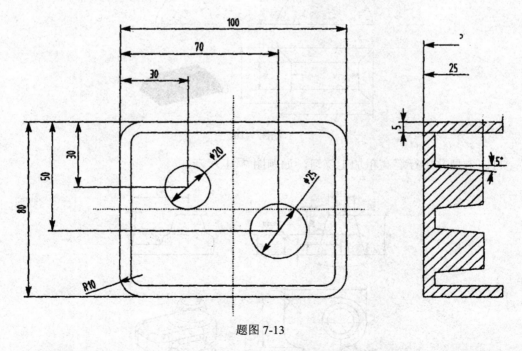

题图 7-13

14. 按照题图 7-14 中的尺寸，应用 CAXA 制造工程师软件完成零件的造型和自动生成加工轨迹。

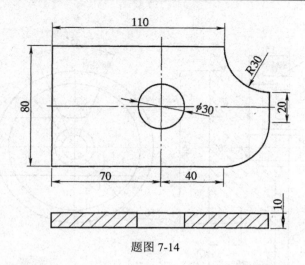

题图 7-14

15. 采用实体曲面混合造型方法，完成题图 7-15 所示零件的实体或曲面造型，并选用合适的加工方法对沟槽曲面部分加工生成加工轨迹。

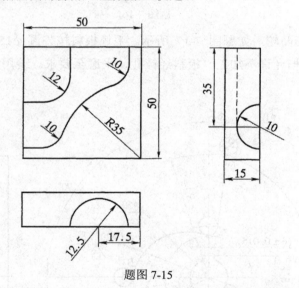

题图 7-15

16. 按照题图 7-16 所示尺寸生成零件的造型，按给定的加工参数完成柱面 A、平面 B 和 C 三个面的精加工轨迹，填写空缺的加工参数表（见题表 7-2）并完成造型和加工轨迹。

题表 7-2 圆柱面 A 加工参数表

加工方式	刀具类型	刀具材料	刀具半径/mm	刀角半径/mm	主轴转速/（r/m）	切削速度/（mm/min）	顶层高度/mm	底层高度/mm	轮廓拔模斜度	加工余量	加工精度	刀次
	立铣刀	高速钢	8	0	800-200	100-300	30		0		0.01	1

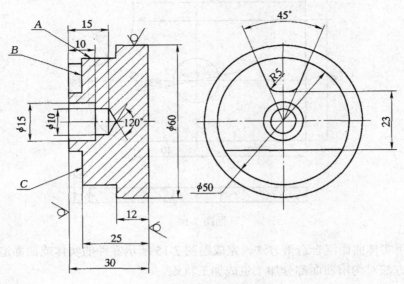

题图 7-16

17. 铣等速盘形凸轮, 如题图 7-17 所示。毛坯板料按外圆 $\phi152$, 内孔 $\phi20_0^{+0.021}$, 厚度 16 mm 准备, 键槽允许不加工。板料经镗孔、平磨至要求。请用自动编程方法生成加工程序。

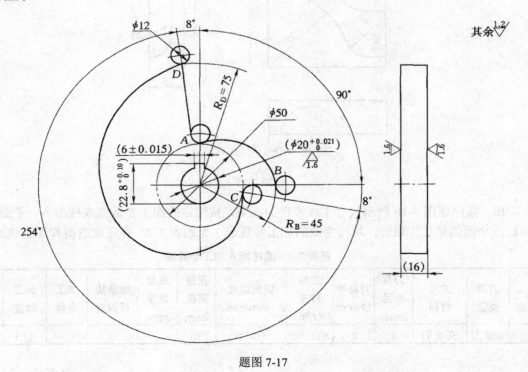

题图 7-17

18. 铣球带状曲面, 如题图 7-18 所示。

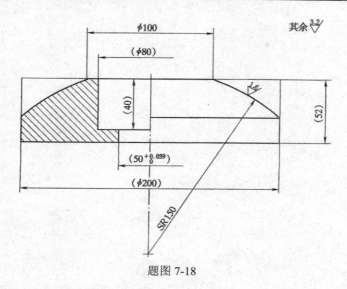

题图 7-18

19. 做题图 7-19 所示典型弧形曲面的造型，之后用多种加工功能进行加工练习。

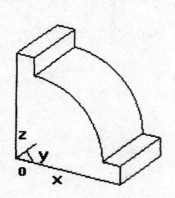
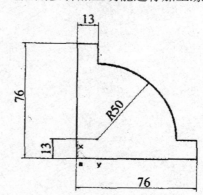

题图 7-19

第 4 篇 综合实例

本篇要点

📖 机头热锻件模具的 3D 设计与 NC 加工

📖 叶轮动模造型与加工

第 8 章　机头热锻件模具的3D设计与 NC 加工

　　本实例为某机械厂生产的机头热锻件，图 8-1 为其三视图。设计此造型的目的是利用此造型生成其模具型腔并对该模具型腔进行 CAM 的编程加工，所以这样的零件造型设计必须严格按照图纸的尺寸标注进行，这样才能生成正确的加工程序。

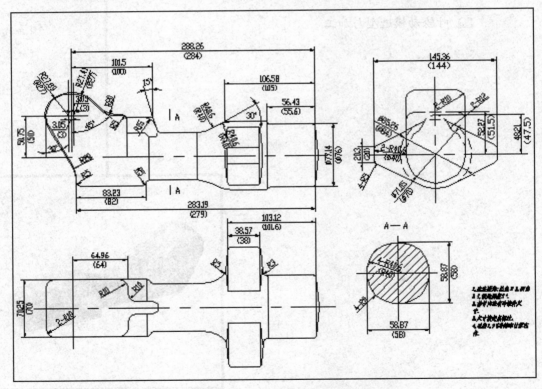

图 8-1　机头热锻件的三视图

8.1　机头热锻件的 3D 设计

8.1.1　机头热锻件三维实体造型分析

1. 造型思路

三维空间造型，目前大多数是根据二维图纸来做的，所以如何很好地理解二维三视图是能否做出实体造型的第一步。根据二维图纸首先在脑子里建立起要做的造型的空间形状，然后根据脑中建立的模型、二维图纸提供的数据和 CAXA 制造工程师软件提供的造型功能确定用什么样的造型方法来做造型，这是在做三维造型时的一般规律。

2. 分析图纸

根据图纸提供的 4 个视图要能想象出这个零件是一个什么样的空间形状。它是一个由多个不同截面形状草图拉伸生成的主体，前部有一对翅膀，后部是个尾座，尾座和主体之间有筋板连接的热锻件。尾座和翅膀都带有 5° 的拔模斜度，尾座、筋板和翅膀两侧的圆角过渡较复杂，是造型的重点，最易出错。

图纸中确定零件形状的关键视图是主视图和左视图。从主视图中可以确定造型主体的外形尺寸；配合剖面图和左视图中的几个圆形截面的尺寸，便可做出主体的造型。而且主视图中包含了尾座的基本尺寸，主视图中尾座的形状，是尾座造型的重点；翅膀的形状从左视图中明确表达出来了，加上俯视图中的翅膀的定位尺寸，翅膀造型可确定，而筋板过渡的形状要从 3 个视图中多项结合来确定。

利用图形给定的形状，首选的功能是拉伸增料、拉伸除料和旋转增料。构建主体的造型至少有两种方法：一种是以旋转增料为主，构建出主体草图轮廓，然后旋转出主体的造型，接着通过拉伸增料来修补剖面图在主体造型中的形状；另一种是以拉伸增料为主，分段拉伸生成主体的造型。在这里采用第二种方案，构建草图稍简单一些。翅膀的造型是一个难点。可先用拉伸增料然后增加拔模斜度的方法来制作，分析一下主体上有圆角 R40 的过渡，难以生成拔模斜度，这时千万不要忘了布尔运算，它可以化难为易。把翅膀做出来，存为.x-t 文件，然后再与已经做好的主体造型做一个布尔运算中的并运算，问题就解决了。

根据以上的分析，造型方案已基本确定如下：

① 分别根据各截面拉伸或旋转生成主体。
② 在主体的基础上，用拉伸增料加拔模斜度的方法制作出尾座。
③ 制作中间的筋板连接。
④ 做出翅膀的外形，与已经做好的模型做布尔运算。
⑤ 按图纸要求倒各圆角。
⑥ 用系统提供的型腔生成功能或分模功能做出机头热锻件的模具。

8.1.2 机头热锻件三维实体特征造型的具体步骤

1. 构建主体轮廓线

（1）定位十字线

按 F7 键切换到 XOZ 平面，作两条相互垂直的直线，目的是为下一步作其他线做准备。单击"直线"按钮，屏幕左侧出现立即菜单对话框，按图 8-2 设置。把这两条线定位到坐标原点，如图 8-2 所示。

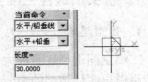

图 8-2 作定位十字线

（2）拷贝定位十字线到需要位置

单击"平移"按钮，屏幕左边出现对话框。第一次输入 DX（-5）、DY（0）、DZ（50），第二次输入 DX（279）、DY（0）、DZ（0），偏移结果如图 8-3 所示。

图 8-3 拷贝定位十字线结果

（3）作等距线

① 等距铅垂线。单击"等距线"按钮，屏幕左边出现对话框。在"距离"中分别输入 105、101.6、55.6，结果如图 8-4 所示。

图 8-4 等距铅垂线

② 等距水平线。单击"等距线"按钮，在"距离"中输入 42，结果如图 8-5 所示。

图 8-5 等距水平线

（4）尖角过渡

单击"曲线过渡"按钮，在屏幕左边立即菜单中选择"尖角"选项，根据屏幕左下部的提示，完成结果如图 8-6 所示。

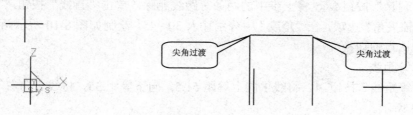

图 8-6　尖角过渡

（5）画 30° 斜线

单击"直线"按钮，在弹出的立即菜单中选择"角度线"、"X 轴夹角"选项，并设置角度为 30。结果如图 8-7 所示。

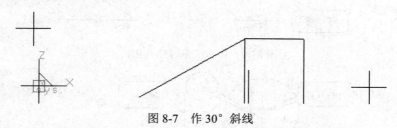

图 8-7　作 30° 斜线

（6）尖角过渡并裁剪

单击"曲线过渡"按钮，选择"尖角"选项，根据屏幕左下部的提示，完成尖角过渡；单击"曲线裁剪"按钮，按屏幕左下部的提示，裁剪完成后如图 8-8 所示。

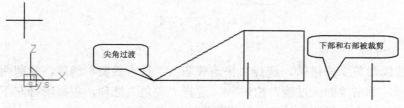

图 8-8　尖角过渡并裁剪

（7）定圆心，画 R27 的圆弧

单击"等距线"按钮，设置"距离"为 3，将图 8-9 中所示垂直线分别向左、向右等距，再分别以等距线与水平线的两个交点为圆心，画 R27 的两圆，完成后，单击 按钮，选择"快速裁剪"、"正常裁剪"选项，剪掉两相交圆内的部分，结果如图 8-9 所示。

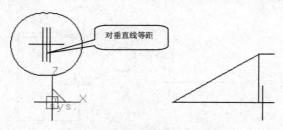

图 8-9　定圆心位置画圆并裁剪

（8）作与圆弧相切的两条切线

单击"删除"按钮 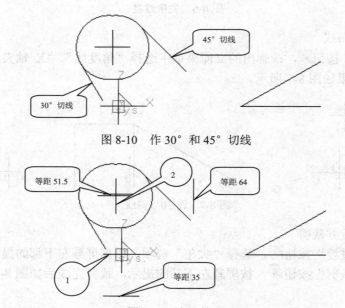，将上步中的两条等距线删除。单击"直线"按钮，选择"角度线"、"Y轴夹角"选项，在"角度"中分别输入30、45。绘制如图8-10所示两条切线（注意切点和默认点的切换）。

（9）作等距线

单击"等距线"按钮，将线1向上等距51.5，向下等距35，将线2向右等距64。结果如图8-11所示。

图 8-10　作 30° 和 45° 切线

图 8-11　多次等距

（10）尖角过渡

单击"曲线裁剪"按钮，选择"快速裁剪"、"正常裁剪"选项，裁剪两切线之间的圆弧，完成后，单击"曲线过渡"按钮，选择"尖角"选项，根据屏幕左下部的提示，对上步中的等距线和切线依次过渡，结果如图8-12所示。

（11）作15°斜线起点

单击"等距线"按钮，将线1向上等距47.5，将线2向右等距100，完成后，单击"曲线过渡"按钮，选择"尖角"选项，根据屏幕左下部的提示，分别拾取前述作出的两条等距线，过渡结果如图8-13所示。

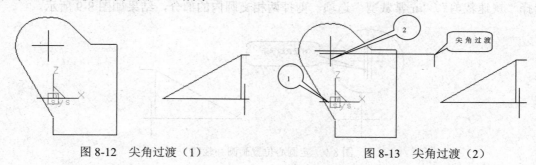

图 8-12　尖角过渡（1）　　　　　图 8-13　尖角过渡（2）

（12）作 15°斜线

单击"直线"按钮<img_1 />，选择"角度线"、"Y 轴夹角"选项，在"角度"中输入 15，绘制 15°斜线，结果如图 8-14 所示。

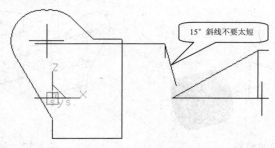

15°斜线不要太短

图 8-14　作 15°斜线

2. 制作主体

有了上一步制作的辅助线条，下面的实体制作将十分快捷。

（1）拉伸生成圆柱

① 创建草图平面。单击"构造基准面"按钮，屏幕出现构造基准面对话窗口。选取左下边的"过点且平行平面确定基准平面"，根据对话框中的提示，单击屏幕左边特征树的平面 YZ，这时在屏幕上出现红色的虚线方框，表示拾取到的平面。拾取图 8-15 中所示点后，单击"确定"按钮，平面构造成功。结果如图 8-15 所示。

② 单击屏幕左侧新创建的平面，单击按钮，进入草图状态。按 F5 键，正视于草图。

③ 单击"圆"按钮，选择"圆心_半径"方式，以坐标原点为圆心，画 φ76 的圆。

④ 再次单击按钮，退出草图状态。

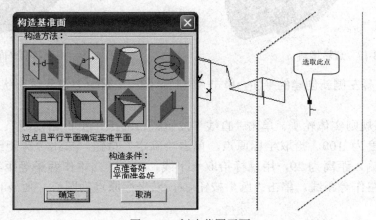

选取此点

图 8-15　创建草图平面

⑤ 按 F8 键，在轴测图中观察。

⑥ 单击"拉伸增料"按钮，输入深度 55.6，选中"反向拉伸"复选框，单击"确定"按钮。拉伸结果如图 8-16 所示。

（2）旋转生成实体

① 单击屏幕左边特征树的平面 XZ，单击"绘制草图"按钮，进入草图状态。

② 用鼠标单击曲线生成工具栏中的"曲线投影"按钮 <img_1 icon>，依次拾取图 8-17 所示的线条，被拾到的线变粗。

③ 单击"绘制草图"按钮 <icon>，退出草图状态。

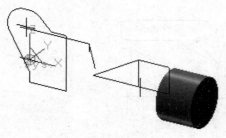

图 8-16　拉伸增料

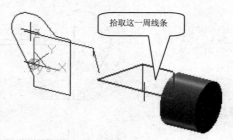

拾取这一周线条

图 8-17　曲线投影

④ 单击"旋转增料"按钮 <icon>，类型选择单向旋转，输入角度为 360，旋转结果如图 8-18 所示。

（3）拉伸生成不规则实体

① 单击"构造基准面"按钮 <icon>，屏幕出现构造基准面对话窗口。选取左下边的"过点且平行平面确定基准平面"，根据对话框中的提示，单击屏幕左边特征树的 <icon> 平面 YZ，选中图 8-19 中所示点，单击"确定"按钮，平面构造成功。结果如图 8-19 所示。

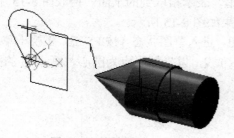

图 8-18　旋转增料

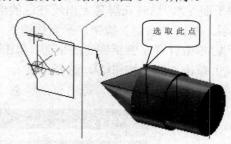

选取此点

图 8-19　构建基准平面

② 单击屏幕左侧新创建的平面，单击"绘制草图"按钮 <icon>，进入草图状态。按 F5 键，正视于草图。

③ 绘制不规则实体轮廓。单击"直线"按钮 <icon>，选择"水平/铅垂线"、"水平+铅垂"方式，输入长度为 100。拾取坐标原点，单击"确定"按钮。单击"等距线"按钮 <icon>，在立即菜单中输入距离为 29，用鼠标拾取水平线，向上、向下作两条等距线；用鼠标拾取铅垂线，向左作等距线。单击"圆"按钮 <icon>，以坐标原点为圆心，画 $\phi80$ 圆。结果如图 8-20 所示。

单击"平移"按钮 <icon>，选择"两点"、"移动"、"非正交"方式，拾取上述所画的圆，以圆与水平线的左侧交点为基点，向右侧移动到图 8-21 所示目标点处。单击 <icon> 按钮，裁剪圆弧，结果如图 8-21 所示（此图为线架显示）。

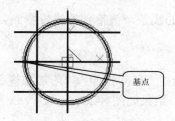

图 8-20　构建辅助线

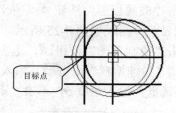

图 8-21　裁剪圆弧

　　然后单击"删除"按钮⌀，删除左侧圆弧外所有线条，结果如图 8-22 所示。单击"阵列"按钮▦▦，选择"圆形"、"均布"方式，输入份数 4，拾取圆弧，拾取坐标原点为中心点，阵列完成，如图 8-22 所示。单击"曲线过渡"按钮▦，选择"圆弧过渡"方式，输入半径 8，过渡结果如图 8-22 所示（此图为线架显示）。

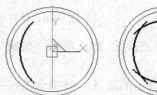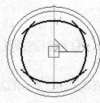

图 8-22　草图生成过程及结果

　　④ 单击"绘制草图"按钮✐，退出草图状态。按 F8 键，在轴测图中观察。单击"拉伸增料"按钮▦，选择"固定深度"方式，输入深度为 100，选中"反向拉伸"复选框，单击"确定"按钮，结果如图 8-23 所示。

（4）拉伸生成圆柱体

　　① 创建草图平面。单击屏幕左边特征树的◈平面 YZ，单击"绘制草图"按钮✐，进入草图状态。

　　② 绘制草图。单击⊕按钮，选择"圆心_半径"方式，以坐标原点为圆心，画 $\phi70$ 的圆。

　　③ 单击"绘制草图"按钮✐，退出草图状态。

　　④ 单击"拉伸增料"按钮▦，输入深度 87，单击"确定"按钮。拉伸结果如图 8-24 所示。

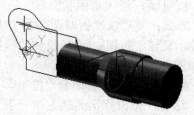

图 8-23　不规则轮廓拉伸增料

图 8-24　$\phi70$ 圆柱体拉伸增料

（5）拉伸生成带拔模斜度的尾座

　　① 创建草图平面。单击"构造基准面"按钮◈，屏幕出现构造基准面对话窗口。用鼠标选择"等距平面确定基准平面"，用鼠标拾取屏幕左边特征树的◈平面 XZ，输入距离为 35，单击"确定"按钮。单击"绘制草图"按钮✐，进入草图状态。

② 单击"曲线投影"按钮，依次拾取图示的线条，被拾到的线投影到创建的草图平面以粗线显示。结果如图 8-25 所示。

③ 单击"绘制草图"按钮，退出草图状态。

④ 单击"拉伸增料"按钮，输入深度 35，选中"反向拉伸"、"增加拔模斜度"、"向外拔模"复选框，输入角度 5，单击"确定"按钮。结果如图 8-26 所示。

拾取这一周线条

图 8-25　曲线投影（1）

图 8-26　拉伸增料（1）

⑤ 创建草图平面，方法与①相同，只将距离改为-35，单击"确定"按钮。单击"绘制草图"按钮，进入草图状态。

⑥ 单击"曲线投影"按钮，依次拾取图示的线条，被拾到的线投影到创建的草图平面以粗线显示。结果如图 8-27 所示。

⑦ 单击"拉伸增料"按钮，方法与④相同，但要取消选中"反向拉伸"复选框，其他不变，单击"确定"按钮。结果如图 8-28 所示。

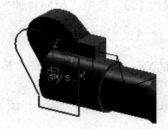

图 8-27　曲线投影（2）

图 8-28　拉伸增料（2）

（6）修整尾座

① 选取图 8-29 中所示平面，单击"绘制草图"按钮，进入草图状态。

② 单击"相关线"按钮，选择"实体边界"方式；然后依次拾取图 8-29 中所示的实体边界，如果拾取不到，单击显示工具栏中的"显示旋转"按钮，被拾到的线投影到创建的草图平面上以粗线显示，一共 6 条线。结果如图 8-29 所示。

③ 检查草图。用鼠标单击曲线生成工具栏中的"检查草图环是否闭合"按钮，如果草图不闭合，系统将自动在草图不封闭处做出标记。这时在做出标记的地方作一下尖角过渡，一般即可解决问题。单击"绘制草图"按钮，退出草图。

④ 拉伸除料。单击"拉伸除料"按钮，选择"固定深度"方式，输入深度为 110，单击"确定"按钮。结果如图 8-30 所示。

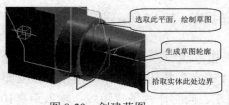

图 8-29　创建草图　　　　　　　　　　　图 8-30　拉伸除料

（7）生成筋板

① 单击屏幕左边特征树的平面 XZ，单击"绘制草图"按钮 ，进入草图状态。

② 单击"曲线投影"按钮 ，依次拾取图 8-31 所示的线条，被拾到的线投影到 XZ 平面以粗线显示。结果如图 8-31 所示。

③ 单击"筋板"按钮 ，选中"双向加厚"单选按钮，输入厚度为 30，单击"确定"按钮。结果如图 8-32 所示。

图 8-31　曲线投影　　　　　　　　　　　图 8-32　生成筋板

主体的制作到此完成，将此文件保存为"主体.mex"。

3．制作主体的双翼

（1）拷贝线条

① 单击标准工具栏中的"拷贝"按钮 ，屏幕下部提示：拾取元素。按 W 键选中所有的线条，屏幕上所有的线条变红，单击鼠标右键确认。

② 单击标准工具栏中的"新建"按钮 ，屏幕变为空白，建立一个新的 ME 文件。

③ 单击标准工具栏中的"粘贴"按钮 ，将刚才拷贝的所有的线全部粘贴在新建的.mxe 文件中，如图 8-33 所示。

（2）绘制双翼的草图

① 按 F7 键，切换到 XOZ 平面；按 F3 键，全屏显示。

② 单击"构造基准面"按钮 ，屏幕出现基准平面对话窗口。选取"过点且平行平面确定基准平面"方式，根据对话框中的提示，拾取屏幕左边特征树的平面 YZ，选中图 8-34 中所示的点，结果如图 8-34 所示。

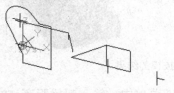

图 8-33　拷贝线条图　　　　　　　　　　图 8-34　构建草图平面

③ 单击"绘制草图"按钮 , 进入草图状态。按 F5 键, 正视于草图。

④ 绘制双翼草图轮廓。

❑ 单击"直线"按钮 ![], 选择"水平/铅垂线"、"水平+铅垂"方式, 输入长度为 100。用鼠标捕捉坐标原点, 单击"确定"按钮。单击 ![] 按钮, 在立即菜单中输入距离 72, 用鼠标选择铅垂线, 向左、向右作两条等距线; 输入距离 10, 用鼠标选择水平线, 向上、向下作两条等距线。单击"圆"按钮 ![], 以坐标原点为圆心, 画 φ84 圆。结果如图 8-35 所示。

❑ 单击"曲线过渡"按钮 ![], 选择"尖角"方式, 根据屏幕左下部的提示, 对上步中的等距线过渡。结果如图 8-36 所示。

图 8-35　构建双翼草图的基础线条　　　图 8-36　尖角过渡

❑ 单击"直线"按钮 ![], 选择"两点线"、"单个"、"非正交"方式。以尖角过渡的交点为起点, 画出 4 条与 φ84 圆相切的线 (注意切换工具点为默认点或切点)。完成后, 单击"删除"按钮 ![], 删除圆内所有线条。然后单击"曲线裁剪" ![] 按钮, 快速裁剪内侧圆弧, 结果如图 8-37 所示。

❑ 单击"绘制草图"按钮 ![], 退出草图状态。按 F8 键, 在轴测图中观察, 见图 8-38。

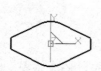
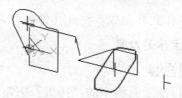

图 8-37　草图结果　　　　　图 8-38　草图结果轴测图

（3）制作左翼

① 单击"拉伸增料"按钮 ![], 输入深度为 38, 单击"确定"按钮。

② 单击"拔模"按钮 ![], 拔模类型选择"中立面"选项, 输入拔模角度为 5, 按图 8-39 拾取中性面、拔模面 1、拔模面 2 (拔模面 1 的对称面), 单击"确定"按钮, 拉伸增料和拔模结果如 8-39 所示。

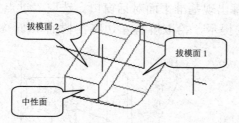
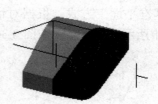

拔模面 2

拔模面 1

中性面

图 8-39　拉伸增料后再拔模的结果

③ 单击"扫描面"按钮 ![], 在屏幕左侧的立即菜单中, 输入起始距离−50, 扫描距离

为 100，拾取图示线条后，屏幕左下角提示"输入扫描方向"，此时按空格键，在弹出的快捷菜单中选择"Z 轴正方向"，单击"确定"按钮，结果如图 8-40 所示。

④ 单击"曲面裁剪除料"按钮 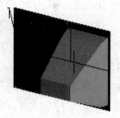，用刚才生成的扫描面对实体裁剪，结果如图 8-41 所示。

拾取此线

图 8-40   生成扫描面

图 8-41   曲面裁剪除料

⑤ 选择"文件"→"另存为"命令，弹出"存储文件"对话框，文件类型选"Parasolid x_t 文件（*.x_t）"，输入文件名"左翼"。后续做实体的交并差运算时，要用到此文件。

（4）制作右翼

① 在零件特征树中删除前面所做的"曲面裁剪除料"和"拔模"两个特征。

② 单击"拔模"按钮 ，中性面选择上次拔模的对立面，其他选项和设置不变。

③ 单击"曲面裁剪除料"按钮 ，用上次的曲面对实体裁剪，选中"除料方向选择"，结果如图 8-42 所示。

右翼的制作完成后，将此文件以"右翼.mex"保存。

（5）制作双翼

① 在右翼中并入左翼。打开文件"右翼.mex"。单击"实体布尔运算"按钮 ，弹出"打开文件"对话框，选择文件"左翼"，单击"打开"按钮，弹出"实体布尔运算"对话框。布尔运算方式选择"当前零件∪输入零件"，屏幕左下角提示"请给出定位点"，拾取坐标原点，定位方式选择"给定旋转角度"，输入角度一 0、角度二 0。单击"确定"按钮，结果如图 8-43 所示。

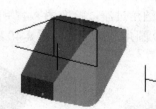

图 8-42   曲面裁剪除料

图 8-43   布尔运算

② 为了观察的方便，可以把屏幕上的线面全部隐藏。在下拉菜单中选择"编辑"→"隐藏"命令，屏幕下部提示"拾取元素"，按 W 键全部选中，单击鼠标右键确认，所有线面被隐藏。

③ 选择"文件"、"另存为"，弹出"存储文件"对话框，文件类型选择"Parasolid x_t 文件（*.x_t）"，输入文件名"双翼"。做实体的交并差运算时，要用到此文件。

4. 在主体中并入双翼

在并入双翼前，首先对锻件主体的 R40 部分进行圆角过渡；否则在并入双翼后将无法完成过渡。

（1）对锻件主体的 R40 部分进行圆角过渡

打开文件"主体.mex"。单击特征生成工具栏中的"过渡"按钮 ，弹出"过渡"对话框，输入半径 40，过渡方式选择"等半径"，结束方式选择"缺省方式"，选中"沿切面顺延"复选框，拾取要过渡的两条棱边，被拾取的棱边变色，如图 8-45 所示。单击"确定"按钮，结果如图 8-45 所示。

（2）在主体中并入双翼

单击"实体布尔运算"按钮 ，弹出"打开文件"对话框，选择文件"双翼"，单击"打开"按钮，弹出"实体布尔运算"对话框。布尔运算方式选择"当前零件∪输入零件"，屏幕左下角提示"请给出定位点"，拾取坐标原点，定位方式选择"给定旋转角度"，输入角度一 0、角度二 0。单击"确定"按钮，结果如图 8-46 所示。

图 8-44　拾取斜面两侧棱边　　　图 8-45　圆角过渡结果　　　图 8-46　实体布尔运算结果

5. 整体倒圆角

现在来完成本造型的最后一项任务：按图纸作各圆角过渡。圆角过渡的操作上步中已经做过，不再详细叙述，只以下面的几张图做图示说明，但是要注意圆角过渡的顺序，顺序不同，将有可能得不到图示的效果。

为了观察的方便，把屏幕上的线全部隐藏。选择"编辑"→"隐藏"命令，屏幕下部提示"拾取元素"，按 W 键全部选中，单击鼠标右键确认，所有线条被隐藏。

（1）尾座圆角过渡

① 做 R5 圆角过渡，拾取图 8-47 所示棱边，过渡结果如图 8-48 所示。

② 做 R20 圆角过渡，拾取图 8-48 所示棱边，过渡结果如图 8-49 所示。

图 8-47　R5 圆角过渡的棱边　　　图 8-48　R20 圆角过渡的棱边　　　图 8-49　R20 圆角过渡结果

③ 做 R5～R10 变半径圆角过渡。

对图 8-50 所示的弧段进行 R5～R10 的变半径过渡，利用该弧段上的 7 个点来完成。

图 8-50　圆角过渡应拾取的 7 个顶点

单击"过渡"按钮，弹出"过渡"对话框，如图 8-51 所示，选择"变半径"过渡方式，拾取图示的圆弧周边 6 条线，在"过渡"对话框得到 7 个对应的顶点。

图 8-51　拾取 6 条边得到 7 个顶点

在"过渡"对话框"相关顶点"列表框中选择"顶点 0"，在"半径"文本框中输入 10；选中"顶点 1"，在"半径"文本框中输入 9；选中"顶点 2"，在"半径"文本框中输入 8；选中"顶点 3"，在"半径"文本框中输入 5；选中"顶点 4"，在"半径"文本框中输入 8；选中"顶点 5"，在"半径"文本框中输入 9；选中"顶点 6"，在"半径"文本框中输入 10；如图 8-52 所示。结果如图 8-53 所示。

图 8-52　设置 7 个顶点的半径值

图 8-53　变半径过渡结果

（2）筋板圆角过渡

① 做 $R5$ 的外圆角过渡，结果如图 8-54 所示。

图 8-54　$R5$ 的外圆角过渡及结果

② 做 $R5$ 的内圆角过渡，只拾取相贯处一小段棱边即可，结果如图 8-55 所示。

图 8-55　$R5$ 的内圆角过渡及结果

③ 做 $R15$ 的圆角过渡，结果如图 8-56 所示。

图 8-56　$R15$ 圆角过渡及结果

④ 做 $R12$ 的圆角过渡，结果如图 8-57 所示。

图 8-57　$R12$ 的圆角过渡及结果

⑤ 做 $R10$ 的圆角过渡，结果如图 8-58 所示。

图 8-58　$R10$ 圆角过渡及结果

（3）双翼圆角过渡

① 做 $R5$ 的内圆角过渡，结果如图 8-59 所示。

图 8-59　$R5$ 内圆角过渡及结果

② 做 $R3$ 的外圆角过渡，结果如图 8-60 所示。

图 8-60　*R*3 外圆角过渡及结果

③ 做 *R*3 的相贯线圆角过渡，结果如图 8-61 所示。

图 8-61　*R*3 相贯线圆角过渡及结果

④ 做 *R*5 的相贯线圆角过渡，结果如图 8-62 所示。

不可同时选中两条对称的相贯线，要分两次选取，分别进行过渡。

图 8-62　*R*5 圆角过渡及结果

⑤ 做两翼棱边 *R*5 圆角过渡，结果如图 8-63 所示。

图 8-63　两翼棱边 *R*5 圆角过渡及结果

⑥ 做拔模面棱边 *R*3 圆角过渡，结果如图 8-64 所示。

图 8-64　拔模面棱边 *R*3 圆角过渡及结果

（4）修整机头热锻件主体的头部

上述做出来的机头热锻件主体的头部是平面，不符合图纸的要求，做以下修整。

① 绘制辅助线条。

❑　释放被隐藏的线条。选择"编辑"→"可见"命令，屏幕下部提示"拾取元素"，
按空格键，弹出快捷菜单，选择"拾取所有"，右击确认，所有线条显现出来。

❑　按F7键切换到XOZ平面，单击显示工具栏中的"显示窗口"按钮![Q]，将锻件主体
的头部放大显示。

- 单击"直线"按钮 ∕，选择"水平/铅垂线"、"水平+铅垂"，输入长度76。鼠标捕捉T形线的交点，单击确定，十字线被定位到T形线的交点。
- 单击"等距线"按钮 ⟩ ，输入距离3，选择铅垂线，向右作等距线。
- 单击"圆弧"按钮 ⊕，选择"三点圆弧"，过铅垂线的两端点和水平线与等距线的交点画弧。结果如图8-65所示。

② 绘制草图。

- 拾取屏幕左边特征树的平面XZ，单击"绘制草图"按钮 ∠⃗，进入草图状态。
- 单击"曲线投影"按钮 ⬚，依次拾取辅助线中的水平线、铅垂线、圆弧线，被拾到的线投影到创建的草图平面以粗线显示。
- 单击"曲线裁剪"按钮 ✄，裁剪结果如图8-66所示。

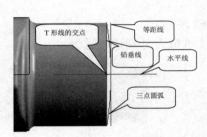

图 8-65　构建草图用辅助线

图 8-66　草图结果

③ 单击"绘制草图"按钮 ∠⃗，退出草图状态。
④ 单击"旋转增料"按钮 🔄，选定水平线为轴线，结果如图 8-67 所示。

图 8-67　旋转增料及结果

⑤ 做主体头部的外圆棱边 R3 的圆角过渡。

单击"过渡"按钮 ⬭，输入半径 3，拾取外圆棱边，单击"确定"按钮。结果如图 8-68 所示。

到此为止，做造型的 5 项任务已经全部完成，最后的造型结果如图 8-69 所示。保存机头热锻件实体文件。

图 8-68　头部的外圆棱边 R3 圆角过渡及结果

图 8-69　机头热锻件实体

6. 生成模具

（1）缩放

以上绘图尺寸为热锻件尺寸，未考虑 1.5% 的冷缩率。在生成模具前，做以下处理。

单击特征工具栏中的"缩放"按钮 ▦，在弹出的"缩放"对话框中进行如图 8-70 设置，单击"确定"按钮，可观察到零件被瞬间放大。

（2）型腔

单击特征工具栏中的"型腔"按钮 🔲，在弹出的"型腔"对话框中进行如图 8-71 设置，单击"确定"按钮后，生成一长方体型腔将锻件包围。

（3）分模

① 做分模用曲面

❑　按 F7 键切换到 XOZ 平面。单击"直线"按钮 ✎，选择"两点线"、"单个"、"正交"、"点方式"选项。捕捉坐标原点，沿 X 轴画出一条水平线。

图 8-70　缩放

图 8-71　生成型腔

❑　按 F8 键，轴测显示，单击"曲线拉伸"按钮 ⤴，将水平线的左端拉伸到型腔外侧。

❑　单击"扫描面"按钮 🔲，输入起始距离 -60，扫描距离 160，拾取图示线条后，屏幕左下角提示"输入扫描方向"，按空格键，在弹出的快捷菜单中选择"Z 轴正方向"。结果如图 8-72 所示。

② 分模

单击特征工具栏中的"分模"按钮 🔲，在弹出的"分模"对话框中选择"曲面分模"，拾取上步中生成的扫描面，单击"确定"按钮。

至此，模具型腔制作完成，将线面隐藏，保存为"锻件右模具.x_t"，结果如图 8-73 所示。

图 8-72　生成扫描面及分模设置

图 8-73　分模结果（锻件右模具）

8.2 机头热锻件模具的 NC 加工

从上面的模具造型中可以看出，模具的型腔开口朝向（要加工的方向）是 Y 轴正方向，所以必须对模具造型做以下换向处理，使 Z 轴负方向变为加工方向，才能进行加工。

1．换向

（1）在标准工具栏中单击"新建"按钮 □，屏幕变为空白。

（2）画定位轴线。按 F8 键切换到轴测图。然后单击"直线"按钮 ∕，选择"两点线"、"单个"、"正交"、"点方式"选项。以坐标原点为起点，沿 X 轴正向画一条水平线，如图 8-74 所示。

（3）单击"实体布尔运算"按钮 ，弹出"打开文件"对话框，选择 "锻件右模具"选项，单击"打开"按钮，弹出"实体布尔运算"对话框。布尔运算方式选择"当前零件 ∪ 输入零件"，屏幕左下角提示"请给出定位点"，拾取坐标原点；定位方式选择"拾取定位的 X 轴"，屏幕左下角提示"拾取轴线"，选择水平线，输入旋转角度为 270；单击"确定"按钮。将水平线隐藏，结果如图 8-75 所示。

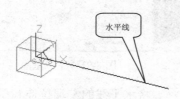

图 8-74　作定位轴线

图 8-75　机加工右锻模

换向调整到此完成，将文件以"机加工右锻模.mex"保存。

在造型之前，若考虑到 Z 轴负方向为加工的方向，可避免以上的换向调整；同样为了便于造型，可以在造型完成之后，作以上的换向调整，便于进行加工。

2．生成加工轮廓线

（1）单击显示工具栏中的"线架显示"按钮 ，整个造型以线架显示，以便选取下面的线条。

（2）单击曲线生成工具栏中的"相关线"按钮 ，在立即菜单中选择"实体边界"，用鼠标分别拾取锻模的上面和下面矩形的 4 条边界。

（3）单击显示工具栏中的"真实感显示"按钮 ，看到锻模的上面和下面生成两个矩形轮廓线，如图 8-76 所示。

3．等高线粗加工

（1）单击"等高线粗加工"按钮 ，弹出"等高线粗加工（编辑）"对话框，加工参数设置如图 8-77 所示。

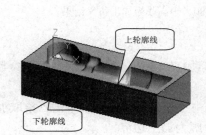

图 8-76 生成加工轮廓线

图 8-77 等高线粗加工参数设置

（2）选择"区域参数"选项卡，选中"使用"复选框。单击"拾取加工边界"按钮，返回绘图区，拾取如图 8-76 所示的上轮廓线为加工边界。

（3）选择图 8-77 所示的"切削用量"选项卡，"主轴转速"设置为 3000，"慢速下刀速度"设置为 800，"切入切出连接速度"设置为 800，"切削速度"设置为 2000，"退刀速度"设置为 2400。

（4）选择"刀具参数"选项卡，参数设置如图 8-78 所示。

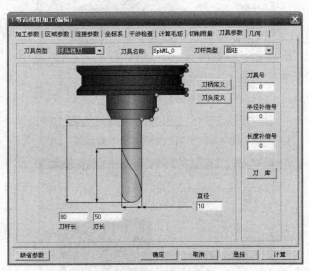

图 8-78 刀具参数设置

（5）选择"几何"选项卡，单击"加工曲面"，返回绘图区拾取图 8-76 所示的凹模曲面并确定加工侧，返回界面，单击"确定"按钮，生成等高线粗加工轨迹，如图 8-79 所示。

（6）选中生成的等高线粗加工轨迹，右击，选择"实体仿真"命令，弹出轨迹仿真界面，单击"运行"按钮，对实体进行仿真加工，结果如图 8-80 所示。

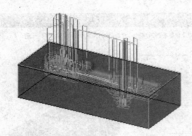
图 8-79　等高线粗加工轨迹

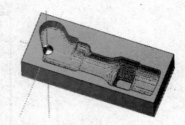
图 8-80　等高线粗加工仿真结果

4. 扫描线精加工

（1）单击"扫描线精加工"按钮 🐚，弹出"扫描线精加工（编辑）"对话框，加工参数设置如图 8-81 所示。

（2）选择"区域参数"选项卡，如图 8-82 所示，选中"使用"复选框，单击"拾取加工边界"按钮，返回绘图区，拾取如图 8-76 所示的上轮廓为加工边界。

（3）选择"几何"选项卡，单击"加工曲面"按钮，返回绘图区，拾取如图 8-76 所示的曲面，右击，返回"扫描线精加工（编辑）"对话框，其他参数设置不变，单击"确定"按钮，生成加工轨迹，如图 8-83 所示。

图 8-81　扫描线精加工参数设置

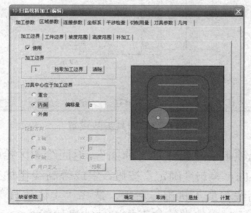
图 8-82　扫描线精加工区域参数设置

（4）选中"扫描线精加工"轨迹线，右击，选择"实体仿真加工"命令，对其进行仿真加工，结果如图 8-84 所示

图 8-83　扫描线精加工轨迹

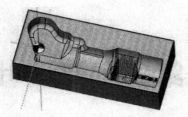

图 8-84　扫描线精加工仿真结果

第9章　叶轮动模造型与加工

9.1　叶轮动模造型

叶轮动模造型过程见 5.5.2 节，这里不再重述。

9.2　叶轮动模加工

CAXA 制造工程师 2013 软件中生成数控加工刀具轨迹的方法有 30 多种，能满足平面和各种复杂曲面的加工。对于能通过 3 轴铣削加工出来的曲面，都能够生成数控加工刀具轨迹和数控加工代码，本章重点以叶轮动模加工过程讲解，通过改变坐标系来对不同的待加工表面进行数控加工。

对于叶轮的加工，可以用 3 次装夹定位，首先要改变坐标系对底面进行铣圆孔加工和钻孔加工，然后改变坐标系加工侧面的孔，最后以加工完的底面为定位基准，用"等高线粗加工"和"扫描线精加工"命令对叶轮上表面进行粗精加工，并生成加工程序。

9.2.1　孔加工

1.　设定加工毛坯

① 单击"矩形"按钮 ⬜，绘制 600×660 的矩形，矩形中心为（0，0，-50），结果如图 9-1 所示。

② 双击加工管理特征树中的"毛坯"按钮，弹出"毛坯定义"对话框。单击"参照模型"按钮，如图 9-2 所示，单击"确定"按钮，完成毛坯的定义，结果如图 9-3 所示。

图 9-1　绘制 600×660 的矩形

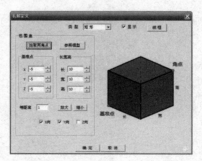

图 9-2　"毛坯定义"对话框

2. 铣大圆孔加工

① 单击"相关线"按钮 ，选择"实体边界"方式，选中叶轮背面大圆孔和 U 型槽的边界，生成相关线，结果如图 9-4 所示。

图 9-3　设置毛坯

图 9-4　生成大圆相关线

② 按 F9 键，将当前绘图平面切换为 XY 平面。单击"直线"按钮 ，选择"两点线"方式，过原点绘制两条分别平行于 X 轴和 Y 轴的直线，结果如图 9-5 所示。

③ 单击"创建坐标系"按钮 ，选择"两相交直线"命令，根据提示，拾取 X 轴方向的直线并选择 X 轴的正向，再拾取与 Y 轴平行的直线并选择 Y 轴的负方向，弹出一小对话框输入创建的坐标系的名称为"坐标系 1"，按回车键，完成新坐标系的创建，其过程和结果如图 9-6 所示。

④ 单击"隐藏坐标系"按钮 ，鼠标单击选中图 9-6 所示的原始坐标系，将其隐藏，结果如图 9-7 所示。

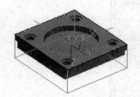

图 9-5　绘制两相交直线

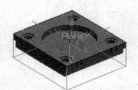

图 9-6　创建"坐标系 1"

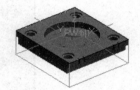

图 9-7　隐藏原始坐标系

⑤ 单击"铣圆孔加工"按钮 ，弹出"铣圆孔加工（创建）"对话框，参数设置如图 9-8 所示。

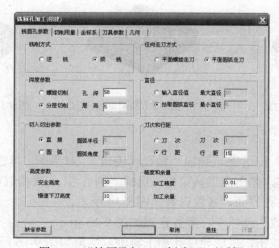

图 9-8　"铣圆孔加工（创建）"对话框

⑥ 选择图 9-8 所示的"切削用量"选项卡,"主轴转速"设置为 2000,"慢速下刀速度"设置为 1000,"切入切出连接速度"设置为 1200,"切削速度"设置为 2000,"退刀速度"设置为 2000。

⑦ 选择图 9-8 所示的"坐标系"选项卡,"起始高度"设置为 30。

⑧ 选择图 9-8 所示的"刀具参数"选项卡,参数设置如图 9-9 所示。

⑨ 选择图 9-8 所示的"几何"选项卡,在界面中单击"孔圆弧"按钮,返回绘图区,用鼠标拾取图 9-4 生成的大圆孔相关线,结果如图 9-10 所示,右击,返回"几何"选项卡界面,单击"确定"按钮,生成加工轨迹,如图 9-11 所示。

⑩ 选中生成的大圆孔加工轨迹,右击,选择"实体仿真"命令,弹出轨迹仿真界面,单击"运行"按钮▶,对实体进行仿真加工,结果如图 9-12 所示。选中大圆孔加工轨迹,右击,选择"隐藏"命令,将其隐藏。

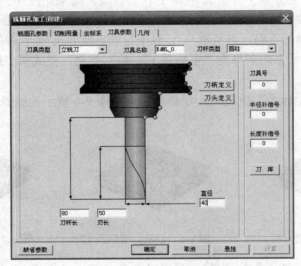

图 9-9　"刀具参数"选项卡界面

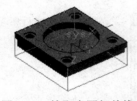

图 9-10　拾取大圆相关线

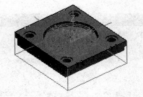

图 9-11　生成大圆孔加工轨迹

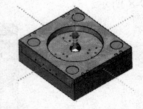

图 9-12　大圆孔仿真加工结果

3. 钻导柱孔加工

① 单击"孔加工"按钮🔧,弹出"钻孔(编辑)"对话框,单击"鼠标点取"按钮,返回绘图区,按空格键,弹出点工具菜单,选择"圆心",依次拾取如图 9-13 所示的 4 个圆心点,右击,返回钻孔界面,参数设置如图 9-14 所示。

② 选择"刀具参数"选项卡,参数设置如图 9-15 所示。

③ 单击"确定"按钮,生成导柱孔加工轨迹,结果如图 9-16 所示。

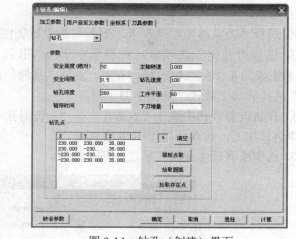

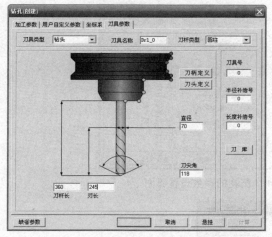

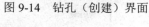

图 9-13 拾取 4 个圆心点

图 9-14 钻孔（创建）界面

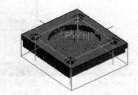

图 9-15 加工 4 个孔刀具参数设置

图 9-16 4 个孔的加工轨迹

④ 在轨迹管理树中选中"2-钻孔"，对其进行实体仿真加工，结果如图 9-17 所示。

⑤ 单击"相关线"按钮 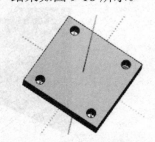，选择"实体边界"方式，选中叶轮背面 4 个沉孔的边界，生成相关线，结果如图 9-18 所示。

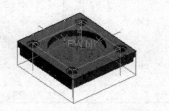

图 9-17 4 个导柱孔的仿真结果

图 9-18 生成 4 个沉孔的相关线

4. 铣 4 个沉孔

① 单击"铣圆孔加工"按钮 ，弹出"铣圆孔加工（创建）"对话框，参数设置如

图 9-19 所示。

② 选择"刀具参数"选项卡，刀具参数设置如图 9-20 所示。

③ 选择"几何"选项卡，在界面中单击"孔圆弧"按钮，返回绘图区，鼠标拾取图 9-18 生成的 4 个沉孔相关线，右击，返回"几何"选项卡界面，单击"确定"按钮，生成 4 个沉孔的加工轨迹，如图 9-21 所示。

④ 在轨迹管理树中选中"2-钻孔"和"3-铣圆孔"（要按住键盘上的 Ctrl 键），对其进行实体仿真加工，仿真结果如图 9-22 所示。

⑤ 选中所有已生成加工轨迹，将其隐藏。

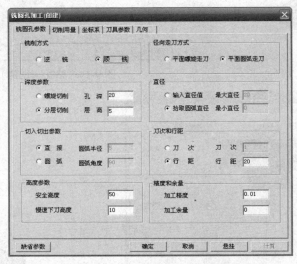

图 9-19　铣 4 个沉孔的参数设置界面

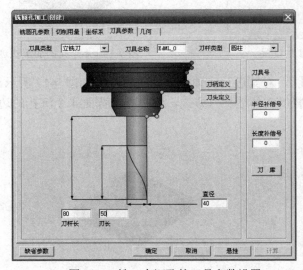

图 9-20　铣 4 个沉孔的刀具参数设置

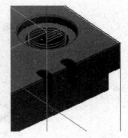

图 9-21　沉孔的轨迹

5. 钻顶杆孔的加工

① 单击"孔加工"按钮 ，弹出"钻孔（创建）"对话框，单击"鼠标点取"按钮，

返回绘图区，依次拾取如图 9-23 所示的 15 个圆心点，右击，返回钻孔界面，参数设置如图 9-24 所示。

② 选择"刀具参数"选项卡，参数设置如图 9-25 所示。

图 9-22 4 个圆孔及沉孔的仿真结果

图 9-23 拾取顶杆孔

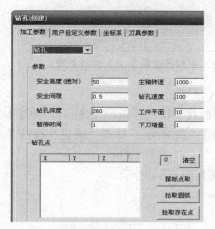

图 9-24 钻顶杆孔参数设置

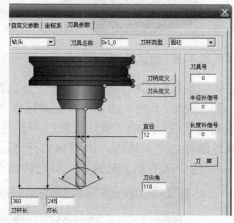

图 9-25 钻顶杆孔刀具参数设置

③ 单击"确定"按钮，生成顶杆孔加工轨迹，结果如图 9-26 所示。

④ 按住键盘上的 Ctrl 键，用鼠标在轨迹管理树中选中"1-铣圆孔加工"、"2-钻孔"、"3-铣圆孔加工"、"4-钻孔"，对所有轨迹进行实体仿真加工，结果如图 9-27 所示。

⑤ 隐藏所有加工轨迹、毛坯和直线。结果如图 9-28 所示。

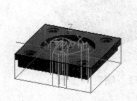

图 9-26 顶杆孔轨迹

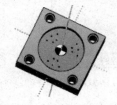

图 9-27 孔加工仿真结果

图 9-28 隐藏所有

9.2.2 平面轮廓精加工 1

① 单击"相关线"按钮，选择"实体边界"方式，选中图 9-29 所示的边界，生成相关线，结果如图 9-29 所示。

② 在轨迹管理树中双击"毛坯"，弹出"毛坯定义"对话框，选中"显示"复选框，显示毛坯。

③ 单击"平面轮廓精加工"按钮 ，弹出"平面轮廓精加工（创建）"对话框，参数设置如图 9-30 所示。

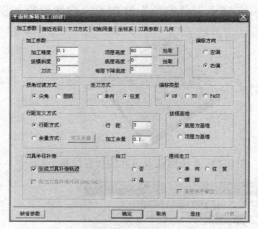

图 9-29　生成相关线　　　　　　　　　图 9-30　平面轮廓精加工 1 参数设置

④ 选择"刀具参数"选项卡，参数设置如图 9-31 所示。

⑤ 选择"几何"选项卡，在对话框中单击"轮廓曲线"按钮，返回绘图区拾取图 9-29 所示的轮廓线，单击"确定"按钮，并确定加工侧如图 9-32 所示。单击"确定"按钮生成平面轮廓精加工 1 轨迹，如图 9-33 所示。

⑥ 选中所有加工轨迹，对其进行仿真加工，结果如图 9-34 所示。

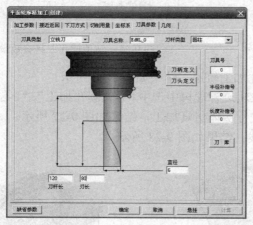

图 9-31　"刀具参数"选项卡及刀具参数设置　　　　图 9-32　确定加工侧

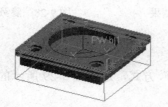

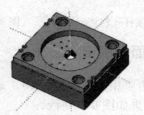

图 9-33　平面轮廓精加工轨迹　　　　　　　图 9-34　仿真结果

9.2.3   水道孔加工

① 选中所有加工轨迹和相关线，将其隐藏。按 F9 键，将当前绘图平面切换为 XY 平面，单击"直线"按钮 ✐，在如图 9-35 所示的位置绘制两条正交直线。

② 单击"创建坐标系"按钮 ⚒，选择"两相交直线"命令，根据提示，选中图 9-36 所示的两条直线分别设为 X 轴和 Y 轴，弹出一小对话框输入创建的坐标系的名称为"坐标系 2"，按回车键，完成创建新的坐标系，结果如图 9-35 所示。

③ 单击"孔加工"按钮 ⬗，弹出"钻孔（创建）"对话框，将"加工参数"选项卡中的"安全高度"设为 20，"钻孔深度"为 680，单击"鼠标点取"按钮，返回绘图区，依次拾取如图 9-36 所示的 4 个圆心点，

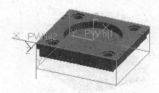

图 9-35   创建坐标系 2

图 9-36   拾取四个圆心点

④ 选择"刀具参数"选项卡，参数设置如图 9-37 所示。单击"确定"按钮，生成水道孔的加工轨迹，如图 9-38 所示。

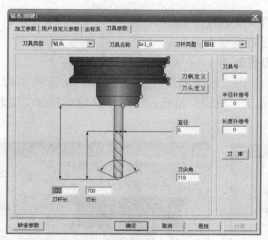

图 9-37   "刀具参数"选项卡水道孔加工

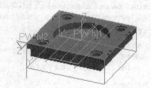

图 9-38   水道孔轨迹

⑤ 单击"钻水道孔"刀具轨迹，对其进行仿真加工，单击"毛坯"按钮，选择透明方式，结果如图 9-39 所示。

9.2.4   平面轮廓精加工 2

① 选中所有加工轨迹和相关线，将其隐藏。单击"激活坐标系"按钮 ⚒，弹出"激活坐标系"对话框，选择如图 9-40 所示系统坐标系将其激活，单击"激活结束"按钮，退出。

② 单击"隐藏坐标系"按钮 ⊔，根据系统提示拾取坐标系 1 和坐标系 2，将其隐藏。

③ 单击"创建坐标系"按钮 ⚒，选择"单点"方式，根据系统提示输入点坐标（0，0，

180），按回车键，输入坐标名称"坐标系3"，按回车键，结果如图9-41所示。

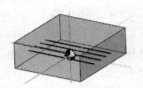

图9-39　水道孔仿真加工

图9-40　激活系统坐标系

④ 单击"相关线"按钮，选择"实体边界"方式，拾取图9-42所示的实体棱边，生成相关线，结果如图9-42所示。

图9-41　创建坐标系

图9-42　生成相关线

⑤ 单击"平面轮廓精加工"按钮，弹出"平面轮廓精加工（编辑）"对话框，参数设置如图9-43所示。

⑥ 选择"下刀方式"选项卡，设置"安全高度"为30。

⑦ 选择"坐标系"选项卡，设置"起始高度"为30。

⑧ 选择"刀具参数"选项卡，参数设置如图9-44所示。

⑨ 选择"几何"选项卡，在对话框中单击"轮廓曲线"，返回绘图区拾取图9-42所示的轮廓线并确定加工侧，返回到对话框，单击"确定"按钮，生成平面轮廓精加工2轨迹，如图9-45所示。

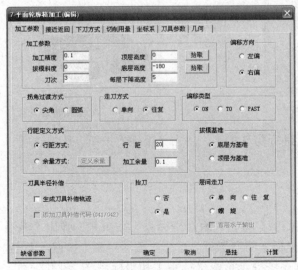

图9-43　平面轮廓精加工2参数设置

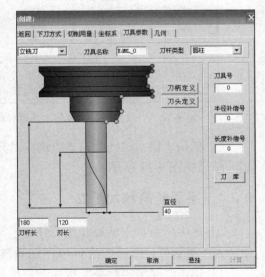

图9-44　刀具参数设置

9.2.5　平面轮廓精加工 3

① 选中上步生成的加工轨迹和相关线，将其隐藏。

② 单击"相关线"按钮 🖱，选择"实体边界"方式，拾取图 9-46 所示的实体棱边，生成相关线，结果如图 9-46 所示。

图 9-45　平面轮廓精加工 2 轨迹

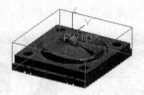

图 9-46　生成相关线

③ 单击"平面轮廓精加工"按钮 🖌，弹出"平面轮廓精加工（创建）"对话框，参数设置如图 9-47 所示。

④ 选择"下刀方式"选项卡，设置"安全高度"为 30。

⑤ 选择"坐标系"选项卡，设置"起始高度"为 30。

⑥ 选择"几何"选项卡，在对话框中单击"轮廓曲线"，返回绘图区拾取图 9-46 所示的轮廓线并确定加工侧，返回对话框，刀具参数设置不变。单击"确定"按钮，生成平面轮廓精加工 3 轨迹，如图 9-48 所示。

⑦ 选中上步生成的"平面轮廓精加工轨迹 3"，将其隐藏。

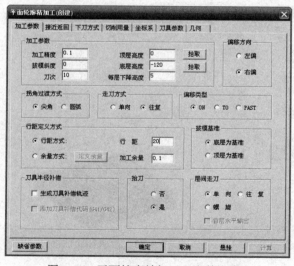

图 9-47　平面轮廓精加工 3 参数设置

图 9-48　平面轮廓精加工 3 轨迹

9.2.6　等高线精加工

① 单击"等高线精加工"按钮 🖱，弹出"等高线精加工（创建）"对话框，加工参数设置如图 9-49 所示。

② 选择"区域参数"选项卡，参数设置如图 9-50 所示。单击"拾取加工边界"按钮，返回绘图区，拾取如图 9-46 所示的加工边界。

③ 选择"刀具参数"选项卡，参数设置如图 9-51 所示。

④ 选择"几何"选项卡，单击"加工曲面"按钮，返回绘图区拾取图 9-52 所示的加工曲面。右击，返回"等高线精加工（创建）"对话框，单击"确定"按钮，生成加工轨迹，如图 9-53 所示。

⑤ 选中"平面轮廓精加工 2"、"平面轮廓精加工 3"和"等高线精加工"轨迹线，右击，选择"实体仿真加工"命令，对其进行仿真加工，结果如图 9-54 所示。

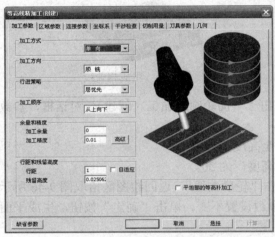

图 9-49 等高线精加工参数设置

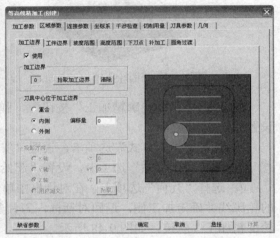

图 9-50 等高线精加工区域参数设置

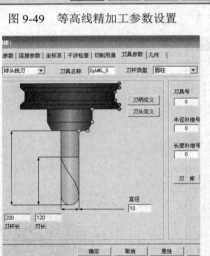

图 9-51 等高线精加工刀具参数设置

图 9-52 拾取加工曲面

图 9-53 等高线精加工轨迹

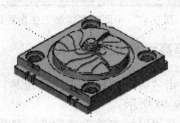

图 9-54 实体仿真结果

9.2.7　扫描线精加工

① 单击"扫描线精加工"按钮 📄，弹出"扫描线精加工（编辑）"对话框，加工参数设置如图 9-55 所示。

② 选择"区域参数"选项卡，如图 9-56 所示，选中"使用"复选框，单击"拾取加工边界"按钮，返回绘图区，拾取如图 9-57 所示的边界。

图 9-55　扫描线精加工参数设置

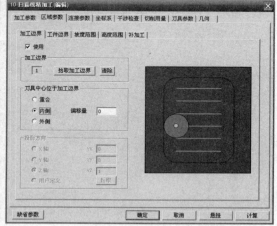

图 9-56　扫描线精加工区域参数设置

③ 选择"几何"选项卡，单击"加工曲面"，返回绘图区，拾取如图 9-58 所示的曲面，右击，返回"扫描线精加工（编辑）"对话框，其他参数设置不变，单击"确定"按钮，生成加工轨迹，如图 9-59 所示。

④ 选中"扫描线精加工"轨迹线，右击，选择"实体仿真加工"命令，对其进行仿真加工，结果如图 9-60 所示。

⑤ 按住 Ctrl 键，选中所有加工轨迹，对其进行实体仿真加工，结果如图 9-61 所示。

图 9-57　拾取加工边界

图 9-58　拾取加工曲面

图 9-59　扫描线精加工轨迹

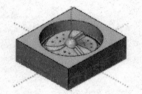

图 9-60　扫描线精加工

图 9-61　全部轨迹仿真加工结果

第 5 篇 编程助手及应用

本篇要点

□ 编程助手

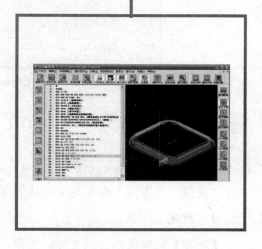

第 *10* 章 编 程 助 手

编程助手模块是为数控机床操作工提供的，用于手工数控编程的工具。它一方面能让操作工在计算机上方便地进行手工代码编制，同时也能让操作工很直观地看到所编制代码的轨迹。

使用桌面上的"编程助手"快捷方式，或者单击"加工"下拉菜单，编程助手界面显示如图 10-1 所示。

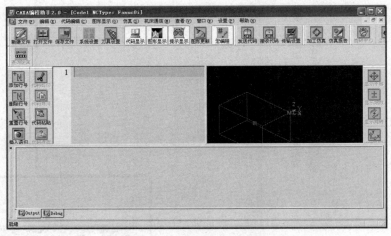

图 10-1 编程助手界面

10.1 文   件

"文件"菜单下的"新建"、"打开"、"关闭"、"保存"、"另存为"、"打印"、"打印预览"、"打印设置"、"退出"命令与 Windows 类似，这里只作简单介绍。

1. 新建

【功能】创建新的代码文件，新建一个空白窗口，可以手工输入或粘贴代码。

建立一个新程序后，用户就可以在代码显示窗口进行程序的录入编辑，在图形显示窗口则可以同步看到代码的加工轨迹，并在提示信息窗口中看到程序的切削时间和切削长度、以及刀具信息和加工范围信息。但是，必须记住，当前的所有操作结果都记录在内存中，只有在存盘以后，用户的设计成果才会被永久地保存下来。

【操作】选择"文件"→"新建"命令，或者直接单击按钮。

2. 打开

【功能】打开一个已有的程序代码，进行编辑、仿真、检验代码的正确性。

在编程助手中可以读入 CAXA 制造工程师后置程序 cut、MastCAM 或 UG 或 Pro/E 的后置程序 NC、通用后置 ISO、SIEMENS 的后置程序 MPF、海德汉的后置程序 H、纯文本的加工程序 TXT 等多种后置程序。

【操作】选择"文件"→"打开"命令，或者直接单击██按钮，弹出"打开"对话框（如图 10-2 所示），选中要打开的程序代码文件名，单击"打开"按钮。

3. 关闭

【功能】关闭当前打开的程序代码而不退出编程助手，如果当前编辑程序没有存盘，则弹出一个确认对话框，如图 10-3 所示。

【操作】选择"文件"→"关闭"命令，弹出如图 10-3 所示的对话框，单击"是"按钮，保存文件；单击"否"按钮，不保存文件关闭系统；单击"取消"按钮则返回。

图 10-2　打开文件　　　　　　　　　　　　　　图 10-3　确认编辑程序是否存盘

4. 保存

【功能】将当前编辑的程序以文件形式存储到磁盘上。

【操作】选择"文件"→"保存"命令，或者直接单击██按钮，如果当前没有文件名，则系统弹出"另存为"对话框，如图 10-4 所示。文件类型可以自定义。

5. 另存为

【功能】将当前编辑的程序另取一个文件名存储到磁盘上。

【操作】选择"文件"→"另存为"命令，则系统弹出"另存为"对话框，输入文件名，单击"保存"按钮，系统将文件另存为所给文件名。

6. 打印

【功能】由输出设备输出图形。编程助手的打印功能采用了 Windows 的标准输出接口，因此可以支持任何 Windows 支持的打印机。

【操作】选择"文件"→"打印"命令，则系统弹出"打印"对话框，如图 10-5 所示。根据需要选择打印设备、份数、打印范围等相关内容。

图 10-4　存储文件

图 10-5　"打印"对话框

📢 **说明：** 选中"打印到文件"复选框，系统会将绘图设备的指令输出到一个扩展名为.pm 的文件中，输出成功后，便可单独使用此文件在没有安装编程助手的计算机上输出文件。

7. 打印预览

【功能】在打印前可以通过打印预览了解打印后的效果。可以通过设置字体大小、添加程序行号、添加空格等功能使打印的程序代码看起来清晰明了。

8. 打印设置

【功能】通过打印设置来设定输出的打印机以及纸张的大小和打印方向。

9. 退出

【功能】关闭编程助手。

【操作】选择"文件"→"关闭"命令，如果当前文件已经存盘，系统关闭；如果没存盘，系统会提示。

10.2　编　　辑

1. 撤消

【功能】用于取消最近一次发生的编辑动作。

【操作】选择"编辑"→"撤消"命令，或通过快捷键 Ctrl+Z 实现。

2. 剪切

【功能】将选中的程序代码存入剪贴板中，以供编辑程序粘贴时使用。

【操作】选择"编辑"→"剪切"命令，或者直接单击 ✂ 按钮，或通过快捷键 Ctrl+X

实现。

3. 复制

【功能】临时存储选中的程序代码，以供粘贴使用。

【操作】选择"编辑"→"复制"命令，或者直接单击 按钮，或通过快捷键 Ctrl+C 实现。

4. 粘贴

【功能】将剪贴板中存储的程序代码粘贴到指定位置。

【操作】选择"编辑"→"粘贴"命令，或者直接单击 按钮，或通过快捷键 Ctrl+V 来实现。

5. 全选

【功能】选中当前编辑程序的全部代码，以供粘贴、剪切或复制使用。

【操作】选择"编辑"→"全选"命令，或通过快捷键 Ctrl+A 来实现。

6. 查找

【功能】在程序中快速地找到所需要的内容。

【操作】选择"编辑"→"查找"命令，或者直接单击 按钮，或通过快捷键 Ctrl+F 实现。

例10-1　查找含有"y-200"内容的行。

在查找内容中输入"y-200"，单击"查找下一个"按钮，结果如图 10-6 所示。

7. 替换

【功能】将程序中某些内容替换为所需要的内容。

【操作】选择"编辑"→"替换"命令，或者直接单击 按钮，或通过快捷键 Ctrl+H 实现。

例10-2　程序中的加工半径需要变更，将R10变为R20。

在查找内容中输入"R20"，单击"查找下一个"按钮，结果如图 10-7 所示。

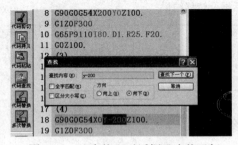

图 10-6　"查找"对话框及查找目标

图 10-7　"替换"对话框及替换目标

8. 多次替换

【功能】可以实现多个不同替换内容的全部替换。提高了替换速度，而且在替换过程中也不会遗漏某些内容，给手工编程带来方便。

【操作】选择"编辑"→"多次替换"命令，或者直接单击![按钮]按钮，或通过快捷键 Ctrl+M 实现。

例10-3 在程序中需要将主轴转速S10000修改为S8000，同时还需要将安全高度由Z100修改为Z120。

在"查找内容"文本框输入 S10000，在"替换为"文本框中输入 S8000，单击"添加"按钮，再在"查找内容"文本框中输入 Z100，在"替换为"文本框中输入 Z120，单击"添加"按钮，以此类推；替换内容全部输入完成后，单击"替换"按钮即可完成多个不同内容的同时替换，结果如图 10-8 所示。

图 10-8 "多次替换"对话框及多次替换结果

9. 转到指定行

【功能】实现程序的快速定位。输入要查找的行号，可以方便地实现定位而不需要通过鼠标拖动滚动条来实现定位，定位快捷准确，在编辑大程序时会带来方便。

【操作】选择"编辑"→"转到指定行"命令，或通过快捷键 Ctrl+G 实现。

例如，要转到第 29 行，只需在"行号"文本框中输入 29，然后单击"转到"按钮，结果如图 10-9 所示。

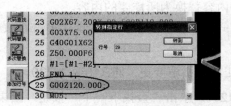

图 10-9 "转到指定行"对话框及转移结果

![注意]**注意**：该对话框中输入的行号为程序左侧的序号，而不是"N29"中的"29"，如果需要转到含有"N29"的行请使用"查找"命令。

10.3 代 码 编 辑

1. 代码转换

【功能】将一种格式代码转换成需要的几种特定格式的代码，以实现加工程序在不同数控系统上的共享，在没有 CAM 软件及工件模型和毛坯信息的前提下，仅通过程序代码实现多种系统的特定代码的相互后置转换，通过该功能可以将 FANUC 的 ISO 程序转换为海德汉的*.H 的专用程序，或者转换为 Fagor、SIEMENS、HASS、广州数控、华中数控等多种数控系统的专用程序，当然也可将海德汉或 SIEMENS 等系统的专用程序转换为 ISO 标准格式。

【操作】

① 选择"代码编辑"→"代码转换"命令，会弹出如图 10-10 所示的"代码转换"对话框。

② 在"生成代码的类型"下拉列表框中选择需要转换成的代码格式，在"生成代码文件"文本框中输入将要生成的文件的保存路径，在"打开生成的代码文件"中通过"选择"按钮选择所需要转换的文件，之后，单击"转换"按钮，转换开始。

③ 转换完成后分别打开两个程序，就会发现加工代码已经成功转换。

2．添加跳过字符

【功能】在一行或多行行首加入跳过字符。在程序中加入跳过字符，加工时可以根据加工的实际情况配合数控设备上的跳过选择开关进行选择，以决定跳过内容是否进行加工。

【操作】选择"代码编辑"→"添加跳过字符"命令，或者直接单击 按钮实现。

例10-4　在图10-11所示的程序中的15～20行添加跳过字符。

用鼠标左键选中要添加跳过字符的内容（左键框选或 Shift+左键单击选择）。选择"代码编辑"→"添加跳过字符"命令，结果如图 10-12 所示。

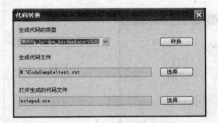

图 10-10　"代码转换"对话框

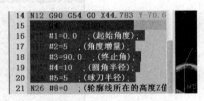

图 10-11　选中要跳过的代码

3．删除跳过字符

【功能】在含有跳过字符的程序中删除跳过字符。

【操作】选择"代码编辑"→"删除跳过字符"命令，或者直接单击 按钮实现。

例10-5　删除图10-12所示的程序中15~20行的跳过字符。

用鼠标左键选中要删除跳过字符的内容，如图 10-13 所示。选择"代码编辑"→"删除跳过字符"命令，结果如图 10-11 所示。

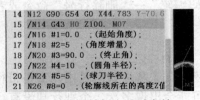

图 10-12　代码被标上跳过字符/

图 10-13　选中要删除跳过字符的代码

4．添加行号

【功能】在程序代码中添加行号，以方便识别和打印。

【操作】打开需要添加行号的程序，选择"代码编辑"→"添加行号"命令，或者单击 按钮实现。

例10-6 给图10-14所示的程序添加行号。

打开需要添加行号的程序，选择"代码编辑"→"添加行号"命令，结果如图 10-15 所示。

图 10-14 需要添加行号的程序

图 10-15 已添加行号的程序

> **说明：** 添加行号的设置。通过"设置"对话框中的"行号设置"选项可以设置行号的标识符、行号增量值、行号位数及不加行号的程序条，如图 10-16 所示。

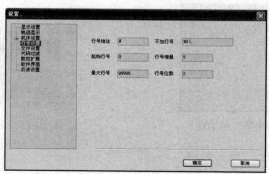

图 10-16 "设置"对话框

5．删除行号

【功能】删除程序代码中的行号，以方便传输，或者进行行号重新排列。

【操作】打开需要删除行号的程序，选择"代码编辑"→"删除行号"命令或者单击 按钮实现。

6．重置行号

【功能】将程序代码中的混乱行号进行重新排列。如果程序代码是由几个不带行号的程序和几个带有行号的小程序拼合而成，同一行号可能会出现多次，个别行却没有行号需要添加行号，这时就需要进行行号重置。

【操作】打开需要重置行号的程序，选择"代码编辑"→"重置行号"命令或者单击🔲按钮，就可以实现行号的自动重新排列。

7. 插入语句

【功能】将常用编程命令加入库文件中，在编辑程序代码时就不需要手工录入这些代码，只需要确定插入位置，在库文件中单击对应的库文件，这段代码就会自动插入到相应位置，这样大大提高了编程速度，减少了手工录入的工作量。

8. 添加空格

【功能】在程序代码中添加空格，以方便打印和浏览。

【操作】打开需要添加空格的程序，选择"代码编辑"→"添加空格"命令或者单击🔲按钮，就可以实现空格的添加。

例10-7　给图10-17所示的程序添加空格。

打开需要添加空格的程序，选择"代码编辑"→"添加空格"命令，结果如图 10-18 所示。

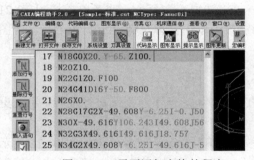

图 10-17　需要添加空格的程序

图 10-18　添加空格结果

9. 删除空格

【功能】删除程序代码中的空格，以方便程序的传输和备份。

【操作】打开需要删除空格的程序代码，选择"代码编辑"→"删除空格"命令或者单击🔲按钮，就可以实现空格的删除。

10. 对齐模式

【功能】将程序代码按照内容进行纵向对齐，使查看代码更方便。

【操作】打开需要纵向对齐的程序代码，选择"代码编辑"→"对齐模式"命令，或者单击🔲按钮，就可以实现纵向对齐。

例 10-8　给图 10-19 所示的程序进行纵向对齐。

打开需要纵向对齐的程序代码，选择"代码编辑"→"对齐模式"命令，结果如图 10-20 所示。

```
16 G02X48.084Y-32.434R59.994;        16 G02 X48.084 Y-32.434    R59.994
17 G02X44.634Y-34.027R59.994;        17 G02 X44.634 Y-34.027    R59.994
18 G03X34.028Y-44.634R20.000;        18 G03 X34.028 Y-44.634    R20.000
19 G02X32.435Y-48.083R59.997;        19 G02 X32.435 Y-48.083    R59.997
20 G02X4.243Y-75.545R59.997;         20 G02 X4.243 Y-75.545     R59.997
21 G02X-4.243Y-75.545R10.000;        21 G02 X-4.243 Y-75.545    R10.000
```

图 10-19　没有进行纵向对齐的程序代码　　　图 10-20　进行纵向对齐后的程序代码

11. 紧凑模式

【功能】将程序代码中不影响加工的空格等字符删除，实现程序代码的尺寸最小化，以方便传输。

【操作】打开需要进行紧凑处理的程序代码，选择"代码编辑"→"紧凑模式"命令，或者单击■按钮，就可以实现紧凑。

10.4　图　形　显　示

1. 旋转中心

【功能】设置图形显示窗口中轨迹图形的旋转中心，以得到更好的视觉查看效果。

【操作】打开程序代码，选择"图形显示"→"旋转中心"命令，或者单击如图 10-21 所示的"旋转中心"按钮，再在右侧的图形显示窗口中单击鼠标左键设定旋转中心，视图中旋转中心显示为一个红色小方块。

2. 显示平移

【功能】将加工轨迹的视图进行水平或垂直的自由移动，但不对视图进行旋转，不变更视觉观看角度。

【操作】打开程序代码，选择"图形显示"→"平移"命令，或者单击如图 10-22 所示的"显示平移"按钮，再在右侧的图形显示窗口中按住鼠标左键并拖动，视图就会进行平移。此时转动鼠标滚轮则可进行图形的缩放。

图 10-21　选择按钮图

图 10-22　显示操作按钮

3. 显示缩放

【功能】根据需要将加工轨迹的视图进行放大或缩小。

【操作】打开程序代码，选择"图形显示"→"缩放"命令，或者单击如图 10-22 所示的"显示缩放"按钮，再在右侧的图形显示窗口中按住鼠标左键并拖动，或转动鼠标滚轮进行缩放操作。

4. 显示旋转

【功能】将加工轨迹的视图进行旋转，变更视觉观看角度，方便从各个角度查看视图。

【操作】打开程序代码，选择"图形显示"→"旋转"命令，或者单击如图 10-22 所示的"显示旋转"按钮，再在右侧的图形显示窗口中按住鼠标左键并拖动，视图就会绕旋转中心旋转。

5. 全部显示

【功能】将加工轨迹的全部视图显示在右侧图形显示窗口。

【操作】打开程序代码，选择"图形显示"→"全部显示"命令，或者单击如图 10-21 所示的"显示全部"按钮，在右侧的图形显示窗口中就会显示全部刀路轨迹视图。

6. 局部缩放

【功能】根据需要将图形显示窗口中的加工轨迹的视图进行局部缩放。

【操作】打开程序代码，选择"图形显示"→"局部缩放"命令，或者单击如图 10-21 所示的"窗口缩放"按钮，在右侧的图形显示窗口中按住鼠标左键框选，释放鼠标，框选的部分就会填满显示窗口，继续转动鼠标滚轮还可以进一步执行缩放操作。

7. 视图

【功能】将加工轨迹的视图按照要求的视角进行显示。

【操作】打开程序代码，选择"图形显示"→"视图"→"俯视图"/"仰视图"/"主视图"/"后视图"/"左视图"/"右视图"/"轴侧图"命令，或者单击如图 10-22 所示的"XOY 视图"、"YOZ 视图"、"XOZ 视图"、"XYZ 视图"等按钮来实现。

10.5　仿　　真

1. 加工仿真

【功能】模拟刀具沿轨迹走刀，实现对代码的切削动态图像的显示过程，刀路轨迹将在图形显示窗口中显示出来，支持自动换刀，支持在仿真过程中旋转、缩放、平移等鼠标操作，支持在仿真过程中画出刀柄图，即刀具在二维切削过程中刀具底部走过的痕迹。

【操作】选择"仿真"→"加工仿真"命令，或者单击◇按钮，弹出"仿真"对话框，单击"开始"按钮进行仿真。如图 10-23 所示为某零件的仿真过程。

仿真过程中可以看到刀具的运动轨迹，仿真除支持标准 G 代码外，还支持海德汉专用代码，SIEMENS 专用代码，并提供对宏程序仿真，图 10-23 就是一个宏程序仿真的例子。

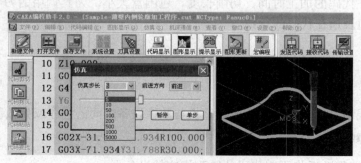

图 10-23　某零件的仿真过程

仿真时可以通过"仿真步长"下拉列表框中的数值来设置仿真速度，如图 10-24 所示。

仿真时还可以显示刀柄图（如图 10-25 所示），需要先在"设置"对话框中"轨迹显示"页面选上选项"仿真时显示刀饼图"，如图 10-24 所示。

仿真过程中还支持显示当前刀具坐标点数据，在图形窗口的左下角有绿色的字符显示，此数据是刀具在机床坐标系下的数据，如图 10-25 所示。

图 10-24　"系统设置"对话框

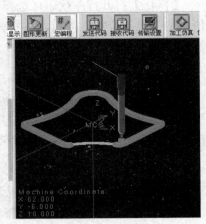

图 10-25　刀柄图及刀具坐标点数据显示

2. 仿真报告

【功能】加工仿真完成后，同时也会生成一个仿真报告，可以通过"仿真报告"将仿真的结果保存下来。

【操作】选择"仿真"→"仿真报告"命令，或者单击 按钮就会弹出当前程序的仿真结果。如图 10-26 所示是某零件的仿真报告。

图 10-26　某零件的仿真报告

其中显示了代码的加工时间、切削长度、包围盒大小，刀具调用的刀号及所在代码的行数，速度数值及所在代码的行数。

10.6　机 床 通 信

通过串口线缆，用编程助手完成计算机与数控设备之间的程序或参数传输。

1. 发送代码

【功能】用编程助手将程序代码传输到相应的设备上。

【操作】

① 用串口传输线缆将 PC 的串口（IOIO 口）与 NC 的 RS232 接口连接起来。

② 将通信参数设置正确。

③ 将 NC 端设置为接收状态。

④ 在 PC 上选择需要发送的程序代码，然后发送。

2. 接收代码

【功能】将设备内存里的程序或参数传输到计算机上。

【操作】

① 用串口传输线缆将 PC 的串口（IOIO 口）与 NC 的 RS232 接口连接起来。

② 将通信参数设置正确。

③ 将 PC 端设置为接收状态。

④ 在 NC 上选择需要发送的程序代码，然后发送。

3. 传输设置

【功能】设置发送参数和接收参数。

【操作】选择"机床通信"→"传输设置"命令，系统会弹出"参数设置"对话框，如图 10-27 所示。

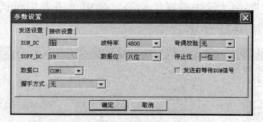

图 10-27　"参数设置"对话框

注意：设置通信参数时，需要将 PC 与 NC 的通信参数一致，数据口设置成通信线缆连接的接口号，值得注意的是，XON_ON 和 XON_OFF 的起停信号中的数值是十进制的，17 和 19 对应到设备中的十六进制分别是 11 和 13。

下面是各个参数的具体解释。

① XON_DC：软件握手方式下，接收的一方在代码传输的过程中，用该字符控制发送方开始发送的动作信号。

② XOFF_DC：软件握手方式下，接收的一方在代码传输的过程中，用该字符控制发送方暂时停止发送的动作信号。

❏ 接收前发送XON信号：系统在从发送状态转换到接收状态之后发送的DC码信号。

❏ 发送前等待XON信号：软件握手方式下，接收一方在代码传输起始时，控制发送方开始发送的动作信号。选中后，计算机发送数据时，先将数据发送到智能终端，等机床给出XON信号后，智能终端才开始向机床发送数据。

③ 波特率：数据传送速率，表示每秒钟传送二进制代码的倍数，它的单位是位/秒。常用的波特率为 4800、9600、19200、38400。

④ 数据位：串口通信中单位时间内的电平高低代表一位，多个位代表一个字符，这个位数的约定即数据位长度。一般位长度的约定根据系统的不同有：5 位、6 位、7 位、8 位几种。

⑤ 数据口：智能终端当前正常工作的端口中，默认为 1。

⑥ 奇偶校验：是指在代码传送过程中用来检验是否出现错误的一种方法。

⑦ 停止位数：传输过程中每个字符数据传输结束的标示。

⑧ 握手方式：接收和发送双方用来建立握手的传输协议。

10.7 系 统 设 置

用来设置软件的轨迹显示、软件界面等信息，并可以设置加工中涉及的刀具库、刀具偏置、机床信息、文件信息、行号参数、代码过滤、反读参数等信息。

1. 文本设置

【功能】设置颜色信息、行号列宽、边界与文本间隔等信息。

【操作】选择"设置"→"系统设置"命令，弹出"设置"对话框，单击左侧栏菜单中的"文本设置"项，如图 10-28 所示。

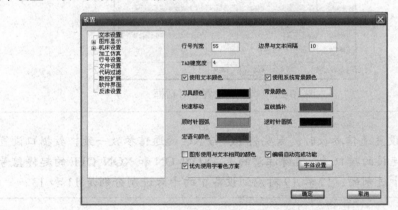

图 10-28　文本设置

① 行号列宽：指的是编程助手界面左边文本窗口的左列显示行号的窗口宽度。当代码行数较多，当前行号显示不完整时，可以把此数值调整加大些，就可以看到行号显示完整了。此行号不是指的代码行号，而是指的代码在文件中的真正行号。

② 边界与文本间隔：指的是代码文本窗口中显示的文本与窗口左边界的间隙大小。

③ TAB 键宽度：指的是在代码窗口中按 TAB 键时包括几个空格。

④ 颜色。

❑　使用文本颜色：此选项表示对文本进行着色，可以按照不同的方案进行着色。

❑　使用系统背景颜色：指的是代码窗口的背景颜色，选中此复选框表示按照 Windows

窗口的背景颜色画代码窗口背景。如果不选中此复选框，将会使用背景颜色来画代码窗口的背景。

❑ 背景颜色：指的是代码窗口的背景颜色，需要取消选中"使用系统背景颜色"复选框才会起作用。

❑ 刀具颜色、快速移动、顺时针圆弧、逆时针圆弧、直线插补：指的都是代码窗口中相应代码行的颜色，此版本不起作用。

❑ 图形使用与文本相同的颜色：此选项在该版本中也不起作用。

2. 图形显示

【功能】手动设置显示中心、起始刀具位置等信息。

【操作】选择"设置"→"系统设置"命令，弹出"设置"对话框，单击左侧栏菜单中的"图形显示"项，出现如图 10-29 所示的图形显示界面。

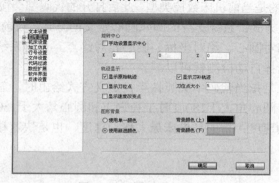

图 10-29　图形显示界面

① 手动设置显示中心：编程助手支持手动设置显示中心，此处的显示中心实际上指的是旋转中心，在用鼠标对图形进行旋转时，图形会绕此点进行旋转。如果选中此复选框，则旋转中心只会取此处设置的坐标点作为旋转中心，其他数值都是无效的。后面的 3 个数值 X、Y、Z 就是旋转中心的 3 个坐标分量。

② 显示原始轨迹：是否显示原始的刀具轨迹。不选中此复选框，将不会显示刀具轨迹。默认为有效。

③ 显示刀补轨迹：是否显示刀补轨迹，如果没有刀补轨迹，此选项将无效。

④ 显示刀位点：在某个轨迹段的末点处画一个点标示出来。该点的颜色跟随轨迹段的颜色设置。

⑤ 刀位点大小：设置显示的刀位点的大小

⑥ 显示速度改变点：在轨迹中速度发生改变的段显示一个点以标示此处速度发生改变了。此点的大小取自刀位点的大小数值，即刀位点大小改变了，速度改变为的大小也会跟着改变。

3. 机床设置

【功能】设置数控类型、机床的各个轴的行程大小、设定机床的 6 个偏移坐标系、设定机床的一些变量等信息。

【操作】选择"设置"→"系统设置"命令，弹出"设置"对话框，单击左侧栏菜单中的"机床设置"项，出现如图 10-30 所示的机床设置界面。

图 10-30　机床设置界面

❏　数控类型：指的是当前机床数控类型，此后打开的代码都会按此系统类型进行解释。

❏　圆弧圆心定义方式：系统支持的圆弧圆心定义的方式，目前一般有4种：圆心相对起点、起点相对圆心、绝对坐标、圆心相对终点。目前系统支持自动判断各个类型，所以只选择自动检测就可以。

❏　半径方式：也是指当代码中圆弧按半径定义方式给出时，怎么确定圆弧的方式，有两个选项：圆心角大于180度时半径为正和圆心角大于180度时半径负。

❏　机床快速移动速度：指的是机床最大移动速度，也是快速移动时的速度，用来计算加工时间。

4. 加工仿真

【功能】设置是否显示刀柄图、模型位置、刀具起始位置等信息。

【操作】选择"设置"→"系统设置"命令，弹出"设置"对话框，单击左侧栏菜单中的"加工仿真"项，出现如图 10-31 所示的加工仿真界面。

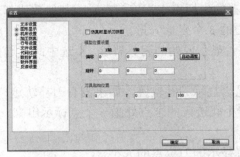

图 10-31　加工仿真界面

①　仿真时显示刀柄图：在仿真的过程中是否显示刀具走过的痕迹，刀柄图可以用来检查在二维轨迹的切削中是否在两行刀具轨迹之间有间隙存在。此选项只对二维轨迹起作用。

②　模型位置：模型即是加工工件，设定工件与机床的六个偏移坐标值。此处设置的各个坐标系数据都是机床坐标系下的数据。

③　刀具起始位置：指代码读进来时刀具的起始位置，也是指仿真开始时，刀具开始的位置，将会从此处下刀开始仿真。

5. 行号设置

【功能】设置行号地址、起始行号、行号增量等信息。

【操作】选择"设置"→"系统设置"命令，弹出"设置"对话框，单击左侧栏菜单中的"行号设置"项，出现如图 10-32 所示的行号设置界面。

图 10-32　行号设置界面

① 行号地址：当前机床类型支持的行号地址，当在代码编辑中添加行号时，就会添加此地址。

② 不加行号：指的是代码窗口中的代码行哪些首字符不需要添加行号。

③ 起始行号：在添加行号或重置行号时，第一行的行号。

④ 行号增量：相邻两行行号的间隔数值。

⑤ 最大行号：系统所支持的行号数值的最大值。

⑥ 行号位数：行号显示多少位，不够的就在前面添加 0 补齐。

6. 文件设置

【功能】设置通信存储路径等信息。

【操作】选择"设置"→"系统设置"命令，弹出"设置"对话框，单击左侧栏菜单中的"文件设置"项，出现如图 10-33 所示的文件设置界面。

① 使用当前文档打开文件：一般多文档程序在打开新的程序时会重新打开一个新的窗口。如果不希望这样，就选中此复选框，以后再打开文件就会在当前的窗口中打开，不会再新建一个窗口。

② 打开文件时同时显示轨迹图形：此复选框指的是打开文件时是否进行反读，把代码的轨迹图形也显示出来。如果不选中此复选框，将会只打开代码，不显示图形，以后单击图形更新按钮，也可以显示出图形。

③ 接收文件路径：此选项指的是机床通信接收代码时存储代码文件的目录。默认为 C 盘根目录下，用户可以更改成自己需要的目录。

④ 文件名定义：接收的代码文件名按一定的规则取名直接保存，此处定义的就是代码的文件名，可以使用符号"#"来表示一个数字占位符，系统会在其中自动添加上一个流水号数字，此数字会自动增加。

⑤ 当前流水号：当前接收代码文件名中使用的流水号数值。

⑥ 完整路径名：指的是上面这些选项定义的接收代码文件名的一个演示。

7. 代码过滤

【功能】设置代码文件是否过滤等信息。

【操作】选择"设置"→"系统设置"命令，弹出"设置"对话框，单击左侧栏菜单中的"代码过滤"项，出现如图 10-34 所示的代码过滤界面。

① 无：表示不进行代码文件的过滤。

② 所有小于 ASCII 32 的字符：表示所有小于 ASCII 32 的字符都会被过滤掉，不会出现在代码窗口中。

③ 删除代码中的空行：在打开文件中，如果发现代码文件中有空行，将会自动删除。

④ 使用用户自定义换行符：在文件保存时会把代码原来的换行符替换成用户此处输入的字符。

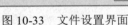

图 10-33　文件设置界面

图 10-34　代码过滤界面

⑤ 区分字母大小写：在删除字符时是否要区分字母的大小写。

⑥ 用户指定删除的字符：此处输入的字符，在读入代码的过程中都会被删除。这里可以使用一些通配符来定义一系列的字符来删除。

用户输入字符串的规则：

❑　要输入多个要过滤的字符串，字符串之间用分号（;）隔开。

❑　要输入普通字符，只需用键盘输入即可，例如G03、M007等。

❑　要输入十六进制的数字，前面加斜线符号（\），后面跟的必须是2位的字符，且这两个字符必须在0～9或a～f或A～F之间，否则，不合法。

例如："\03"表示十六进制数字 3，"\A5"表示十六进制数字 A5，"\G0"是非法的。

❑　一个十六进制数字之后，可以是普通ASCII字符，也可以是其他十六进制数字。

例如："\1F34f"表示一个十六进制数字（1F）+普通 ASCII 字符（34f）；"\1F\A3"表示两个连续的十六进制数字（1F）和（A3）；"\3B\9"非法，第二个"\"只有一位；"\4E\T6"是非法的，第二个"\"后面的 T 不在 0～9 或 a～f 或 A～F 之间。

❑　"\;"表示字符";"，优先级高于表示十六进制。

例如："\;A3"表示字符（;）+普通 ASCII 字符"A3"。"\;"A3 表示字符（;）+十六进制数字"A3"。

❑　"\\"表示字符"\"，优先级高于表示十六进制。

例如："\\56"表示字符符号"\"＋普通 ASCII 字符"56"。"\\\1A"表示字符符号"\"＋十六进制数字"1A"。

8. 数控扩展

【功能】设置代码查找使用数据功能扩展等信息。

【操作】选择"设置"→"系统设置"命令，弹出"设置"对话框，单击左侧栏菜单中的"数控扩展"项，出现如图 10-35 所示的数控扩展界面。

此选项中的功能只对代码查找功能起作用，在查找数字时，我们知道，代码中的数字多种多样，有带小数点和不带小数点，还有正负号之分，如果不考虑这些，都把这些数字找到，就要使用此选项了。此项功能只对查找数字时起作用，查找字符时是不起作用的。

前向过滤字符：是指查找的数字前面不能是过滤符中的任意一个。如要查找数字"0"，则"G0"中的数字 0 就不应该被查到，只要在"前向过滤字符"中添加 G 就可以了。

图 10-35 数控扩展界面

9. 软件界面

【功能】设置编程助手软件界面图标大小和是否显示图标文字等信息。

【操作】选择"设置"→"系统设置"命令，弹出"设置"对话框，单击左侧栏菜单中的"软件界面"项，按需要勾选即可。

10. 反读设置

【功能】设置代码循环保护的最大次数，以避免仿真宏程序死循环后不能退出的问题。

【操作】选择"设置"→"系统设置"命令，弹出"设置"对话框，单击左侧栏菜单中的"反读设置"项，出现如图 10-36 所示的反读设置界面。

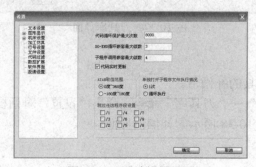

图 10-36 反读设置界面

① 代码循环保护最大次数：指的是宏程序的代码中如果有循环，其循环的最大次数不可以超过此最大值，否则就视为死循环，将会终止此循环。这也是一个处理死循环的有效机制。默认最大次数为 80000。用户的代码中如果实际循环次数比较大，可以把此数值调大些。

② DO-END 循环嵌套最大级数：指的是在 Fanuc 中的循环 DO-END 支持的最大嵌套数。默认为 3。

③ 子程序调用嵌套最大级数：就是子程序调用子程序，可以在里面嵌套调用多少个。默认为 4。

④ 代码实时更新：选中此复选框，当修改了代码窗口中的代码后，右边的图形窗口中的图形会自动更新。当反读的代码文件比较大时，建议取消选中此复选框。

⑤ ATAN 取值范围：指的是宏程序中的反正切函数的取值，是选在 0°~360° 输出还是选在－180°~＋180° 输出。

11. 刀具库

【功能】设置加工时需要的刀具，编程助手软件中自带了少数刀具信息，需要时可以用"添加"按钮进行添加。

【操作】选择"设置"→"刀具库"命令，弹出"设置"对话框，单击左侧栏中的菜单"刀具库"项，出现如图 10-37 所示的刀具库界面。

图 10-37　刀具库界面

12. 补偿值

【功能】设置修改刀具的补偿值。

【操作】选择"设置"→"刀具库"命令，弹出"设置"对话框，单击左侧栏菜单中的"补偿值"项，出现如图 10-38 所示的补偿值界面。

图 10-38 补偿值界面

10.8 编程助手应用实例

1. 刀具径向补偿（G41/G42）实例

对于数控加工中的轮廓加工，手工编程时利用 G41/G42 偏置，可以降低编程难度。如图 10-39 所示轮廓，其加工用手工编制程序如下。

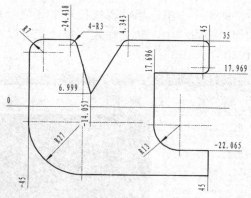

图 10-39 轮廓加工图形

```
%
01200
T2 G43 H2 M6
G90 G54 G00 Z100 S2000 M03
X0 Y0 M07
X-18.Y-50.
Z50
G01 Z0.F100
G42D02
X-18. Y-35. F1000
X45.
Y-22.065
X30.695
G17 G2 X17.696 Y-9.065 I-0. J13
```

```
G01 Y17.969
X42.
G3 X45.Y20.969 I-0. J3
G1 Y32.
G3 X42. Y35. I-3. J-0.
G01 X4.329
G03 X1.752 Y33.535 I0.J-3.
G01 X-14.057 Y6.999
X-21.536 Y32.834
G03 X-24.418 Y35. I-2.882 J-0.834
G01X-38.
G03 X-45.Y28. I-0. J-7.
G01 Y-8.
G03 X-18.Y-35.I27.J-0.
G01 X-10.
Y-50.
G40
G00 Z100. M08
X0 Y0
M30
%
```

以上程序编制出来后，如果不上机床用计算机校对很麻烦，有了编程助手则可方便解决，将编好的程序输入到代码编辑栏中，一边输入，一边就可以在右边的轨迹显示栏看到生成的轨迹，结果如图 10-40 所示。

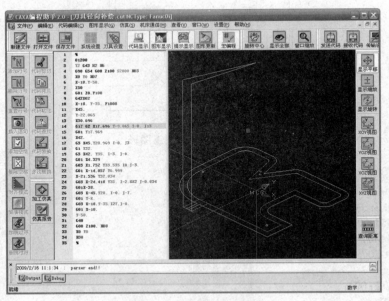

图 10-40　轮廓加工的程序及轨迹

当改变偏置时，相应的轨迹图形将发生变化，如偏置不合理，操作工马上可以通过轨迹图形的变化中看出，非常便于检查。如图 10-41 所示就是设置了错误的偏置量后图形变化结果。

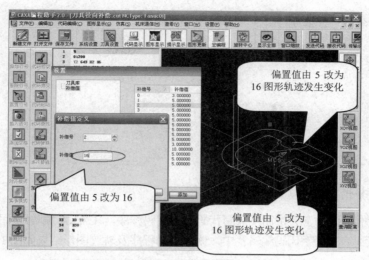

图 10-41　偏置值改变后的图形轨迹

2.　单次循环代码读入实例

　　下面是一段带循环语句和变量的代码程序，"CAXA 编程助手"支持这样的代码。将程序输入到编程助手代码编辑栏中，读入后的程序及轨迹图形结果如图 10-42 所示。

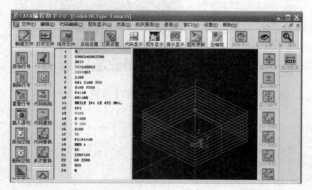

图 10-42　读入后的程序及轨迹图形结果

```
%
G90G54G00Z200
X0Y0
T03G43H03
S800M03
Z100
G01 Z100 F50
X100 F300
#1=10
#3=100
WHILE [#1 LE #3] DO1；
Z#1
Y100
X-100
```

```
Y-100
X100
Y0
#1=#1+10
END 1
X0
Z20F100
G0 Z200
M30
%
```

3. 循环嵌套代码读入实例

下面是一段椭球面加工（带循环嵌套代码）的代码程序，"CAXA 编程助手"支持这样的代码。将程序输入到编程助手代码编辑栏中，读入后的程序及轨迹图形结果如图 10-43 所示。

图 10-43　椭球面加工的代码程序及轨迹图形结果

```
#20=120
#21=60
#22=70
G90G00G54X0Y0Z100
X#20
#1=0
WHILE[#1LT90]DO2
#2=0
#7=#22*SIN[#1]
#8=#20*COS[#1]
#9=#21*COS[#1]
WHILE[#2LE360]DO1
#3=#8*COS[#2]
#4=#9*SIN[#2]
G90G01X#3Y#4Z#7F300
#2=#2+5
END1
#1=#1+5
END2
M30
```

4. 旋转指令代码读入实例

下面是一段带旋转指令的代码程序，"CAXA 编程助手"支持这样的代码。将程序输入到编程助手代码编辑栏中，读入后的程序及轨迹图形结果如图 10-44 所示。

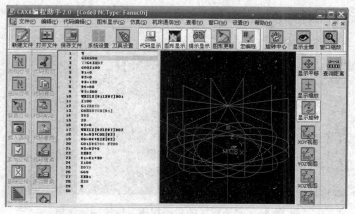

图 10-44　带旋转指令的代码程序及轨迹图形结果

```
%
G54G90
T2G43H02
G00Z100
#1=0
#2=0
#3=120
#4=60
#7=360
WHILE[#1LE#7]DO1
Z100
G17X0Y0
G68X0Y0R[#1]
X#3
Z0
#2=0
WHILE[#2LE#7]DO2
#5=#3*COS[#2]
#6=#4*SIN[#2]
G01X#5Y#6 F200
#2=#2+5
END2
#1=#1+30
Z100
X0Y0
G69
END1
M30
%
```

5. 子程序调用支持实例

"CAXA 编程助手"支持宏程序的子程序调用，并能按机床模拟调用过程。将程序输入到编程助手代码编辑栏中，读入后的程序及轨迹图形结果如图 10-45 所示。

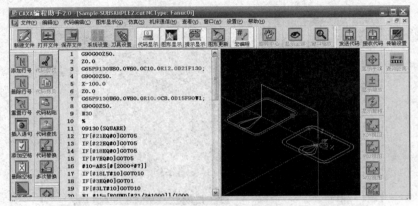

图 10-45　带子程序的代码程序及轨迹图形结果

下面是主程序：

```
%
O4
G90G00Z50.
Z0.0
G65P9130U80.0V60.0C10.0R12.0D21F130;
G90G0Z50.
X-100.0
Z0.0
G65P9130U60.0V80.0R10.0C8.0D15F90W1;
G90G0Z50.
M30
%
```

下面是子程序：

```
%
O9130（SQUARE）
IF[#21EQ#0]GOTO5
IF[#22EQ#0]GOTO5
IF[#18EQ#0]GOTO5
IF[#7EQ#0]GOTO5
#10=ABS[#[2000+#7]]
IF[#18LT#10]GOTO10
IF[#3EQ#0]GOTO1
IF[#3LT#10]GOTO10
N1 #15=[ROUND[#21/2*1000]]/1000
#16=[ROUND[#22/2*1000]]/1000
IF[#3GE#15]GOTO15
```

```
IF[#3GE#16]GOTO15
IF[#18GE#15]GOTO15
IF[#18GE#16]GOTO15
IF[#23EQ#0]GOTO2
G91G17G01G42X#18Y-[#16-#18]D#7F#9
G02X-#18Y-#18I-#18
G01X-[#15-#3]
G02X-#3Y#3J#3
G01Y[#22-2*#3]
G02X#3Y#3I#3
G01X[#21-2*#3]
G02X#3Y-#3J-#3
G01Y-[#22-2*#3]
G02X-#3Y-#3I-#3
G01X-[#21-#15-#3]
G02X-#18Y#18J#18
G01G40X#18Y[#16-#18]F[#9*3]
GOTO20
N2 G91G17G01G41X-#18Y-[#16-#18]D#7F#9
G03X#18Y-#18I#18
G01X[#15-#3]
G03X#3Y#3J#3
G01Y[#22-2*#3]
G03X-#3Y#3I-#3
G01X-[#21-2*#3]
G03X-#3Y-#3J-#3
G01Y-[#22-2*#3]
G03X#3Y-#3I#3
G01X[#21-#15-#3]
G03X#18Y#18J#18
G01G40X#18Y[#16-#18]F[#9*3]
GOTO20
N5 #3000=140（ARGUMENT IS NOT ASSIGNED）
N10 #3000=141（OVERSIZE OFFSET VELUE）
N15 #3000=142（COMMAND DATA ERROR）
N20 G#27G#28D#29M99
%
```

　　只要将主程序和子程序放到一个目录下，用"CAXA 编程助手"编程调用主程序，则主、子程序结合后的加工轨迹都能全部显现出来，并且可以进行模拟仿真。

6. 螺旋插补代码读入实例

　　下面是一段螺旋插补代码的代码程序，"CAXA 编程助手"支持这样的代码。将程序输入到编程助手代码编辑栏中，读入后的程序及轨迹图形结果如图 10-46 所示。

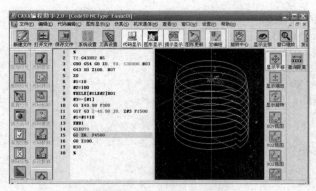

图 10-46　螺旋插补代码程序及轨迹图形结果

```
%
T2 G43H02 M6
G90 G54 G0 X0. Y0. S30000 M03
G43 H0 Z100. M07
Z0
#1=10
#2=100
WHILE[#1LE#2]DO1
#3=-[#1]
G1 X49.98 F300
G17 G3 I-49.98 J0. Z#3 F1500
#1=#1+10
END1
G1X0Y0
G1 Z6. F4500
G0 Z100.
M30
%
```

7. 刀具长度及径向补偿变量代码读入实例

对于常见的轮廓导圆角加工，常使用刀具长度和径向两个方向的补偿作变量，"CAXA 编程助手"支持这样的代码。下面的代码就是刀具长度及径向补偿变量代码，将程序输入到编程助手代码编辑栏中，读入后的程序及轨迹图形结果如图 10-47 所示。

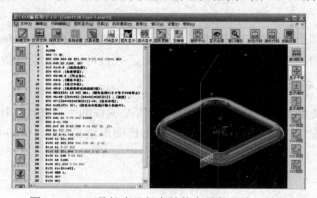

图 10-47　刀具长度及径向补偿变量代码读入结果

```
%
O1200
N00 T3 M6
N05 G90 G54 G0 X31.894 Y-59.862 S3000 M03
N10 G43 H0 Z100. M07
N15 #1=0.0;（起始角度）;
N20 #2=5 ;（角度增量）;
N25 #3=90.0 ;（终止角）;
N30 #4=6 ;（圆角半径）;
N35 #5=5 ;（球刀半径）;
N40 #8=0 ;（轮廓线所在的高度 Z 值）;
N45 WHILE[#1 LE #3] DO1;（循环直到#1 小于等于#3 时停止）;
N50 #6=#8-[[#4+#5]-[#4+#5]*COS[#1]] ;（深度）;
N55 #7=[[#4+#5]*SIN[#1]]-#4;（径向补偿）;
N60 G10L12P1 R#7;（将径向补偿值#7 输入机床中）;
N65 Z0.
N70 G01Z#6
N75 G41 D1 Y-39.862 F1000
N80 X-41.788
N85 G17 G2 X-62.788 Y-18.862 I0. J21.
N90 G1 Y37.295
N95 G2 X-41.788 Y58.295 I21. J0.
N100 G1 X31.894
N105 G2 X43.894 Y46.295 I0. J-12.
N110 G1 Y-27.862
N115 G2 X31.894 Y-39.862 I-12. J0.
N120 G1 G40 Y-59.862
N125 G0 Z100.
N130 X31.894 Y-59.862
N135 #1=[#1+#2];
N140 END 1;
N145 M09
N150 M05
N155 M30
%
```

8. 比例缩放代码支持读入实例

　　"CAXA 编程助手"支持比例缩放代码。如下面的代码就是比例缩放代码，将程序输入到编程助手代码编辑栏中，读入后的程序及轨迹图形结果如图 10-48 所示。

图 10-48　比例缩放代码读入后的程序及轨迹图形结果

```
%
#20=70
#21=30
#22=40
#23=-50.0
#24=-30.0
#26=0
#30=4
#27=1
（增量）
G90G00G54X0Y0Z250
T2
S1000 M03
X#20
#1=1
#7=#22
#8=#20
#9=#21
WHILE[#1LE#30]DO2
#2=0
#3=#8*#1 - #23*[#1-1]
G90G00X#3
Z0.0
G51 X[#23]Y0.0P[#1]
WHILE[#2LE360]DO1
#3=#8*COS[#2]
#4=#9*SIN[#2]
G90G01X#3Y#4F300
#2=#2+10
END1
#1=[#1+#27]
G50
IF[#1 EQ 6] GOTO 50
#3=#8*[#1-#27]-#23*[#26*#27]
X#3
N50 Z150.0
#26=#26+1
END2
M30
%
```

9. 换刀模拟及 G83 啄式钻孔的模拟

利用"CAXA 编程助手"的线框仿真功能，可模拟程序的换刀及啄式钻孔，其中啄式钻孔可模拟出钻头上下往复的运动情况，如图 10-49 所示。下面的代码啄式钻孔代码，将程序输入到编程助手代码编辑栏中，读入后的程序及轨迹图形结果如图 10-50 所示。

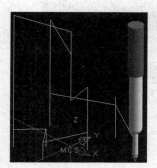

图 10-49 模拟钻头上下往复运动情况

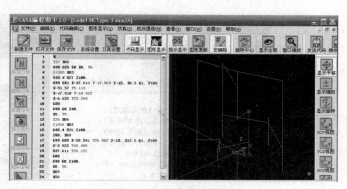

图 10-50 G83 啄式钻孔的模拟

```
%
T27 M06
G90 G55 G0 X0. Y0.
S1500 M03
G43.4 H27 Z100.
G99 G81 X-47.611 Y-12.969 Z-15. R0.5 Q1. F100
X-31.57 Y5.119
X-17.918 Y-10.922
X-6.655 Y23.208
G80
G90 G0 Z40.
X0. Y0.
T26 M06
S1000 M03
G43.4 H26 Z100.
Z80. M08
G99 G83 X-50.341 Y26.962 Z-13. R15.5 Q1. F100
X-3.925 Y49.488
X47.611 Y20.137
G80
G90 G0 Z100.
X0. Y0.
M09
M30
%
```

上述代码中，一般 CAM 模拟只能做简单的 G81 钻孔动作，但对于 G83 这样的啄式钻孔则无法模拟，而"CAXA 编程助手"则可以做上下往复的真实模拟。

10. 代码与机床的单机通信

"CAXA 编程助手"面向操作工级别，因此支持单机 RS232 通信，可直接在软件内完成"发送代码"、"接收代码"以及传输设置。方便数控操作工在计算机手工编程结束后直接将代码送到机床。

以 FANUC Oi 通信为例。如图 10-51 所示为编程助手的机床通信功能实现快捷传输。

FANUC 标准通信参数设置：

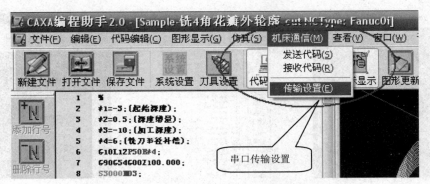

图 10-51 编程助手的机床通讯功能实现快捷传输

选择"机床通信"→"传输设置"命令，系统会弹出"参数设置"对话框，如图 10-52 和图 10-53 所示，有两个选项：发送设置和接收设置。

图 10-52 FANUC 标准通信参数设置——发送设置　图 10-53 FANUC 标准通信参数设置——接收设置

按上述设置，在传输通信操作过程中，需要在"CAXA 编程助手"中先发送代码，然后在机床端接收代码。如果希望机床端先接收，在"CAXA 编程助手"后发送，则需要在发送参数中取消选中"发送前等待 XON 信号"复选框。

另外在传输前，需要做一条 FANUC 传输线（或购买一条 FANUC 标准传输线），将计算机串口和机床串口连接起来。

参 考 文 献

1. 徐灏. 新编机械设计师手册[M]. 北京：机械工业出版社，1986.

2. 胡松林. CAXA 制造工程师 V2 实例教程[M]. 北京：北京航空航天大学出版社，2001.

3. 谢小星. CAXA 数控加工造型编程通讯[M]. 北京：北京航空航天大学出版社，2001.

4. 杨伟群. CAXA-CAM 与 NC 加工应用实例[M]. 北京：高等教育出版社，2004.

5. 杨伟群. CAXA-CAD 应用实例[M]. 北京：高等教育出版社，2004.

6. 潘毅. CAXA 模具设计与制造指导[M]. 北京：清华大学出版社，2004.

7. 左昉，夏德伟，孟清华. Unigraphics NX4.0 中文版机械设计专家指导教程[M]. 北京：机械工业出版社，2006.

8. 姬彦巧. CAXA 制造工程师 2011 实例教程[M]. 北京：北京大学出版社，2012.

9. 吴子敬. CAXA 制造工程师 2008 实用教程[M]. 北京：北京航空航天大学出版社，2010.

10. 刘颖. CAXA 制造工程师实训教程[M]. 北京：清华大学出版社，北京交通大学出版社，2011.